国家自然科学基金《大城市"次区域生活圈"建构标准及空间组织优化策略研究》成果，（项目批准号：51708233）

国家自然科学基金《大城市"紧凑·多核·弹性"地域结构理论与应用研究》部分成果，（项目批准号：51478199）

国家自然科学基金重点项目《城市形态与城市微气候耦合机理与控制》部分成果，（项目批准号：51538004）

大城市"次区域生活圈"建构标准及空间组织优化策略

单卓然　黄亚平　著

中国建筑工业出版社

图书在版编目（CIP）数据

大城市"次区域生活圈"建构标准及空间组织优化策略 / 单卓然，
黄亚平著 . — 北京：中国建筑工业出版社，2019.8
ISBN 978-7-112-23724-1

Ⅰ. ①大… Ⅱ. ①单… ②黄… Ⅲ. ①城市空间 — 空间规划 — 研
究 — 中国 Ⅳ. ① TU984.2

中国版本图书馆 CIP 数据核字（2019）第 087622 号

本书拟将城市空间布局思维从传统工业城市功能分区导向转变为居民活动需求导向，根据
当代城市居民大概率、经常性日常活动所在的"次区域生活圈"特征及形成机制，提出一套"次
区域生活圈"建构标准及空间组织优化策略。

全书共由 6 章构成，第 1 章属于整个研究的概括引介；第 2 章至第 5 章分别研究了大城市"次
区域生活圈"地域范围及功能空间特征、大城市"次区域生活圈"形成的影响因素与机制、大
城市"次区域生活圈"建构标准、大城市"次区域生活圈"空间组织优化策略；第 6 章对全书
的结论观点与理论贡献进行了总结。

本书可供广大城市规划师、城市规划管理者、高等院校城市规划专业师生等学习参考。

责任编辑：吴宇江
责任校对：王　烨

大城市"次区域生活圈"建构标准及空间组织优化策略
单卓然　黄亚平　著

*

中国建筑工业出版社出版、发行（北京海淀三里河路9号）
各地新华书店、建筑书店经销
北京点击世代文化传媒有限公司制版
天津翔远印刷有限公司印刷

*

开本：787×1092毫米　1/16　印张：14　字数：260千字
2019年9月第一版　2019年9月第一次印刷
定价：58.00元
ISBN 978-7-112-23724-1
（34023）

前　言

　　近 20 年来，中国城乡发展的最突出特征之一就是（超、特）大城市的人口集聚和快速区域化。按照新的城市规模划分标准，2016 年我国大陆地区城区常住人口在 100 万以上的大城市、特大城市及超大城市共 74 座（来源：《2016 年中国城市建设统计年鉴》）。麦肯锡预测，到 2025 年，我国将出现 23 座 500 万人口以上的特大城市和 8 座 1000 万人口以上的超大城市，（超、特）大城市数量在世界上无与伦比。未来 10 ～ 15 年间，在由增量扩展型规划向存量优化型规划转型的趋势下，（超、特）大城市将极有可能面临若干项挑战：如"Cities in City"态势强化、城市多中心功能疏解、主城"综合组团"和"分区"解体重组、外围松散簇群的优化重构等，特别需要"次区域"尺度上的策略指导。然而，对于上述空间组织诉求，无论是沿用了工业城市建设及《雅典宪章》"功能分区"思路建立的传统城市物质空间布局理论（如"二战"后西方较具代表性的 Dickinson 三地带模式、Taaffe 理想地域结构模式、Russwurm 现代区域城市模式等），还是城市局部地域空间的一批经典空间组织框架（如卫星城模式、邻里单位模式、边缘城市及 TOD 模式等），或是现阶段承袭了我国城市总体规划功能布局思路的一部分次区域规划做法，均已不太适用，尤其是在地域范围、建构标准与行动策略等维度上对现代化生活和出行方式革新下的居民新型活动需求的回应并不直接，难以满足新时代"以人民为中心"的思想要求。近年来，全球范围内的当代大城市地域结构组织探索少有创见性的重大进展，对于应按照何种思维来重组城市次结构、重构次区域，尚缺乏成熟的理论支撑。因此，从居民活动需求及其地域范围视角进行城市地域结构组织模式的研究，已成为我国城乡规划学、城市地理学研究面临的重要课题，也将有可能与行为地理学、社会学、公共管理学、信息科学等领域共同培育出若干交叉前沿方向。

　　国家自然科学基金项目"大城市'次区域生活圈'建构标准及空间组织优化策略研究——以武汉市为例"（项目批准号：51708233）正是在上述背景下被批准立项和实施的。本书是上述项目的研究成果的集成，拟将城市空间布局思维从传统工业城市功能分区导向转变为居民活动需求导向，根据当代城市居民大概率、经常性日常活动所在的"次区域生活圈"特征及形成机制，提出一套"次区域生活圈"建构标准及空间组织优化策略，这大大拓展了当代大城市"次区域"空间布局维度，拓展了"城乡生活圈"理论体系，推动发展了城市地域空间结构理论，将极有可能为大城市次区域空间组织和城市整体空间结构优化工作提供一种有效的实践依据。

本书共由6章构成。第1章属于整个研究的概括引介；第2章至第5章分别研究了大城市"次区域生活圈"地域范围及功能空间特征、大城市"次区域生活圈"形成的影响因素与机制、大城市"次区域生活圈"建构标准、大城市"次区域生活圈"空间组织优化策略；第6章对全书的结论观点与理论贡献进行了总结。

很多机构与人员在本书的研究过程中给予了帮助。特别感谢中国工程院吴志强院士、北京大学城市与环境学院林坚教授、同济大学建筑与城市规划学院唐子来教授在研究初期对"次区域生活圈"思想理论价值的肯定与实践方向的建议。武汉市自然资源和规划局殷毅处长、武汉市规划编制研究和展示中心胡忆东主任在信息数据与政策资料方面给予了支持，在此一并致谢！

单卓然

2019年1月于华中科技大学

目　录

第1章

绪论

1.1 研究背景

1.1.1 从传统物质规划迈向人本规划的城乡规划学新动态

改革开放以来，具有强烈"工科"背景的我国城市规划专业相继开展了大量物质规划实践，较好地适应了经济高速增长和城镇化快速发展的时代需求，却也不可避免地造成城市规划建设"就空间论空间，见物不见人"的弊端。对物质空间资源的过度强调，"遗忘了作为自然科学意义基础的生活世界"[①]，一味的城市大规模扩张忽视了"都市主义本身即代表了一种日常生活方式"的思想[②]。当前，在强调经济结构转型、突出内涵式发展、倡导以"人"为核心的新型城镇化等国家战略背景下，城乡规划学的"人本导向"愈发显著[③]，与经济学、社会学、地理学乃至人类学、生物学与医学等多学科的交叉正在逐渐将行业视角拉回"平凡人的日常生活"。公众参与及社会调查、大数据和开放数据等平台技术给予学科探索个体及群体日常活动规律的多样化手段。由此，从微观个体行为规律的视角透视城市空间特征及问题，从个人活动空间所衍生出"生活环境单元"并以此为基本单元重组地域结构，进而提出结构形态、土地利用、设施布局方面的优化方法正成为新的城市空间规划思路[④-⑥]。

1.1.2 以生活质量和绿色健康为核心的城市公共政策导向

城乡规划作为一项重要的政府行为，直接受到城市公共政策导向的强烈影响。20

---

① 胡塞尔. 欧洲科学危机和超验现象学 [M]. 张庆熊，译. 上海：上海译文出版社，1988.
② Lynch K. The image of the city [M]. Cambridge: The MIT Press, 1960.
③ 石楠. 规划靠大家，高手在民间 [EB/OL].[2015-07-22].http://www.planning.org.cn/news/view?id=2857.
④ 肖作鹏，柴彦威，张艳. 国内外生活圈规划研究与规划实践进展述评 [J]. 规划师，2014，30（10）：89-95.
⑤ 郑德高，葛春晖. 对新一轮大城市总体规划编制的若干思考 [J]. 城市规划，2014，38（增刊 2）：90-104.
⑥ 柴彦威，刘志林，李峥嵘. 中国城市的时空结构 [M]. 北京：北京大学出版社，2002.

世纪 90 年代市场经济建设以来，压缩工业化和压缩城镇化的发展模式孕育使得国内城市公共政策体系"重产值增长、轻生活生态""重速度增长、轻质量提升"[①]。诸如"工业强市""百亿资本、千亿园区""产值倍增""万亿俱乐部"等口号曾一度成为各地争相攀比的战略目标。交通拥堵、长距离通勤、生活服务隔离、公共设施分配不均等城市病阻碍了城市居民生活质量的提升[②]。进入 21 世纪第 2 个十年后，我国大城市公共政策导向已发生重大转变，传统以"经济管理"（Economy Management）为核心导向的"企业型政府"（Entrepreneurial Government）正在向以"城市治理"（Urban Governance）为导向的"服务型政府"（Service-oriented Government）转型[③]，"居民需求的中心性""生活质量的提升""行为环境的绿色健康"等逐步成为城市公共政策领域的核心议题[④]。

1.1.3　大城市区域化时代对城市地域空间合理组织的需求

一方面，近 20 年来，我国城乡空间发展的最突出特征就是大城市的快速区域化：地域空间外拓蔓延速度不断加快、建成区面积不断扩大、人口和功能要素的集聚态势不断增强[⑤]，从而促使各类新城、新区等规划实践需求大幅提升。另一方面，近年来随着大城市内部功能更新、传统工业用地退二进三、轨道交通线网植入建设、空间增长边界划定、资源环境约束与生态保护意识增强，许多大城市内部原有的综合组团正面临功能空间的解体重组，促使旧城改造、用地二次开发、存量更新等空间实践方兴未艾。然而，与蓬勃发展的空间规划实践相悖的是地域结构理论的匮乏：1990 年后，对于应按照何种思维和理论来重组都市区内部空间和次结构、如何对新城和新区进行科学的功能设施配套、如何对原有中心城区进行功能空间重构，国内外尚缺乏成熟的理论予以明确指导，也缺乏清晰、系统的空间结构优化策略框架。这种"实践丰富而理论滞后"的局面致使很多大城市空间发展和规划实践面临挑战：原有的空间组织设想难以实现，新城、新区发展面临人地关系的困境矛盾等，居民日常生活的"通勤难、购物难、休闲难、出行难"等全国性民生负担加重，城市应对气候变化和经济社会等不确定因素的适应能力堪忧[⑥]，进而唤起了对城市地域空间合理组织的迫切需求。

---

① Fulong Wu. Planning for Growth: Urban and Regional Planning in China[M]. London: Routledge, 2015.
② 柴彦威. 时空间行为研究前沿 [M]. 南京：东南大学出版社，2014.
③ 张京祥，吴缚龙，马润潮. 体制转型与中国城市空间重构——建立一种空间演化的制度分析框架 [J]. 城市规划，2008，32（6）：55-60.
④ Logan J R. 中国城市的未来——源自社会主义的艰难道路 [EB/OL].[2015-06-20].http://www.planning.org.cn/solicity/view_news?id=535.
⑤ 黄亚平. 城市空间理论与空间分析 [M]. 南京：东南大学出版社，2002.
⑥ 单卓然，张衔春，黄亚平.1990 后发达国家都市区空间发展趋势、对策及启示 [J]. 国际城市规划，2015，30（4）：59-66.

1.2　研究范围与概念辨析

1.2.1　大概率、经常性日常活动

"日常"一词有狭义和广义之分。狭义的"日常"即指每日、每天,对应于英文中的 everyday。广义的"日常"并不严格地限定在一天 24 小时内,而是扩展至泛指平日、平时,如日常用品、日常礼仪、日常经验、日常思维,强调事物的经常性和大概率特征,对应英文中的 daily、ordinary days 或 normal days。本书中采用广义的"日常"概念。

"日常生活"的定义亦有狭义和广义之分。狭义的日常生活专指人们每天的衣、食、住、行等非生产性领域的生活。广义的日常生活则是人们平日里生产性与非生产性领域的物质和精神生活的总称,包括衣、食、住、行、用、工作、休息、体育玩乐、文化学习等社会现象[①]。本书中采用广义的"日常生活"概念。"日常生活活动"即人类为实现日常生活而采取的有意识的行为动作过程的总和[②]。本书将"日常生活活动"简称为"日常活动"。

城市居民全领域的日常活动都包括哪些类型与具体内容?一直以来,不同学者基于不同学科背景、问题和目标导向做了大量研究,如扬·盖尔从公共空间设计角度出发,在《交往与空间》一书中将市民在公共空间的全领域活动分为必要性、选择性和社交性(合成性)活动[③]。其中,必要性活动如穿行、上学、上班、等候等;选择性活动如晨练、散步、购物、喝咖啡、观看路人等;而社交性活动如社交、聊天交谈、下棋、朋友聚会等。Golob 等学者从社会学和心理学理论出发,根据活动动机将全领域的日常活动分解为生存性活动(睡眠、用餐、工作业务、上学等)、自由活动(社交、娱乐休闲、观光旅游)、非任意支配活动(出行活动、购物消费、个人事务、家务劳动、护理照顾)[④⑤]。Szalai 等学者采用多国比较的方法,系统地统计了全领域日常活动的基本行为,采用计算机编码的方式最终归纳出 90 余种子项[⑥]。

基于本书需要,采用活动发生概率和频繁程度对全领域的居民日常活动进行划分,大致划分为"小概率、偶然性"日常活动以及"大概率、经常性"日常活动,本书关

① 姜振寰 . 交叉科学学科辞典 [Z]. 北京 : 人民出版社,1990.
② 彭克宏 . 社会科学大词典 [Z]. 北京 : 中国国际广播出版社,1989.
③ 扬 · 盖尔 . 交往与空间 [M]. 北京 : 中国建筑工业出版社,2003.
④ Golob T F, McNally M G. A Model of Activity Participation and Travel Interactions between Household Heads [J]. Transportation Research B: Methodological, 1997,31(3):177-194.
⑤ 柴彦威,等 . 空间行为与行为空间 [M]. 南京 : 东南大学出版社,2014.
⑥ Szalai A., Converse P E., Feldheim P., et al. The Use of Time: Daily Activities of Urban and Suburban Populations in Twelve Countries[M].The Hague: Mouton,1972.

注的正是后者。那么，"大概率、经常性"日常活动包括哪些类型与具体内容？关于类型，实际上早在世界第一个城市规划大纲《雅典宪章》中就曾明确提出——即"工作、居住、游憩、交通"四大城市基本功能，也就间接地定义了城市居民日常经常性和大概率活动的 4 种基本类型——即工作业务、居住居家活动、购物及娱乐休闲、出行活动，为沙里宁日后在《The City—Its Growth，Its Decay，Its Future》一书中提出的所谓"日常性活动"[1] 奠定了认知基础，笔者认为时至今日依然适用。此后，部分学者研究还对 4 种基本类型进行子类型划分，如市南文一、高阪宏行、仵宗卿、柴彦威等普遍将各国城市居民购物活动按照商品消费级别进一步细分为蔬菜食品、日常用品、普通服装、高档服装、家用电器等若干子类[2]-[5]；又如王雅琳、窦树超、楼嘉军等将我国居民娱乐休闲活动进一步细分为文化娱乐、爱好消遣、运动健身、社交公益活动、旅游体验观光等若干子类[6]-[8]（表 1-1）。

各类文献中汇总的"大概率、经常性"日常活动类型及内容　　　　表 1-1

基本类型	子类型	活动内容
居住居家	居家休息	常规睡眠、小憩
	居家用餐	居家正餐、饭后零食、吃水果
	居家工作	居家工作
	居家劳动	准备食物、餐后收拾、清扫房间、洗衣熨烫、修补衣物
	居家护理	照顾老人、孩子、个人洗漱、照料植物
工作业务	—	外出上班、开会、加班等工作的一切事务
购物及娱乐休闲	蔬菜食品类购物	买菜、买水果、买柴米油盐、买烟酒等
	日用品类购物	买洗漱用品、炊事用品、化妆用品、保洁用品、室内配饰等
	服装类购物	买内外衣、裤裙、鞋包、服装配件
	家居用品类购物	买电视、洗衣机、电冰箱、微波炉、各类家具和床上用品等
	文化娱乐消遣	看电视、听广播、上网、购买和阅读图书、看电影、唱歌

① Eliel Saarinen. The City—Its Growth, Its Decay, Its Future [M]. New York: Reinhold Publishing Corporation, 1943.
② 市南文一，星申一. 消费者の社会経済的属性と买物行动の关系：茨城县圣崎村を事例として [J]. 人文地理，1983，35（3）：1-17.
③ 高阪宏行. 消费者买物行动からみた商圈内部构造：日买物财の买シティ - レベル物行动商圈 [J]. 地理学评论，1976，49（6）：595-615.
④ 仵宗卿，柴彦威，张志斌. 天津市民购物行为特征研究 [J]. 地理科学，2000，20（6）：534-539.
⑤ 柴彦威，等. 城市空间与消费者行为 [M]. 南京：东南大学出版社，2010.
⑥ 王雅琳. 城市休闲——上海、天津、哈尔滨城市居民时间分配的考察 [M]. 北京：社会科学文献出版社，2003.
⑦ 窦树超. 长春市居民休闲行为与休闲空间研究 [D]. 长春：东北师范大学，2012.
⑧ 楼嘉军. 休闲初探 [J]. 桂林旅游高等专科学校学报，2000，（2）：5-9.

续表

基本类型	子类型	活动内容
购物及娱乐休闲	体育运动健身	散步、跑步、跳广场舞、综合球类运动、游泳、健身
	生态游览观光	公园休闲、景区游览、游乐园玩耍
交通出行	—	步行、骑自行车或电动车、乘公交车或地铁、驾驶私人汽车

资料来源：作者自绘

　　然而，上述纷繁复杂的"大概率、经常性"日常活动并非都被纳入本书范畴。事实上，上述居民"大概率、经常性"日常活动的实体地域空间投影[①]主要表现在两个方面：一部分"大概率、经常性"活动内容在家庭内部、居住区（社区）及其周边就可以集中完成，比如：居住及居家活动、蔬菜食品类购物、散步或跑步等；还有相当部分的"大概率、经常性"活动内容，则很可能需要居民"走出社区"，典型如：外出工作、看电影、购买图书、游泳、游览公园等。这部分"大概率、经常性"的日常活动既不是分散地扩展到整个都市区，也非单单局限于在某一社区或居住区内。该尺度的日常活动虽然在以往研究中很少汇集涉猎，但其正是本书关注的重点。因此，本书所谓日常活动，特指居民全领域日常活动中，那些主要发生于社区外的"大概率、经常性"日常活动（后文实证分析与理论建构中均简称"日常活动"）。由此，本书基于大量学者对日常活动具体内容的基础调查和统计分析，提取并重组归纳出具有共识性的、大城市居民社区外的典型"大概率、经常性"日常活动内容框架（表1-2）。

本书所涉及的"大概率、经常性"日常活动类型及内容　　　　　表 1-2

"大概率、经常性"日常活动类型		典型活动内容
工作上班	外出通勤工作	外出上班、开会、加班等工作的一切事务
商业购物	日用品购买	购买部分洗漱用品、炊事用品、化妆品、保洁用品、食品医药等
	服装购买	购买部分内外衣、裤裙、鞋包、箱包、服装配件等
	家电购买	购买电视、洗衣机、电冰箱、微波炉、空调、炉灶热水器等
	家具购买	购买部分家装建材、桌椅灯具、家纺床品、装饰配件等
康体运动	运动健身	开展部分综合球类运动、游泳、舞蹈、专业健身、公园锻炼等
休闲娱乐	图书购阅	购买或阅览部分图书、期刊、杂志类型
	看电影	外出观看电影
	唱歌	外出唱歌

资料来源：作者自绘

---

① Jackle J A., Brunn S., Roseman C C.Human Spatial Behavior[M].North Scituate, MA: Duxbury Press, 1976.

此处必须指出的是,"就医"和"上学"虽往往也被人们认为是重要的行为活动之一,但却是两种十分特殊的活动类型。本书并未涉及的主要原因在于:(1)对于"就医"行为而言:首先,"医疗设施"与超市、电影院、体育场馆等均不同,其提供的"产品"不是具有"无差别"特征的"日用品""影片"或是"运动场地"。相反地,城市内部不同医院的设备条件、特别是医护水平差别巨大,导致城镇居民就医地点并不遵循"空间就近原则",而更多地遵循"疾病类型与轻重原则",城镇居民"小病在社区、大病去三甲"的情况普遍存在。因此,即便通过数据挖掘获得个体居民就医的场所、出行方式和时间特征,出于"个案性"和"数据离散性"较强等原因,也难以将其归纳成群体居民普遍遵循的日常活动规律。其次,对于特定个体居民而言,其"就医"行为发生的前提是"生病",而"生病"恰恰不是一件可以用"特定概率"或"固定频率"衡量的事情。换句话说,个体就医的"偶然性"大于"常规性",且居民每次就医的场所可能因为疾病类型、疾病严重程度而有所差异,故而笔者认为较难总结出较为普适性的群体就医行为规律。(2)对于"上学"行为而言:首先,"上学"行为具有非常显著的"年龄阶段特征",可以认为主要集中在 7 ~ 22 岁(小学至本科毕业)。其中,7 ~ 15 岁的小学生和初中生,其大部分在国家教育政策的要求下可能会遵循"就近划片入学"原则,但其"未成年学生"的身份导致大多数孩子实际并不具备独立完成其他日常活动的能力(比如很多孩子并不具备日用品购买、家电与家具购买等行为活动,此类活动多由父母及亲人代替),因此其难以被设定为独立的被调查对象。其次,16 ~ 22 岁的高中生和大学生,其本身的"上学"行为遵循"考分择校原则",而非"空间就近原则"。因而,此部分学生的上学行为数据的"个案性"较强,难以将其归纳成群体居民普遍遵循的日常活动规律。再者,由于高中与大学阶段并不属于"九年义务教育"范畴,因此城市高中和大学校区的资源配置也并不遵循"空间均衡性"原则,对此部分数据的挖掘也不符合本书的目标导向。

1.2.2 生活圈与次区域生活圈

"生活圈"概念诞生于 20 世纪 70 年代的日本,是其快速城市化时期所提出的、以完善居民生活服务为主旨的城镇地域功能与空间单元概念。已有研究或实践涉及的"生活圈"基本聚焦于两大领域——"全域生活圈"和"社区生活圈"。不同的空间尺度提供不同的特定社会活动平台[①]。

---

① Sheppard E. The Spaces and Times of Globalization Place, Scale, Networks, and Positional[J].Economic Geography, 2002(7):307-330.

其中，"全域生活圈"对应全域居民及其全领域日常活动，形成所基于的是全域居民机动与非机动的全领域出行方式（包括机动车、公交车、地铁、铁路等全部出行方式），在地域空间的尺度范围上侧重于笼统性的宏观大尺度，一个城镇或一个都市区就是一个"全域生活圈"。典型如1969年日本"新全综"提出的"广域市町村生活圈"、1977年日本"三全综"提出的300个"地方定居圈"[1]、韩国《全国国土综合开发计划》与《首尔首都圈重组规划》提出的10个"自立性城市圈"[2][3]、我国台湾省提出建设的35个"地方生活圈"[4]、海南省提出以县域行政单元为基础构建的21个"基本生活圈"[5]等，以及部分学者研究中涉及的"城市生活圈"[6]等概念均基本属于此范畴。

"社区生活圈"对应社区内部居民的居住和基本消费行为活动（只对应了小部分"大概率、经常性"日常活动），形成所基于的居民主要出行方式是步行（部分拓展至自行车等慢行交通工具），在地域空间的尺度范围上侧重于微观社区小尺度。典型如韩国20世纪80年代新城新区建设中提出的"居住区大生活圈"理念[7]，以及部分学者研究中提到的"基础生活圈"[8]"步行基本生活圈"[9]"居民生活圈"[10]"便民生活圈""住区大人居"[11]概念。日本大阪在1995年大地震后曾提出建设服务4万~6万居民的"防灾生活圈"[12]，从服务居民数量来看可被认为是一种特殊类型的"社区生活圈"。由于日本频发的地质灾害国情，使得居民日常活动除了居住、基本消费和娱乐行为外，"防灾自救"也是十分重要且高频发生的日常活动。因此，"防灾生活圈"除了配置教育、商业贸易、行政管理等一般性的"社区生活圈"功能设施外，还更加强调安全角度的医院、消防、公共绿地、防灾基础设施的统筹安排。相较而言，"防灾自救"不属于我国多数大城市居民高频发生的日常活动类型，但这种以应对外部环境不确定性为导向的空间上独立组团式、职能上自成体系、彼此关联又隔离互侵的地域结构思想值得借鉴。

① 陆书至.日本全国综合开发的产生和效果[J].地理学与国土研究，1992，8（1）：50-54.

② 蔡玉梅，李景玉.韩国首都圈综合计划转变及启示[J].国土资源，2008（3）：48-50.

③ 蔡玉梅，顾林生，李景玉，等.日本六次国土综合开发规划的演变及启示[J].中国土地科学，2008，22（6）：76-80.

④ 肖作鹏，柴彦威，张艳.国内外生活圈规划研究与规划实践进展述评[J].规划师，2014，30（10）：89-95.

⑤ 杨保军，赵群毅，查克，等.海南发展的战略转型与空间应对：写在"国际旅游岛"建设之初[J].城市规划学刊，2011（2）：8-15.

⑥ 陈青慧，徐培玮.城市生活居住环境质量评价方法初探[J].城市规划，1987，11（5）：52-58，29.

⑦ 朱一荣.韩国住区规划的发展及其启示[J].国际城市规划，2009，24（5）：106-110.

⑧ 柴彦威，张雪，孙道胜.基于时空间行为的城市生活圈规划研究——以北京市为例[J].城市规划学刊，2015（3）：61-69.

⑨ 熊薇，徐逸伦.基于公共设施角度的城市人居环境研究——以南京市为例[J].现代城市研究，2010（12）：35-42.

⑩ 谌丽，张文忠，杨翌朝.北京城市居民服务设施可达性偏好与现实错位[J].地理学报，2013，68（8）：1071-1081.

⑪ 单霞，唐二春，姚红，等.城镇居住体系的构建初探——以昆山市为例[J].城市环境与城市生态，2004，17（6）：33-36.

⑫ 万艳华.城市防灾学[M].北京：中国建筑工业出版社，2003.

　　本书基于广义的"日常"和"日常生活"概念,区别于既有的"全域生活圈"和"社区生活圈",提出"次区域生活圈"概念(Sub-region Daily Life Sphere,简称SDLS),其是指:基于居民社区外"大概率、经常性"日常活动时空规律所形成的一种都市区内部的功能空间次区域。次区域生活圈是构成都市区全域生活圈的重要功能空间组织单元,一个都市区全域生活圈通常由若干个次区域生活圈组成。"次区域生活圈"具有若干重要特征:①尺度上聚焦都市区内部的中观次区域尺度,地域范围介于全域生活圈与社区生活圈之间;②对应都市区内部次区域居民的社区外"大概率、经常性"日常活动;③以非机动的绿色出行方式为导向(表1-3)。

"次区域生活圈"概念与"全域生活圈"及"社区生活圈"的特征差异　　　　表 1-3

	次区域生活圈	全域生活圈	社区生活圈
尺度范围	中观次区域尺度	整体宏观尺度 (都市区即1个全域生活圈)	微观社区尺度
对应居民及日常活动	次区域居民的社区外大概率、经常性日常活动	全域居民及其全领域日常活动	社区内部居民的居住和基本消费活动
形成所基于的居民出行方式	绿色出行导向(非机动车) 步行、公交车、地铁等	全领域出行方式: 机动车、公交、地铁、铁路等	步行主导

资料来源:作者自绘

　　此处必须明确的是,本书提出的"次区域生活圈"统一指的是"都市区内部"的"次区域生活圈",也即本书所谓"次区域",指的是"都市区内部的次区域"[①]。因此,其在地域范围及空间尺度上不等同于类似冠以"次区域"称谓的亚太次区域[②]、澜沧江—湄公河次区域(Greater Mekong Sub- region)[③]、新(新加坡)—柔(马来西亚柔佛州)—廖(印尼廖内群岛)成长三角(Growth Triangle)[④]、长三角次区域、广佛肇—深莞惠—珠中江三大次区域等说法[⑤],并不带有强烈的地缘政治、行政辖区、跨界经济合作、社会协同治理色彩[⑥]。下文中若无特别说明,"次区域生活圈"均指的是都市区内部的次区域生活圈。

---

① 王伟强,姜骏骅.轴、网、水、门——原型重构与次区域概念模型[J].北京规划建设,2003(1):30-33.
② 蔡鹏鸿.亚太次区域经济合作及上海参与的若干问题探讨[J].社会科学,2003(1):31-36.
③ 宋伟轩,朱喜钢.大湄公河次区域城市空间结构特征与成因[J].经济地理,2010,30(1):53-58.
④ 汤敏.成长三角区在亚太地区的发展及对我国的启示[J].太平洋学报,1995(2):118-125.
⑤ 叶育成.全球城市区域视角下的次区域协调规划探索——以珠三角之次区域为例[J].中国名城,2012(7):9-16.
⑥ 易晓峰,刘云亚,罗小龙,等.中外次区域层次规划比较研究及其启示[J].规划师,2004,20(12):41-45.

1.3 城市"次区域"空间发展的研究进展

1990 年以来，国内外以"次区域"为明确概念开展城市空间研究的文献是有限的，研究主要关注两个方面：

一是城市内部次区域的空间特征分析，重点在于识别、划分城市次区域及地域范围（Andrea De Montis 等，2013；郭轩等，2016），以及分析城市次区域内部的居住及产业功能要素的空间分布特征（Ho Hin-keung Sunny，1990；Zsófia VAS，2009）。

二是国内外次区域规划解读及探讨次区域规划在城市规划编制体系中的作用（易晓峰等，2004；王学斌等，2005），分析较多的有大伦敦空间发展战略中的次区域规划（杨滔，2007）、新加坡的次区域中心建设（赵莹，2007）、香港的次区域发展策略（顾翠红等，2006）、北京与深圳及南京的次区域规划（李阿萌等，2011）、宁波的次区域协调规划（沈磊等，2008）等。

相关结论表明：随着当代大城市地域范围的扩大，"次区域"正逐步成为组织城市功能和空间结构的重要手段。我国有限的大城市"次区域"空间组织探索较多地承袭了总体规划的物质空间和功能布局思路。不同城市"次区域"的地域范围存在较大差异、界定方法未达成共识。其中，片区方位、地理环境和行政辖区分界仍是国内城市"次区域"划分和建构的主要依据。

1.4 城市空间与居民行为互动的研究进展

城市居民行为活动时空特征是人文地理、城乡规划、交通运输等领域的传统研究项目，理论研究成果较为丰硕。

西方发达国家的分析维度集中在：通勤—购物—休闲等活动的出行需求、时间分配、出行方式及时空距离、行为轨迹及可达范围、移动模式、巡回及出行链，以及行为特征随时间与信息通信技术更新（ICT）的演化等方面（Kitamura R，1988；Timmermans H et al，1990；Schwanen T et al，2002；Kwan M P，2004；González M C et al，2008；Shaw S L，2010）。

我国相关研究聚焦北京、上海、广州、深圳等大城市的通勤行为、消费行为、休闲行为、迁居与虚拟空间行为，分析的维度有活动时间分配、出行方式与时间距离、时空路径及出行链、出行需求、时空特征的日间差异、活动场所选择等（杨国良，2002；冯健等，2004；周素红等，2010；柴彦威，2014）。

此外，不同居住区位和社会经济属性的居民行为活动时空特征也受到关注（和玉兰等，2014；黄建中等，2015）。

相关结论显示：一方面，个体居民的行为活动特征因其社会经济属性、居住区位乃至所属国家及文化的不同而有所差异。另一方面，群体居民的日常活动内容及其场所类型、时间利用节奏，以及不同活动类型下的出行方式、时间距离和活动范围也有规律可循。其中，现代生活和交通出行方式下的居民行为活动范围已不是简单地铺展在整个城市尺度上，更非局限于住区／社区内部，相当部分的行为活动在介于两者之间的地域范围内展开。

在行为活动导向的城市空间研究中，探寻城市空间与居民行为互动机理一直是西方学术界关注的领域。我国相关研究起步虽晚，但方兴未艾。近年来，相关研究聚焦两个方面：

一是城市空间对居民行为特征的作用机制研究：包括空间结构及形态对居民整体活动模式的影响（Golledge R G，2008），以及土地利用对居民不同行为活动类型的影响（Davidson W et al，2007；党云晓等，2015）等。

二是居民行为对城市空间发展的作用机制研究：包括居民活动—移动行为模式对城市整体空间发展的影响（Cervero R，2006；Erkip F et al，2014；古杰等，2012），以及居民特定行为方式对一部分城市空间类型发展的影响（如网络行为和远程办公等行为对城市商业和就业空间的影响）（Kwan M P et al，2007；汪明峰等，2010）等。

相关结论表明：城市空间与居民行为是一对互动体。一方面，城市空间组织可以通过影响居民出行需求、方式和时间距离等来影响居民行为活动的时空特征。影响的维度主要是改变了活动需求和时空可达范围（Buehler R，2011；柴彦威等，2011）；另一方面，居民行为活动是城市各类生活空间形成的基础，行为活动模式的改变将会潜移默化地重塑城市生活空间形态与结构格局，影响的维度包括选择机会、移动能力、环境感知、偏好习惯等（Golledge R G et al，1998；Raubal M et al，2004）。

因此，从城乡规划学干预土地利用和空间资源配置的视角来看，基于供给—需求关联和时空可达性来建构城市空间组织标准、优化城市空间结构，是改善城市居民行为活动、促进城市生活空间健康发展的重要手段。

1.5　城市生活圈／生活空间地域空间组织的研究进展

随着城市转型及人本思想的发展，居民行为活动导向的城市生活空间特征分析日益重要，成为国内外城市空间分析的重要维度。近十年来，相关研究聚焦三个方面：

一是城市生活空间的整体形态及结构特征研究（Shaw S L et al，2010；钮心毅等，2014；王波等，2015）。

二是不同生活空间类型的特征分析。包括基于职住行为的居住、就业格局及其空间错位研究（Ratti C et al，2006；Saks R E et al，2008；孙斌栋等，2014；张纯等，2016）、基于居民购物消费行为的城市商业空间研究（Mile S，2010；Canniffe，2016；王德等，2015）、基于居民娱乐康体行为的城市游憩休闲空间研究、基于居民出行需求的城市道路交通线网结构及可达性研究（Porta S et al，2006；Badia H et al，2016；李苗裔等，2015）。

三是城市生活空间及其可达性的社会分异研究（Neutens T et al，2011；李志刚等，2006；张京祥等，2013）。

相关结论表明：城市生活空间的分布格局及结构形态日益具有层次化、圈层化、扁平网络化、外延分散与内聚重构并存的特征。其中，一部分类型的生活空间不仅在城市多个区位的局部地域范围内规模化集聚，还呈现与其他类型的生活空间的用地混合趋势，从而为城市多中心发展奠定了基础。但也有部分类型的生活空间出现了松散蔓延、隔离分异等问题，不利于城市服务的均衡可达。

此处的"空间组织标准"，涵盖空间组织的指标、模式与模型。自现代城市规划理论诞生以来，基于居民行为活动导向来探索城市内部空间组织标准的研究是有限的。其中，明确冠以城市内部"次区域"概念的则更少见。结合研究需要，以下两方面与本项目联系较大：

一是城市内部生活空间 / 生活圈空间组织标准研究，集中在日本、韩国及我国等东亚国。

①空间组织的指标引导方面。较多地重视人口密度 / 居住拥挤状态、道路交通组织、医疗和教育设施配置、环境水平、用地分区、零售商业区位、空间可达性等因素（久保贞等，1989；Kawagishi U et al，2004）；国内较具代表性的有王兴中对城市生活空间评价要素及指标的研究（王兴中，2004）、孙道胜与柴彦威等对社区生活圈地域范围界定与测度指标的分析（孙道胜等，2016）等。

②空间组织的模式及模型方面。日本通过多轮规划实践探索提出了包括定住圈、定居圈、地方生活圈、广域生活圈等在内的广域—市—町—村生活空间组织模式；韩国探索提出了大都市生活圈—自立性城市圈—地方都市圈—住区生活圈等多尺度的生活圈空间组织思路；国内较具代表性的是王兴中及其团队对城市生活空间结构模式

的长期研究、袁家冬等基于生活圈思想对城市地域空间结构进行的层次划分（袁家冬等，2005），以及柴彦威团队较系统地提出了基础生活圈、通勤生活圈、扩展生活圈、协同生活圈空间组织模式及模型（柴彦威等，2015）。近两年，国内一部分大城市（如上海、武汉等）在新一轮城市总体规划或远期—远景空间展望中初步尝试地提出了 15 分钟社区生活圈结构模型。

二是城市内部局部地域空间组织标准研究。涉及的典型"局部地域空间"包括中心区、卫星城、新城新区、郊区 / 边缘区、社区 / 住区、行政分区等。

①西方发达国家的探索起于 20 世纪初。受到霍华德"田园城市"思想的启迪，在现代工业化过程中提出卫星城模式（Satellite City），昂温等给出了卫星城建设的一般原则和示意性结构模型。此后，该模式经历了附属型卧城、半独立型卫星城、独立型卫星城和开放式卫星城等阶段；同时期，佩里提出邻里单位理论（Neighborhood Unit Theory），建构了邻里单位建设中的定性原则和定量指标，并描绘了空间结构模型，其宗旨在于通过系统性地改善住区物质环境的舒适性，来培育社区精神、塑造有序生活环境。该理论指导了"二战"后西方国家大规模的恢复重建工作并启迪了其后的 TND 模式。"二战"后，英、法、北欧等国家和地区在郊区化进程中开展新城运动（New Town），相继提出了"有集中的分散"等空间组织思路，并通过《新城法》规定了建设需遵循的一系列原则。20 世纪 50 ~ 70 年代，西方发达国家城市中心区快速发展，学者相继提出中心区功能簇群理论模型、CBD"硬核—边缘"空间结构模式等。1990 年前后，伴随美国城市郊区化的第三次浪潮和后工业大城市的多中心结构特征，学术界提出边缘城市模式（Edge City），认为其是大都市建成区外的一种新型功能空间组织形式，指出边缘城市形成需要具备的 5 条功能性标准，并勾勒了地域结构图示（Garreau J，1991）；同期，在卡尔索普"区域城市"思想的引导下，"新城市主义"以解决美国城市无限制的郊区蔓延问题为目标，提出 TOD 发展模式（城市型 TOD 和社区型 TOD、次级地区 Secondary Area）。TOD 发展模式给出了较明确的建设指标要求、布局原则和空间组织模式（Calthorpe P，1993）。

②我国的探索是在城市工业化与区域化下，伴随空间外延拓展和内部重构的态势产生。空间组织的衡量指标方面，近年来较具代表性的有王兴中对社区结构与空间控制指标的阐述（王兴中，2012）、郑思齐等对衡量局部地域职住匹配程度的指标及其合理区间的分析（郑思齐等，2015）、张大维等对社区 / 居住区公共服务设施配建指标的研究（张大维等，2006）等；空间组织的模式及模型方面，近年来典型工作包括崔功豪与宋金平等对我国城市边缘区空间布局模式及模型的探索（宋金平等，2012）、王

立及王兴中对我国城市社区生活空间体系结构要素及空间组织模式的探讨（王立等，2011）、柴彦威对我国"单位式"空间重构模式及模型的探索（柴彦威等，2011）、段进对当代中国新城新区空间发展模式及模型的论述（段进，2011）、杨俊宴对亚洲城市中心区空间结构模式及单核—圈核—轴核—极核四阶原型结构（杨俊宴，2016）的研究等。

总体上，国内外学者对城市内部生活空间 / 生活圈，以及局部地域空间组织的指标、模式及模型均做出了大量有益的探索。虽然直接冠以"次区域""次区域生活圈"的成果较少，但上述研究对探索当代大城市内部"次区域""次区域生活圈"空间组织方法仍然具有重要的参考价值。

伴随当代大城市区域化、多核多心、网络化发展的态势及城市空间规划实践的蓬勃发展，国内外对城市内部空间组织调控策略的探讨逐渐丰富。其中，与生活空间 / 生活圈以及局部地域空间组织相关的研究对以下两个方面关注较多。

一是生活空间 / 生活圈空间要素优化的策略研究。探讨的"空间要素"包括就业与居住空间、商业空间、游憩休闲空间、道路空间等。生活导向的优化策略聚焦空间形态引导（陈燕萍，2002）、中心体系塑造（Guy G，2007）、规模适配调控（文爱平，2008）、不同空间要素的用地混合与耦合一体化（Cervero R，1998）等领域。

二是局部地域空间结构及形态优化的策略研究。"局部地域空间"集中在城市中心区、郊区 / 边缘区、新城新区、社区 / 住区等。优化策略重点关注空间成长的引导与控制，例如：集中 / 分散式用地形态组织与空间增长边界限定（买静等，2011；Surhone L M et al，2013）、空间挖潜与重构（Calthorpe P et al，2001；杨东峰，2007）、公共中心塑造（张捷，2005）、生态框架和道路交通网络的调控（Rogers R et al，1998；葛宏伟等，2003）等领域。

1.6　理论与实践意义

总体上，国内外相关理论研究成果丰硕，为本研究奠定了良好基础。但是也不难看出，文献对大城市内部"次区域""次区域生活圈"空间组织的理论研究尚显不足。在日益增加的大城市内部中观次结构合理组织的需求面前，已有策略研究的针对性和实践指导性均有待提高，主要原因在于对"次区域""次区域生活圈"形成的机制问题、"次区域""次区域生活圈"建构的标准问题的探讨还不够充分。

在当代大城市功能活动逐步迈向整体地域分散和内部次结构分解的趋势下，中观尺度的"次区域""次区域生活圈"正逐步成为组织城市功能和空间结构的重要手段。目前,我国大城市内部"次区域"空间组织探索的维度仍主要建立在传统的物质空间和功能布局思路上。因此,特别需要以人类活动和需求为导向,面向居民"大概率、经常性"日常活动所在的地域范围,来开展空间结构引导及空间组织优化的新思维。

1.6.1 理论意义

当代大城市功能活动逐步表现出整体地域分散化和内部次结构分解特征。无论是功能空间发展的多核多心、分散扁平式、去中心化等典型趋势,还是居民行为活动模式的地域范围表征,均对城市内部中观次结构的合理组织提出新的要求。

对于上述新的现象特征及空间组织诉求,无论是沿用了工业城市建设及《雅典宪章》"功能分区"思路建立的传统城市物质空间布局理论(如"二战"后西方较具代表性的 Dickinson 三地带模式、Taaffe 理想地域结构模式、Russwurm 现代区域城市模式等),还是城市局部地域空间的一批经典空间组织框架(如卫星城模式、邻里单位模式、边缘城市及 TOD 模式等),或是现阶段承袭了我国总体规划功能布局思路的一部分次区域规划做法,均已不太适用。近年来,全球范围内的当代大城市地域结构组织探索少有创见性的重大进展,对于应按照何种思维来重组城市内部次结构、重构次区域,尚缺乏成熟的理论支撑。

在此背景下,本研究拟将城市内部空间布局理论从传统物质功能导向转变为人类活动和需求导向,根据当代大城市居民大概率、经常性日常活动所在的"次区域生活圈"特征及形成机制,提出一套"次区域生活圈"建构标准及空间组织优化策略,来探索并拓展当代大城市内部"次区域"空间组织的新维度。

1.6.2 实践指导意义

2000 年以来,我国深圳、北京、武汉等特大城市均已相继尝试在内部次区域尺度上探索功能空间布局。如深圳 2000 年编制的宝安次区域规划,采用"中心 + 组团"的用地组织形式开展空间布局,策略上强调了公共服务设施的均衡性和生态空间连通等;北京在 04 版总规中提出在市域范围内划分 4 个次区域:中心城次区域、东部次区域、西部次区域、山区次区域。各个次区域空间组织优化的重点包括集约式的组团型形态引导、功能用地汇聚、交通廊道梳理、生态要素及空间格局保护等领域;武汉在 2049 远景空间展望中提出围绕主城区建设 4 个次区域:临空次区域、临港次区域、光谷次区域和车都次区域,次区域空间组织的策略性指引聚焦了功能用地紧凑集中、组团间绿楔蓝带建设、居住及公共设施用地布局、高密度交通网络优化、组团式空间形态调控等方面……

根据新的城市规模划分标准，2014 年我国大陆地区城区常住人口在 100 万人以上的大城市、特大城市及超大城市共 67 座。麦肯锡预测，到 2025 年，我国将出现 23 座 500 万人口以上的特大城市和 8 座 1000 万人口以上的超大城市，大城市数量在世界上无与伦比。未来 10 ~ 15 年，大城市超规模化的人口集聚和地域空间在更大范围内的拓展态势将会增强。在此背景下，次结构的合理组织将长期作为当代大城市内部空间规划实践的重大议题。

与此同时，当代大城市内部功能空间发展面临若干项挑战：如城市中心功能疏解、主城"综合组团"和"分区"解体重组、外围松散簇群的优化重构等，特别需要"次区域"尺度上的策略指导；然而，既有的次区域规划实践仍然主要沿用传统总规的物质空间布局方法，其空间组织的地域尺度范围、建构标准与行动策略等对居民日常活动需求及其空间特征的回应并不直接，难以满足"以人为本"的要求。

因此，本研究提出的"次区域生活圈"可以作为合理组织当代大城市功能和空间结构的有效手段。应用"次区域生活圈"建构标准及空间组织优化策略，可为当代大城市内部次区域空间组织提供一种新型的实践依据与途径，并协助指导城市整体空间结构优化工作。

1.7 本书的内容框架

图 1-1 见下页。

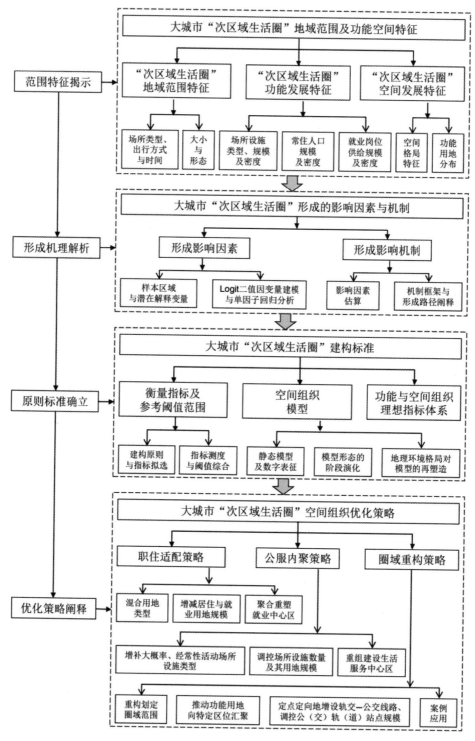

图 1-1　本书的内容框架

第2章

大城市"次区域生活圈"地域范围及功能空间特征

2.1 大城市"次区域生活圈"地域范围特征

2.1.1 大概率、经常性日常活动场所类型、出行方式与时间规律

（1）基础数据类型及其采集方案

研究所需的基础数据主要包括三大类型：一是武汉市居民日常活动数据；二是武汉市居民日常活动的场所设施空间分布与属性数据；三是武汉市公共交通、轨道交通线网及站点分布与属性数据；此外，还涉及武汉市用地现状、乡镇街人口、各类居住小区等相关数据。

①武汉市居民日常活动数据

武汉市居民日常活动数据包括三大部分内容：一是个体居民日常活动的场所或设施类型；二是个体居民每一类日常活动类型的出行方式；三是个体居民每一类日常活动类型的出行时间距离。

该数据采用三种采集方法共同获取：一是拦截式问卷调查法；二是网络问卷调查法；三是既有机构研究报告数据提取法。三种方法各有优缺点，拦截式问卷调查投入时间成本和人力成本较大，在调查问题较多且被调查人时间有限的情况下，回收率、完成率很容易受到影响。但其在有专业人员讲解的情况下能够获得有效率较高的问卷。网络问卷调查法传播能力最强，回收率最高，尤其适于手机、电脑等网络设施普及的人群，且通过设置问卷中的"完成提交要求"选项，可以保证问卷的完成率和有效率。但存在调查人群收入及年龄结构遗漏等问题。既有机构研究报告数据提取法最为简便，所获取的数据因已经处理过和"去噪"，因而能够直接应用于研究。主要问题在于其数据的获取年限可能与研究开展年限不一致，或是数据精度与研究要求不符等。

本书中，拦截式调查和网络调查采用的是同一套调查问卷（问卷内容见附件1）。网络调查自2015年9月30日起发放，持续接收至10月30日。调查基于"问卷星"

网络在线平台，利用微信、微博、QQ、公众号等网址链接方式传播，被调查人可通过手机、平板、电脑网页等多种方式填写问卷并上传。上传的网络问卷将在第一时间被平台收录记载。拦截式调查考虑到春秋两季节恶劣天气对数据质量的间接影响[①]，因此笔者选择于2015年9月30日—2015年10月30日集中发放问卷。其中，拦截式调查有包括笔者在内的6名在校研究生参与，在事先精解调查内容的基础上，分五批次在武汉市武昌区洪山广场（2015年10月9日晚）、沌口武汉体育中心周边（2015年10月13日上午）、后湖百步亭社区（2015年10月18日中午）、汉口区园博园（2015年10月24日全天）、青山区和平公园周边（2015年10月30日下午）等人口密集集中地区开展拦截式调查。

既有机构研究报告数据调用武汉市土地利用和城市空间规划研究中心与华中师范大学城市与环境科学学院开展的《武汉市职住平衡及规划对策研究（2011—2020年）》基础调研数据。该次调查于2011年11~12月展开，针对全市汉口、武昌和汉阳若干中学的学生父母发放"问卷调查"并辅以随机抽样，调查内容为日常通勤活动，包括通勤距离、通勤时间、通勤方式、居住地点、就业地点等。考虑到调查年限对数据质量的间接影响，该项数据主要作为本书的辅助参考。

②武汉市居民日常活动的场所设施空间数据

对武汉市居民日常活动数据开展统计分析，得到不同活动类型的主要场所设施类型（如：日用品活动主要对应大型超市或仓储、综合商场，图书阅览活动主要对应图书城或图书馆等）。在此基础上，利用"火车头"大数据采集工具，于2015年11月10日—20日期间，在百度地图、高德地图开发平台、大众点评开发平台上"爬取"不同场所设施的POI数据，每个POI点包括其空间坐标、名称和地址等属性数据。对POI数据进行"去噪"和筛选甄别后得到的空间数据，即作为武汉市居民日常活动场所设施的基础数据。

③武汉市公共交通、轨道交通线网及站点空间数据

以武汉市都市发展区为数据采集的地域范围，首先利用"火车头"大数据采集工具，于2015年11月10日—20日期间，在百度地图、高德地图开发平台上"爬取"公交车线路及站点POI数据、轨道交通线路及站点POI数据。其次，在Open Street Map开源地图上采集武汉市OSM数据，将其中公交及地铁线网数据与POI数据实施校核。再者，通过网络渠道购买2015年武汉市公交线网矢量数据，将此数据与前述数据实施

---

① 柴彦威，等.空间行为与行为空间[M].南京：东南大学出版社，2014：49.

空间叠合、校正，最终得到武汉市 2015 年公共交通、轨道交通线网及站点空间数据。

④武汉市用地现状、乡镇街边界、常住人口和各大学在校生数量等相关数据

武汉市用地现状数据采用 2014 年武汉市规划院为武汉市新一轮总规修编而开展的用地普查数据。在此基础上，结合百度、高德、Google 等地图平台进行局部校核，得到 2015 年武汉市用地现状数据，用地现状数据详细至小类，分类方法为在国标 2011 版基础上细化的"武汉市用地分类标准"。

武汉市乡镇街行政边界数据由华中科技大学建筑与城市规划学院、武汉市规划编制和展示中心于 2015 年初完成的《武汉市远期—远景空间结构框架研究》基础数据库提供。常住人口数据以 2010 年第六次人口普查数据为基础，根据武汉市 2015、2014 年统计年鉴和各乡镇街年度工作报告、网站等相关数据估算。大学在校生数量数据主要来源于各大学官方网站。

此外，研究中还涉及武汉市各类居住小区数据（主要为名称及空间位置），其主要来源于安居客、搜房网、链家网等房地产开放平台，同时与百度、高德、Google 等各类地图开发平台校核。

（2）数据采集结果

①武汉市居民日常活动数据

问卷发放、回收及有效情况如下：期间共发放问卷 1117 份，其中网络问卷发放 727 份，入户及拦截式问卷发放 390 份。问卷共回收 907 份，总体回收率为 81.20%。其中网络问卷回收 687 份，回收率达到 94.50%。入户及拦截式问卷回收 220 份，回收率为 56.41%。经过"去噪筛选"，最终实际有效问卷共 837 份，总体有效率 90.29%。其中网络有效问卷 647 份，入户及拦截式有效问卷 190 份。

有效问卷的 837 个受调查样本个体基本情况如表 2-1 所示。总体上，女性样本略多于男性，年龄层分布与学历大致呈正态分布，个人年收入分布相对均衡，样本居住地分布基本覆盖了武汉市都市发展区的主要人口集聚地带，主城区与新城、各环线内、各空间方位上均有分布（图 2-1）。

武汉市居民日常活动调查有效问卷的样本社会经济属性　　　　　　表 2-1

属性		样本数量（个）	样本比例（%）
性别	男	357	42.65
	女	480	57.35
年龄层	18 岁以下	18	2.15
	18 ~ 25 岁	137	16.37

续表

属性		样本数量（个）	样本比例（%）
年龄层	26～30岁	199	23.78
	31～40岁	193	23.06
	41～50岁	176	21.03
	51～60岁	101	12.06
	60岁以上	13	1.55
学历	高中及以下	71	8.48
	专科	143	17.08
	本科	349	41.70
	硕士	235	28.08
	博士	39	4.66
个人年收入区间	3万元以下	194	23.30
	3万～6万元	249	29.75
	6万～10万元	215	25.68
	10万元以上	178	21.27
居住地空间分布	内环以内	195	23.30
	内环至二环之间	199	23.78
	二环至三环之间	271	32.37
	三环至都市发展区边界	172	20.55

资料来源：作者自绘

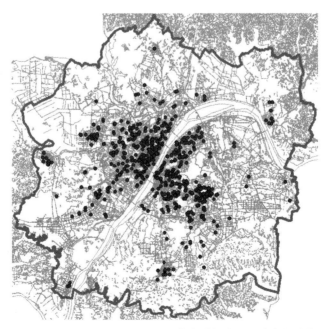

图2-1 武汉市都市发展区837个有效样本居住地空间分布

资料来源：作者自绘

②武汉市居民日常活动的场所设施空间数据

数据采集情况如下：在武汉市都市发展区地域范围内共采集到各类居民日常活动场所设施 POI 数据点 2391 个。其中，大型超市或仓储 POI 数据点 184 个（中百仓储、武商量贩、中商平价、沃尔玛、家乐福、大润发、麦德龙、好又多、新一佳、易初莲花、卜蜂莲花、华联等）；商场百货、购物中心 POI 数据点 218 个；电影院 POI 数据点 71 个；KTV 的 POI 数据点 731 个；市区级图书馆或大型书城（书店）POI 数据点 58 个（不包括大学图书馆和社区图书室）；体育场馆（包括球场、各类球馆、游泳馆）POI 数据点 543 个；健身房或健身中心 POI 数据点 367 个；大型综合家电商城 POI 数据点 92 个（不包括海尔、格力、美的等小型专卖店）；大型家具城或家居广场 POI 数据点 127 个（图 2-2）。部分场所设施由于可直接对应于某特定用地类型（如公园对应 G1 类用地，广场对应 G3 类用地），因而未爬取 POI 数据。

图 2-2 武汉市都市发展区 2391 个居民日常活动场所设施 POI 数据点采集

资料来源：作者自绘

③武汉市公共交通、轨道交通线网及站点空间数据

数据采集情况如下：在武汉市都市发展区地域范围内共采集到公交站点 POI 数据点 2849 个，每个站点数据包括其站点名称、XY 坐标；共采集到公交线路 POI 数据 374 条，

每条公交线数据包括线路名称、起止站点名称、线路总长度、首末车时间（图 2-3）；在武汉市都市发展区地域范围内共采集到轨道交通站点 POI 数据点 75 个，每个站点数据包括其站点名称、XY 坐标及换乘点信息；共采集到轨道交通 POI 数据 3 条，每条轨道交通数据包括线路名称、起止站点名称、线路总长度（图 2-4）。

图 2-3　武汉市都市发展区公交车线网及站点 POI 数据

资料来源：作者自绘

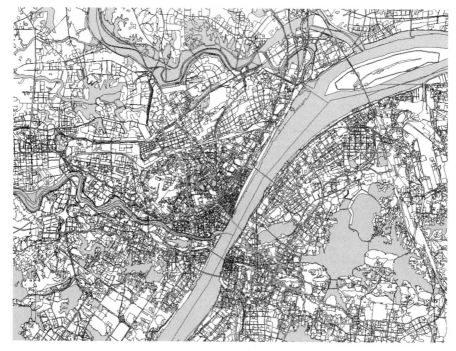

图 2-4　武汉市都市发展区轨道交通线网及站点 POI 数据

资料来源：作者自绘

④武汉市用地现状、乡镇街边界、常住人口及各大学在校生数量等相关数据

数据采集情况如下：武汉市用地现状数据为 CAD 矢量数据，数据年限为 2014 年，各类用地性质以色块形式表达，各类用地属性除用地性质外，还包括地块面积和周长数据（图 2-5）；武汉市乡镇街行政边界数据为 CAD 矢量数据，186 个乡镇街行政边界矢量数据除包括各乡镇街名称外，还包括各乡镇街面积（图 2-6）。常住人口数据为乡镇街人口普查的 EXCEL 表格统计数据，数据年限为 2014 年。各大学在校生数量亦采用 EXCEL 表格估算统计，数据年限为 2014 年（图 2-7，图 2-8）。

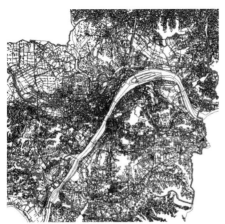

图 2-5　武汉市用地现状数据示意（左图为 CAD 矢量数据，右图为部分区域用地性质数据）

资料来源：作者自绘

图 2-6　武汉市乡镇街行政边界矢量数据
资料来源：作者自绘

图 2-7　武汉市都市发展区大学高校分布
资料来源：作者自绘

Name	乡镇街面积	常住人口总量	城镇常住	大学生人数	内含大学名
中南路街	8541511.71252	330732	236216	0	
关山街	13257282.8891	290469	294096	67000	华中科技大学、中国地质大学
水果湖街	12778280.2899	278457	198628	8728	武汉大学医学部
珞南街	8702085.39499	241350	211350	69014	华中师范大学、湖北轻工、武大信息学部、武理工鉴湖校区、武汉科技大学洪山校区
前川街	144416983.65	205003	116587	0	
纸坊街	88091637.1183	197004	178392	9434	武汉工程科技学院
东湖开发区关东街	17366696.7057	182799	135468	76689	武汉职业技术学院、文华学院、中南民族大学、武汉纺织大学、武汉理工大学华夏学院、中南财经政法大学南湖校区
长丰街	11613032.4717	178879	179152	2800	湖北警官学院北校区
邾城街	106467537.805	163578	122365	0	
蔡甸街	91162428.3337	160810	98627	5415	长江大学武汉校区
阳逻街	167156805.552	157644	121803	16000	武汉生物工程学院
汉兴街	6458838.92764	150692	150671	0	
卓刀泉街	8821944.92649	140183	139233	29200	武汉体育学院、武汉工程大学武昌校区、中南财经政法大学武汉学院
花桥街	2722234.48415	131871	131229	0	
沌阳街办事处	61550206.8129	131380	169522	25600	江汉大学、武汉商业服务学院
万松街	8868567.45214	124386	123040	0	
徐家棚街	7562838.67382	122061	123918	12000	湖北大学
汉正街	1414583.40136	122018	120000	0	
和平街	20034154.6466	113514	104955	0	
吴家山街	4250329.0374	110993	108236	0	
杨园街	5218413.32296	109776	109485	27520	武汉理工大学余家头校区
永丰街	42037879.6323	109130	106482	0	
唐家墩街	3118284.27696	107604	107612	0	
洪山街	24991383.6354	103008	75008	17000	武汉工业职业技术学院、武汉城市职业学院
狮子山街	13040674.3216	98900	99255	58000	华中农业大学、首义学院、湖北工业大学
藏龙岛办事处	44081928.9885	97682	91564	65000	武昌职业学院、湖北经济学院、湖北城市建设职业技术学院、湖北美术学院（粟庙路）、华师武汉传媒学院、武汉软件工程职业学院
东湖开发区佛祖岭街	55418142.8233	94773	15236	48000	武汉工程大学流芳校区、武汉软件工程学院、湖北第二师范学院、武汉商贸业职业学院
韩家墩街	4150180.38952	94302	94340	2700	湖北警官学院南校区
常青街	2667233.297	90959	86882	0	
五里墩街	5640566.39183	90153	87346	0	
红卫路街	5286715.95916	73131	82337	9000	武汉科技大学青山校区
宝丰街	1880665.01679	83072	81647	14000	中国地质大学汉口校区、华中科技大学同济医学院
东湖风景区街道办事处	20846374.1463	81628	14531	0	
二七街	3942545.40674	81451	81312	0	
青菱乡	61426079.8263	80166	17778	49000	湖北中医药大学黄家湖校区、武汉科技大学黄家湖校区、武汉交通职业学院、武汉长江工商学院
钢化村街	1669084.91191	79810	77222	0	
冶金街	3675445.58126	78850	78887	0	
江汉二桥街	3769001.32429	77223	76001	0	
劳动街	2830169.28363	77023	71910	0	
粮道街	1846320.50799	76837	74704	25000	湖北美术学院、湖北中医药大学
纱帽街	78594960.4062	76050	51933	0	
珞珈山街	3103500.26115	75763	75128	35100	武汉大学文理学部
白沙洲街	5836006.55532	72896	76226	0	
李家集街	173431715.046	72438	13651	0	
汉水桥街	2641058.274	71965	71776	12000	海军工程大学
首义街	3128665.04478	71366	69562	6746	中南财经政法大学首义校区
后湖街	11958273.1573	70000	71180	0	
新村街	3685853.03588	69673	68916	0	
仓埠街	160491108.597	69279	29962	0	
三店街	116491666.583	68686	15150	0	
琴断口街	3718187.23761	68206	66908	0	
汪集街	142335539.006	67423	16633	0	
大桥新区办事处	46188368.7301	66127	2622	0	
塔子湖街	10212883.8114	66099	66099	0	
旧街	116770993.185	65910	12971	0	
祁家湾街	155422785.958	65861	9805	0	

图 2-8　部分乡镇街内含大学名称、在校大学生人数采集示意

资料来源：作者自绘

（3）基础数据挖掘分析平台搭建

本书所基于的基础数据类型多样：既包含二维表格文字，又包含个体时空数据，还包括各类矢量数据信息。为了便于数据查询、空间分析与可视化，需要建立统一平台对其进行储存和处理。本书基于 ArcGIS10.2 平台处理和分析数据。

搭建基于 ArcGIS10.2 的工作平台主要包括 3 个步骤：

①表格信息空间数据化

表格信息空间化即将以 csv、excel、doc 等形式的二维表格文字转化为空间数据，包括三方面内容：一是将武汉市居民日常活动调查问卷（包括网络调查和拦截式调查）中的 837 个有效被调查者在 ArcGIS10.2 平台中以 "点数据" 的形式进行空间定位，定位所基于的是每个被调查者填写的居住地址；二是将采集到的武汉市居民日常活动的 2391 个场所设施数据在 ArcGIS10.2 平台中以 "点数据" 的形式进行空间定位，定位所基于的是每个 POI 数据点的经纬度坐标（XY 坐标）；三是将采集到的 2849 个公交站点和 75 个轨道交通站点数据在 ArcGIS10.2 平台中以 "点数据" 的形式进行空间定位，定位所基于的是每个 POI 数据点的经纬度坐标（XY 坐标）。

②空间数据仿射校正化

将不同类型的空间数据，包括点数据（被调查者居住地点、日常活动场所设施地点、公交及轨道交通站点位置）、线数据（公交线路、轨道交通线路）、面数据（乡镇街边界、用地现状）在 ArcGIS10.2 平台上进行空间关联，使之叠合至同一个坐标体系下。技术方法采用空间仿射校正，参照点选择具有绝对经纬度坐标值的场所设施点数据和轨道交通点数据。

③图层属性表数据连接

追加部分空间数据的属性信息，技术方法为基于 Family ID 和 Layer 字段的图层属性表连接。包括：对乡镇街行政边界 "面数据" 图层中 Family ID（0 ~ 185）的乡镇街名称、乡镇街常住人口进行属性连接；对用地现状 "面数据" 图层中 Layer 为 A31 的大学名称、在校大学生人数进行属性连接；以及对被调查者居住地 "点数据" 图层中 Family ID（0 ~ 836）的所有问卷回答数据进行属性连接。

上述步骤完成后，基于 ArcGIS10.2 工作平台上的每个基础数据均同时具备空间矢量信息和属性信息，实现其作为下一步数据挖掘分析的基础。

（4）场所类型特征

基于武汉市居民日常活动数据的分析挖掘，总结武汉市居民日常活动的共性场所类型特征、出行方式特征和出行时间距离特征。需要特别指出的是，由于本书的主旨——"次区域生活圈"特别针对居民在社区之外的活动类型，因此在进行数据统计分析时，像社区内就能够覆盖的仓买、便利商店、社区活动中心等设施均被排除在外。数据挖掘的结果，反映的是武汉市都市发展区居民社区之外的日常活动时空规律。

场所类型数据挖掘方法为：基于 ArcGIS10.2 平台，以 837 个有效调查样本中的 9 个与"场所"有关的问题答案数据为基础，逐一统计各项日常活动中不同"场所类型"所占比例。按照所占比例从大到小排序加和，直至累计占比超过 85%，则所累计的几种场所类型即为武汉都市发展区居民在该项日常活动上的"主导场所类型"。

按此方法，研究统计出武汉都市发展区居民日常活动的主导场所类型特征如表 2-2：

武汉市都市发展区居民不同日常活动的主导场所类型统计 表 2-2

日常活动类型		主导场所类型	场所类型占比	场所类型累计占比
商业购物	日用品购买	大型超市仓储	67.04%	87.61%
		商场百货	20.57%	
	服装购买	商场百货	58.38%	85.01%
		购物中心	26.63%	
	家电购买	家电商城或连锁专卖	68.76%	85.95%
		商场百货	17.19%	
	家具购买	家具商城或家居广场	73.39%	88.91%
		商场百货	15.52%	
康体运动	运动休闲	公园绿地	36.11%	91.71%
		体育场馆	20.72%	
		广场空地	19.47%	
		健身房	15.41%	
娱乐休闲	图书阅览	公共图书馆或大型书城（连锁书店）	85.24%	85.24%
	看电影	电影院	※	※
	唱歌	KTV	※	※
工作上班	工作通勤	※	※	※

※ 备注：看电影和唱歌活动无此问题，研究自动识别其场所为电影院和 KTV。工作通勤地点因人而异，无法归类，因而未对其场所类型做统计分析。

资料来源：作者自绘

综合来看，除工作通勤外，武汉市都市发展区内居民社区外日常活动的主要场所包括 3 大类共 12 项：

①商业购物类：购物中心、商场百货、大型超市仓储、家具商城或家居广场、家电商城或连锁专卖；

②康体运动类：公园绿地、体育场馆、健身房、广场空地；

③娱乐休闲类：公共图书馆或大型书城（连锁书店）、电影院、KTV。

（5）出行方式特征

①总体出行方式结构

场所出行方式数据挖掘方法为：基于 ArcGIS10.2 平台，采用属性表高级排序（主排序加次级排序）的方式统计分析每一项日常活动的每一个主导场所类型之下的不同出行方式占该种场所类型所有出行方式的比例。按照出行方式所占比例从大到小排序加和，直至累计占比超过 85%，则所累计的几种出行方式即为武汉都市发展区居民在该项日常活动的"主导出行方式"。

按照上述方法，本书统计出武汉市都市发展区居民日常活动的主导出行方式特征如表 2-3 所示：

武汉市都市发展区居民不同日常活动场所类型的主导出行方式特征及比例　　表 2-3

日常活动类型	主导场所类型	主导出行方式	占该主导场所类型所有出行方式比例	该主导场所类型出行方式累计占比
工作通勤	※	私家车	29.67%	85.87%
		公交车	25.59%	
		步行	19.31%	
		地铁	11.30%	
日用品购买	大型超市仓储	步行	44.55%	86.93%
		私家车	24.93%	
		公交车	17.45%	
	商场百货	公交车	50%	85.33%
		步行	21.43%	
		私家车	13.90%	
服装购买	商场百货	公交车	37.80%	86.86%
		私家车	29.22%	
		地铁	19.84%	
	购物中心	公交车	40.24%	89.35%
		私家车	33.73%	
		地铁	15.38%	

日常活动类型	主导场所类型	主导出行方式	占该主导场所类型所有出行方式比例	该主导场所类型出行方式累计占比
家电购买	家电商城或连锁专卖	私家车	45.89%	85.67%
		公交车	28.17%	
		步行	11.61%	
	商场百货	公交车	54.38%	86.95%
		私家车	32.57%	
家具购买	家具商城或家居广场	私家车	50.54%	90.98%
		公交车	33.06%	
		地铁	7.38%	
	商场百货	公交车	58.21%	88.09%
		私家车	29.88%	
运动休闲	公园绿地	步行	79.57%	87.83%
		公交车	8.26%	
	体育场馆	步行	36.61%	87.04%
		私家车	30.36%	
		公交车	20.07%	
	广场空地	步行	85.33%	85.33%
	健身房	步行	47.58%	85.89%
		私家车	22.20%	
		公交车	16.11%	
图书阅览	公共图书馆或大型书城（连锁书店）	公交车	39.67%	85.11%
		私家车	24.26%	
		步行	21.18%	
看电影	电影院	步行	30.61%	85.56%
		公交车	30.30%	
		私家车	24.65%	
唱歌	KTV	公交车	29.83%	84.75%
		步行	28.70%	
		私家车	26.22%	

※ 工作通勤活动出行方式统计不单独针对某个就业地点场所类型。

资料来源：作者自绘

综合来看，武汉市都市发展区内居民日常活动最为常见且频繁使用的出行方式有4类，分别是：步行、乘坐公交车、驾驶私家车、乘坐地铁。

其中，乘坐公交车和驾驶私家车出行的普遍性最强，几乎所有的场所类型主导出行方式中均包括公交车和私家车。其次是步行出行，除了在服装购买、家具和家电购买三项中未有显著体现外，在其他日常活动类型及其主导场所类型出行中均占有重要地位。相对而言，地铁出行的场所类型最少，且该出行方式所占比例也最小。

此处值得说明的有两点：第一，统计数据显示了私家车出行在武汉市居民日常活动出行中的重要分量，除了彰显其普遍性外，更是突出了在工作通勤、家具和家电商城购物中的核心出行方式作用。一方面，如此普遍且高比例的私家车出行揭示并印证了武汉市内部大面积交通拥堵和居民出行难问题的重要症结，其也正是"次区域生活圈"空间组织模式的重要问题。抛开"个体交通工具偏好"这一情感因素，私家车出行的比例越高，说明城市地域空间组织优化的迫切性越大。从本书的主旨来看，此部分利用私家车出行的居民的时空数据恰恰是"次区域生活圈"空间组织模式试图修正和优化的"问题数据"，"降低私家车出行比例""引导绿色出行"也是"次区域生活圈"空间组织模式希望产生的重要影响之一。另一方面，私家车出行方式虽然常见且使用频繁，但上述统计结果仍然能够显示出通过公交车、步行和地铁出行到达日常活动场所是个体居民的选择。从功能设施供给角度来看，这恰恰暗示了武汉市都市发展区内的部分地域可能缺乏便捷的公交和地铁出行方式，或由于部分区域内缺乏日常活动的主导场所类型，而迫使居民不得不采用私家车远距离出行、不得不通过提高出行速度来平衡出行时间。第二，虽然从武汉市居民的调查数据来看，地铁仅存在于工作通勤、服装购买、家具购买等少数日常活动类型中，且出行方式占比均不高，但考虑到武汉市轨道交通尚处于建设初期，地铁覆盖率和通达性将逐步提高，且北京、上海等城市的相关研究结论均支撑地铁出行的重要性，因此本书仍将"乘坐地铁"看作当下武汉居民的重要出行方式，并认为其将在居民未来交通出行方式结构中起关键作用。

②不同区位居民出行方式分异

虽然从整体上来说，武汉都市发展区内居民日常活动的主导出行方式有上述 4 类，但并不代表居民日常活动出行方式的均质化。实际上，通过数据分析显示，武汉市不同居住区位的居民，其日常活动的主导出行方式存在分异特征。本书以"内环以内""内环至二环之间""二环至三环之间"以及"三环至都市发展区边界"划分居民居住区位。进而基于 ArcGIS10.2 平台统计不同居住区位居民使用不同交通工具的样本数量。然后基于不同居住区位居民在各种日常活动中的出行方式特征，提炼居民日常活动出行方式的分异特征（表 2-4）。

武汉都市发展区不同居住区位居民日常活动的主导出行方式数量统计　　表2-4

日常活动	主导场所类型	主导出行方式	占该场所类型出行方式比例	不同区位特定出行方式样本数量（个）			
				内环以内	内环至二环之间	二环至三环之间	三环至都市发展区边界
工作通勤		私家车	29.67%	26	47	107	67
		公交车	25.59%	28	53	89	44
		步行	19.31%	39	42	47	33
		地铁	11.30%	27	27	29	11
日用品购买	大型超市仓储 67.04%	步行	44.55%	47	67	101	24
		私家车	24.93%	9	17	69	44
		公交车	17.45%	13	18	42	25
	商场百货 20.57%	公交车	50%	12	12	25	37
		步行	21.43%	9	8	18	3
		私家车	13.90%	4	4	5	22
服装购买	商场百货 58.38%	公交车	37.80%	24	38	80	43
		私家车	29.22%	8	25	66	44
		地铁	19.84%	31	31	25	10
	购物中心 26.63%	公交车	40.24%	11	20	34	25
		私家车	33.73%	6	9	34	27
		地铁	15.38%	11	8	13	1
家电购买	家电商城或连锁专卖 68.76%	私家车	45.89%	28	34	134	67
		公交车	28.17%	23	47	57	35
		步行	11.61%	26	25	12	5
	商场百货 17.19%	公交车	54.38%	4	11	25	39
		私家车	32.57%	2	6	16	24
家具购买	家具商城或家居广场	私家车	50.54%	44	59	129	80
		公交车	33.06%	26	49	80	49
		地铁	7.38%	23	18	15	5
	商场百货 15.52%	公交车	58.21%	6	6	21	43
		私家车	29.88%	3	3	10	23
运动休闲	公园绿地 36.11%	步行	79.57%	45	70	78	47
		公交车	8.26%	2	4	7	12
	体育场馆 20.72%	步行	36.61%	16	20	25	3
		私家车	30.36%	4	9	24	16
		公交车	20.07%	4	8	11	12
	广场空地 19.47%	步行	85.33%	19	21	59	41

续表

日常活动	主导场所类型	主导出行方式	占该场所类型出行方式比例	不同区位特定出行方式样本数量（个）			
				内环以内	内环至二环之间	二环至三环之间	三环至都市发展区边界
运动休闲 15.41%	健身房	步行	47.58%	12	24	20	7
		私家车	22.20%	3	3	11	12
		公交车	16.11%	4	6	5	7
图书阅览	公共图书馆或大型书城（连锁书店）	公交车	39.67%	22	42	59	29
		私家车	24.26%	10	14	41	29
		步行	21.18%	21	27	23	10
看电影	电影院	步行	30.61%	73	64	83	34
		公交车	30.30%	26	55	101	70
		私家车	24.65%	13	40	97	56
唱歌	KTV	公交车	29.83%	31	60	88	71
		步行	28.70%	55	60	85	40
		私家车	26.22%	24	41	86	68

资料来源：作者自绘

综合上述数据分析显示，武汉都市发展区不同居住区位居民日常活动出行方式的分异特征如下。

A. 内环居民日常活动出行方式的"步行＋公交＋地铁"特征显著。其中，"步行"是内环居民日常活动出行方式的最突出特点。而在"地铁"为主导出行方式之一的几类日常活动中，内环居民的"地铁出行"和"公交出行"几乎占有同等重要的分量。相比之下，内环居民的出行最为"绿色环保"，私家车使用比例相对最低，一则反映出内环内各类日常活动设施的配置较为富足便捷，二则说明居住在内环内的居民日常更习惯采用"非私家车"方式完成日常活动。

B. 内环至二环之间居民日常活动出行方式的"步行＋公交"特征明显。"地铁"虽仍占有一定分量，但与"公交出行"相比并无绝对优势，主要原因在于其覆盖性尚不足。在该区位居民的不少日常活动中，"公交出行"甚至超过"步行出行"成为首要出行选择。这一方面反映出轨道交通设施的便捷程度相比"内环以内"有所下降，另一方面也暗示此区位内少量日常活动设施的空间配置已超出"步行空间尺度"，那些居住在地铁便捷程度尚不高且设施区位超过步行可达的居民，更愿意采用"公交车"出行。

C. 二环至三环之间居民日常活动出行方式表现为"公交＋私家车"主导的显著特征，

尤其是"私家车"在该区位内的重要性大大增强。"步行"出行仍然承担一定作用，但重要性相较"内环以内"以及"内环至二环之间"已大为降低，说明此区域内很多功能设施的配置已超出"步行空间尺度"。而"地铁"在此区域内已退至相对次要的位置，可能与轨道交通设施的空间配置不均衡有关。

D. 数据显示，居住在"三环外至都市发展区边界"的居民对"私家车"的依赖性最高。居民到工作地点、商场百货、大型超市仓储、图书阅览场所、体育场馆、家具和家电商城几乎均首要选择"私家车出行"。这说明，居住在此区位内的居民，其日常活动的主导场所可能大部分均超出"步行"甚至"公交车"尺度范围，在地铁设施尚未通达或便捷度较低的情况下，居民不得不采用"私家车"方式出行。当然，也不排除部分居民因个人喜好、收入水平等因素主动地选择"三环外居住"及"私家车出行"，但这部分居民的个性化出行规律与本书的主旨不符，因此不对其活动规律做进一步解析工作。

（6）出行时间特征

①不同区位居民出行时间分异

网络上常有各类报道和报告发布，典型如"全国各大城市居民日常通勤时间排行"，不同研究机构发布的结论差别之大每每都能引发巨大争议。大量市民均提出对发布的通勤时间数据的"失真质疑"，有些市民认为自己的实际通勤时间远远大于发布数据，也有些市民惊讶于自己实际通勤时间被"放大化"。本质上，引发上述巨大争议的根本原因既不是样本数量问题，也不是调查人群种类问题，而更多的源自"数据平均化处理"的统计方法问题，即对于任何一个大城市而言，动辄数以百万甚至千万级别的人口数量决定其居民日常活动出行时间迥异，对其日常活动出行时间的分析不能简单采用"总体平均化"的处理方法。

国内外大量文献支撑了"区位"是影响居民日常行为活动分异的重要基础因素这一共识结论。不同居住区位的个体居民，其日常活动的出行时间往往差别显著。即便是居住区位相似的若干个体居民，其日常活动的出行时间也可能因为出行方式的选择不同而迥异。因此，本书认为，笼统地统计武汉市居民某一类日常活动的平均出行时间意义甚小，也很难真实地反映出个体居民日常活动的实际情况。对居民日常出行时间的揭示必须进行分居住区位、分活动类型、分出行方式的"多维交互式分析"。得到的所谓"居民日常出行时间"应该是"多维交互式分析"下的"一组"时间数据，而非"一个"。

在前述认知基础上，本书对出行时间数据的挖掘方法为：首先，将武汉市有效被调查者居住地区位分为 4 类:"内环以内""内环至二环之间""二环至三环之间""三环至都市发展区边界"。其次,基于 ArcGIS10.2 平台,以武汉市都市发展区居民 12 类主导场所类型、4 类主导交通工具为基础,采用加权平均算法计算特定区位居民为完成特定日常活动、以特定交通工具前往特定场所花费的平均时间。最后,基于"内环以内""内环至二环之间""二环至三环之间""三环至都市发展区边界" 4 个居住区位,统计不同居住区位下,不同出行方式出行时间数据的平均值和数据区间。其中:

加权平均算法的计算公式为:
$$T_{A_iP_jV_nL_m} = \frac{\sum_{y=1}^6 I_y N_{xy} Y A_i P_j V_n L_m Y}{\sum_{x=1}^6 N_{xy} Y A_i P_j V_n L_m Y}$$

其中,T 为加权平均时间,$T_{A_iP_jV_nL_m}$ 含义为:居住在第 m 类区位的居民,为完成第 i 种日常活动,以第 n 种交通工具前往第 j 种场所类型,花费的平均时间水平。

A_i 为日常活动类型(Activity),设定 9 大类(i=1 ~ 9):A_1 为工作通勤,A_2 为日用品购买,A_3 为服装购买,A_4 为家电购买,A_5 为家具购买,A_6 为图书阅览,A_7 为运动休闲,A_8 为看电影,A_9 为唱歌。

P_j 为主导场所类型(Place),设定 12 种类型(j=1 ~ 12):P_1 为商场百货,P_2 为大型超市仓储,P_3 为家具商城或家居广场,P_4 为家电商城或连锁专卖,P_5 为公共图书馆或大型书城(连锁书店),P_6 为公园绿地,P_7 为购物中心,P_8 为体育场馆,P_9 为广场空地,P_{10} 为健身房,P_{11} 为电影院,P_{12} 为 KTV。

V_n 为出行交通工具(Vehicle),设定 4 种类型(n=1 ~ 4):V_1 为步行,V_2 为公交车,V_3 为地铁,V_4 为私家车。

L_m 为区位(Location),设定 4 种类型(m=1 ~ 4):L_1 为内环以内,L_2 为内环至二环之间,L_3 为二环至三环之间,L_4 为三环至都市发展区边界。

I_y 为出行时间区间(Interval),设定 6 种类型(y=1 ~ 6):I_1 为"10 分钟以内",I_2 为"10 ~ 20 分钟",I_3 为"20 ~ 30 分钟",I_4 为"30 ~ 40 分钟",I_5 为"40 ~ 60 分钟",I_6 为"60 分钟以上"。在加权计算时分别对应采用绝对数值 I_1="5 分钟"、I_2="15 分钟"、I_3="25 分钟"、I_4="35 分钟"、I_5="50 分钟"和 I_6="70 分钟"。

N_{xy} 为特定时间区间内的样本数量(Number),设定 6 种类型(x=1 ~ 6):N_{x1} 为"10 分钟以内"样本数量,N_{x2} 为"10 ~ 20 分钟"样本数量,N_{x3} 为"20 ~ 30 分钟"样本数量,N_{x4} 为"30 ~ 40 分钟"样本数量,N_{x5} 为"40 ~ 60 分钟"样本数量,N_{x6} 为"60 分钟以上"样本数量。

举例说明,若设定 i=2,j=1,n=2,m=3,则可以建构出居住在二环至三环之间的武汉居民,为完成日用品购买活动,以公交车为交通工具前往商场百货时的平均出行时间测算序列,然后根据有效被调查样本的实际空间分布情况,填表测算加权平均时间。表 2-5、表 2-6 示意了穷尽计算 i=2 时的所有出行时间项测算方法和结果。

武汉居民日用品购买出行时间测算统计序列示意（当 i=2，j=1，n=2，m=3 时）　表 2-5

A_i	P_j	V_n	L_m	Nxy						$T_{A_iP_jV_nL_m}$
				I_1	I_2	I_3	I_4	I_5	I_6	
A_2	P_1	V_2	L_3	N_{11}	N_{22}	N_{33}	N_{44}	N_{55}	N_{66}	$T_{A_2P_1V_2L_3} = \dfrac{N11*5+N22*15+N33*25+N44*35+N55*50+N66*70}{N11+N22+N33+N44+N55+N66}$

资料来源：作者自绘

不同区位居民日用品购买"多维交互式"出行时间测算示意（当 i=2，j=1，n=2，m=3 时）　表 2-6

主导场所类型	场所样本占比及数量（个）	出行方式	出行方式占比及数量（个）	样本居住地区位	不同出行时间区间样本数量分布						加权平均时间（分）
					10分钟以内	10~20分钟	20~30分钟	30~40分钟	40~60分钟	60分钟以上	
大型超市仓储	（561）67.04%	步行	（251）44.55%	内环以内	9	29	2	0	0	0	12.63
				内环至二环之间	20	38	17	0	0	0	16.25
				二环至三环之间	16	59	16	6	2	1	16.42
				三环至都市发展区	4	21	8	3	0	0	18.28
		私家车	（138）24.93%	内环以内	3	4	7	0	0	0	17.86
				内环至二环之间	3	12	10	2	0	0	19.07
				二环至三环之间	11	28	20	8	1	1	19.93
				三环至都市发展区	5	11	10	1	0	1	19.46
		公交车	（99）17.45%	内环以内	0	4	8	1	0	0	23.00
				内环至二环之间	0	3	9	0	0	1	25.00
				二环至三环之间	0	1	15	19	3	1	32.58
				三环至都市发展区	0	3	11	10	6	4	38.27
商场百货	（172）20.57%	公交车	（84）50.00%	内环以内	0	0	12	0	0	0	25.00
				内环至二环之间	0	4	4	4	0	0	25.00

续表

主导场所类型	场所样本占比及数量（个）	出行方式	出行方式占比及数量（个）	样本居住地区位	不同出行时间区间样本数量分布						加权平均时间（分）
					10分钟以内	10～20分钟	20～30分钟	30～40分钟	40～60分钟	60分钟以上	
商场百货	（172）20.57%	公交车	（84）50.00%	二环至三环之间	0	0	8	12	4	0	34.17
				三环至都市发展区	0	0	12	12	12	0	36.67
		步行	（36）21.43%	内环以内	0	4	0	0	0	0	15.00
				内环至二环之间	0	8	0	0	0	0	15.00
				二环至三环之间	4	0	12	0	0	0	20.00
				三环至都市发展区	0	0	8	0	0	0	25.00
		私家车	（24）13.90%	内环以内	0	8	0	0	0	0	15.00
				内环至二环之间	0	2	2	0	0	0	20.00
				二环至三环之间	0	0	4	0	0	0	25.00
				三环至都市发展区	0	0	4	4	0	0	30.00

资料来源：作者自绘

　　将上述测算方法推广至 A_1 ～ A_9 的所有日常活动类型,进而分别以"内环以内""内环至二环之间""二环至三环之间""三环至都市发展区边界"为维度,汇总统计得出不同居住区位下,各出行方式出行时间数据的平均值和数据区间,如表 2-7 所示。

不同居住区位各出行方式的平均出行时间测算　　　　　表 2-7

	不同出行方式的平均出行时间及全样本出行时间数据分布区间			
	步行	公交车	地铁	私家车
内环以内	12.45 分钟（10～15 分钟）	22.33 分钟（18～26 分钟）	17.00 分钟（15～24 分钟）	18.93 分钟（10～27 分钟）
内环至二环之间	14.27 分钟（11～20 分钟）	25.27 分钟（19～29 分钟）	20.50 分钟（16～28 分钟）	21.93 分钟（16～31 分钟）
二环至三环之间	16.82 分钟（12～28 分钟）	29.80 分钟（21～38 分钟）	25.25 分钟（18～37 分钟）	25.43 分钟（20～34 分钟）
三环至都市发展区边界	21.18 分钟（13～43 分钟）	35.87 分钟（31～55 分钟）	32.00 分钟（20～50 分钟）	26.14 分钟（19～38 分钟）

资料来源：作者自绘

数据显示：A."内环以内"居民日常活动出行时间整体在"10 ～ 27分钟"。其中，步行出行的平均时间为12.45分钟，区间为10 ～ 15分钟；公交车出行的平均时间为22.33分钟，区间为18 ～ 26分钟；地铁出行的平均时间为17.00分钟，区间为15 ～ 24分钟；私家车出行的平均时间为18.93分钟，区间为10 ～ 27分钟。内环之内"步行"和"地铁"两种出行方式的平均出行时间最短、优势显著，印证了内环以内居民"步行＋地铁"主导的出行方式结构的合理性。私家车与步行和地铁相比，时间上没有体现绝对优势，高密度集聚下的交通拥堵也可能是造成该区域公交车和私家车出行时间较长的原因。

B."内环至二环之间"居民日常活动出行时间整体在"11 ～ 31分钟"之间。其中，步行出行的平均时间为14.27分钟，区间为11 ～ 20分钟；公交车出行的平均时间为25.27分钟，区间为19 ～ 29分钟；地铁出行的平均时间为20.50分钟，区间为16 ～ 28分钟；私家车出行的平均时间为21.93分钟，区间为16 ～ 31分钟。内环至二环之间除步行优势明显外，公交车、地铁和私家车平均出行时间相差不大。排除个人交通工具偏好因素，可以推断在此情况下，私家车出行并不具备绝对的选择优势，而在该区域轨道交通尚未覆盖完善之前，不难理解"步行"和"公交车"作为居住主导出行方式。

C."二环至三环之间"居民日常活动出行时间整体在"12 ～ 38分钟"之间。其中，步行出行的平均时间为16.82分钟，区间为12 ～ 28分钟；公交车出行的平均时间为29.80分钟，区间为21 ～ 38分钟；地铁出行的平均时间为25.25分钟，区间为18 ～ 37分钟；私家车出行的平均时间为25.43分钟，区间为20 ～ 34分钟。总体上，步行出行时间虽然仍为最短，除此之外公交、地铁和私家车平均出行时间接近，呈"三足鼎立"态势。

D."三环至都市发展区边界"居民日常活动出行时间整体在"13 ～ 55"分钟之间，出行时间跨度非常大，反映出该区域内居民出行受到的限制因素和不确定性因素非常多。其中，步行出行的平均时间为21.18分钟，区间为13 ～ 43分钟；公交车出行的平均时间为35.87分钟，区间为31 ～ 55分钟；地铁出行的平均时间为32.00分钟，区间为20 ～ 50分钟；私家车出行的平均时间为26.14分钟，区间为19 ～ 38分钟。总体上，步行出行时间虽然依然最短，但与私家车相比已不具备明显时间优势，相同时间内使用私家车可以扩展的空间范围更大，且私家车在时间上分别比公交车和地铁节省10分钟和6分钟，印证了三环外居民惯于采用"私家车出行"的特征。公交车及地铁出行时间相较于"二环至三环之间"均呈大幅增长。

整体上来看，各区位不同出行方式下的平均出行时间基本遵循"圈层递增"规律。"内环以内"居民无论采用何种交通出行方式，其为完成日常活动所花费的平均出行时间均最短且较为理想。而"三环至都市发展区边界"居民则在所有出行方式中均付出最长的出行时间，揭示出该区域居民日常活动出行困难和时空可达性约束。

②各区位不同场所类型居民出行时间分异

基于前述表格详细的时间数据，分别对"内环以内""内环至二环之间""二环至三环之间""三环至都市发展区边界"4 个居住区位内的 12 种日常活动场所类型的出行时间数据进行汇总统计，得出出行时间数据的平均值和数据区间，如表 2-8 所示。

各区位不同场所类型出行时间特征统计测算

表 2-8

居民居住地区位	主导场所类型	各类出行方式平均时间（min）			
		步行	公交车	地铁	私家车
内环以内	大型超市仓储	13 分钟	23 分钟		18 分钟
	商场百货	14 分钟	24 分钟	14 分钟	15 分钟
	购物中心		24 分钟	15 分钟	23 分钟
	家电商城或连锁专卖	13 分钟	22 分钟		21 分钟
	家具商城或家居广场	※	26 分钟	15 分钟	22 分钟
	公园绿地	12 分钟	18 分钟		※
	体育场馆	12 分钟	18 分钟		18 分钟
	广场空地	10 分钟	※		※
	健身房	12 分钟	20 分钟		10 分钟
	公共图书馆或大型书城（连锁书店）	14 分钟	22 分钟		21 分钟
	电影院	14 分钟	22 分钟		19 分钟
	KTV	11 分钟	19 分钟		14 分钟
内环至二环之间	大型超市仓储	16 分钟	25 分钟		19 分钟
	商场百货	15 分钟	25 分钟	18 分钟	20 分钟
	购物中心		28 分钟	20 分钟	25 分钟
	家电商城或连锁专卖	14 分钟	26 分钟		21 分钟
	家具商城或家居广场		28 分钟	16 分钟	26 分钟
	公园绿地	12 分钟	19 分钟		
	体育场馆	17 分钟	25 分钟		18 分钟
	广场空地	13 分钟			
	健身房	13 分钟	23 分钟		18 分钟
	公共图书馆或大型书城（连锁书店）	15 分钟	25 分钟		21 分钟

续表

居民居住地区位	主导场所类型	各类出行方式平均时间（min）			
		步行	公交车	地铁	私家车
内环至二环之间	电影院	14 分钟	24 分钟		20 分钟
	KTV	11 分钟	19 分钟		14 分钟
二环至三环之间	大型超市仓储	16 分钟	30 分钟		20 分钟
	商场百货	20 分钟	31 分钟	20 分钟	22 分钟
	购物中心		33 分钟	22 分钟	28 分钟
	家电商城或连锁专卖	15 分钟	30 分钟		25 分钟
	家具商城或家居广场		32 分钟	18 分钟	28 分钟
	公园绿地	14 分钟	21 分钟		
	体育场馆	17 分钟	25 分钟		21 分钟
	广场空地	16 分钟			
	健身房	14 分钟	25 分钟		20 分钟
	公共图书馆或大型书城（连锁书店）	20 分钟	32 分钟		22 分钟
	电影院	19 分钟	26 分钟		21 分钟
	KTV	14 分钟	24 分钟		20 分钟
三环至都市发展区边界	大型超市仓储	18 分钟	38 分钟		19 分钟
	商场百货	30 分钟	36 分钟	24 分钟	25 分钟
	购物中心	※	40 分钟	24 分钟	35 分钟
	家电商城或连锁专卖	19 分钟	40 分钟		28 分钟
	家具商城或家居广场	※	37 分钟	20 分钟	32 分钟
	公园绿地	16 分钟	25 分钟		
	体育场馆	19 分钟	28 分钟		25 分钟
	广场空地	17 分钟	※		
	健身房	26 分钟	31 分钟		21 分钟
	公共图书馆或大型书城（连锁书店）	35 分钟	43 分钟		27 分钟
	电影院	18 分钟	33 分钟		23 分钟
	KTV	14 分钟	27 分钟		20 分钟

资料来源：作者自绘

其中，每一个主导场所类型对应的 4 种出行方式平均时间的数值，表示相应区位居民可能采取的出行方式及其花费时间的"并集"。例如，内环以内电影院所在行对应的数据表示，住在武汉市内环以内的居民，到电影院看电影时通常存在 4 种出行方式和时间组合：部分居民可能惯用步行平均 14 分钟到达，部分居民可能惯用乘坐公交车平均 22 分钟到达，部分居民可能惯用乘坐地铁平均 15 分钟到达，还有部分居民可能惯用驾驶私家车平均 19 分钟到达。

数据内涵为：反映出不同居住区位的居民通常习惯于在多大地域尺度内"搜索并获取"不同类型的日常活动功能设施。例如，"第二行数据"表示：居住在内环以内的居民，通常习惯于在"步行 14 分钟"或"公交车 24 分钟"或"地铁 14 分钟"或"私家车 15 分钟"地域空间范围内"搜索商场百货"。

对不同居住区位的居民日常活动"搜索时间尺度"进行横向比较，不难发现"三环至都市发展区边界"居民搜索不同场所类型的地域空间范围相差迥异、层次最为显著。而在"内环以内""内环至二环之间""二环至三环之间"3 个区位内，除了个别场所类型的"搜索时间尺度"可能存在明显"偏大或偏小"（如内环以内的家具商城、内环至二环之间的 KTV、二环至三环之间的公园绿地等）外，其余各自区位内部不同场所类型的"搜索时间尺度"相对均衡接近。

正是基于这种"搜索时间尺度"的相近性，本书预判：若在一个潜在空间尺度内能够配置较为完善的日常活动场所类型及各类交通工具，那么居民便有机会在相对统一且边界连续的地域空间范围内探寻并完成各类日常活动。该思想为第 4 章进一步研究"次区域生活圈"功能和空间组织规律奠定了基础，而此节中"搜索时间尺度"的测算和比较则反映出武汉市现阶段最可能存在此类地域空间范围的 3 个区位——内环以内、内环至二环之间，以及二环至三环之间。

通过上述方法统计得出的居民日常出行时间数据组大体反映出：

A. 部分居民在时间约束、功能设施配置稀缺的情况下为到达某类日常活动场所而愿意承受的平均时间成本。

B. 部分居民在无时间和设施配置限制的条件下为完成某项日常活动而主观意愿选择的出行方式及其惯用时间规律。

数据结果也暗示，"三环至都市发展区边界"居民日常活动出行方式的"私家车"导向和长时间出行特征从侧面说明该区域内日常活动场所类型和交通工具的空间资源配置存在较大欠缺，在该区域内并没有形成较为完善的服务居民的日常活动设施系统，致使居民必须通过增加出行时间，或采用理论移动速度更高的机动出行方式来扩大其"搜索采集范围"，进而满足其日常活动需求。相比之下，"内环以内""内环至二环之间""二环至三环之间"3 个区域的日常活动类型和交通工具的空间资源配置则更有机会使居民能够采用"非私家车"的绿色出行方式，在相对可接受的时间内获得日常生活所需的场所设施。

在此基础上，下一章将进一步研究"内环以内""内环至二环之间""二环至三环之间"3个区域的日常活动功能设施的空间资源配置具有哪些共性特征，这些日常活动功能设施能够影响和服务的一般地域范围和城镇居民规模，以及这一服务地域内部的功能和空间组织规律。

2.1.2 不同区位典型"次区域生活圈"遴选与地域范围模拟

基于第3章末对"居民有可能在相对统一且边界连续的地域空间范围内探寻并完成各类日常活动"的预判，本章从"居民行为活动视角"转换至"物质空间资源配置"视角，试图实证探索"次区域生活圈"的功能与空间特征。

本章总体思路为：首先，在武汉都市发展区"内环以内""内环至二环之间""二环至三环之间"分别拟选1个较为公认且典型的"日常活动场所设施及交通方式配置较为完善的区域"，将其作为典型的潜在日常生活圈地区。以该地区"几何形态中心"为"模糊目的地"，以第3章实证的居民日常活动时空规律数据为基础，基于ArcGIS10.2和互联网地图服务平台，测算该"模糊目的地"在不同日常活动场所类型和出行方式下的所有"临界服务地"，并据此拟合典型"次区域生活圈"潜在服务范围。其次，以界定出的3个典型"次区域生活圈"为基础，实证分析其共性功能及空间特征。最后，依据上述分析得到的共性特征，以武汉市为例，在其都市发展区内界定现状"次区域生活圈"，对总体空间分布格局进行分析与评估。

本章再次强调的是，虽然第3章居民日常活动时空规律数据显示：武汉市现阶段居民实际日常活动建立在包括私家车在内的4种出行方式上，但本书的"次区域生活圈"概念彰显的是绿色健康出行导向。也就是说，本书坚定认为"居民有可能通过非私家车的绿色出行方式，在相对有限且边界连续的中观次区域内探寻并完成各类日常活动"。因此，本章中对"次区域生活圈"功能与空间特征的分析与描述——回应了概念辨析中的相关界定——建立在步行、公交车或地铁3种出行方式上。

本章分析除调用第3章对居民日常活动场所类型、出行方式和出行时间的统计数据外，还调用了基础数据库中武汉居民日常活动的场所设施空间数据，武汉市公共交通、轨道交通线网及站点空间数据，以及武汉市用地现状、乡镇街边界、常住人口和各大学在校生数据等。

（1）地域拟选标准及结果

基于前章末的预判，本书拟在武汉都市发展区"内环以内""内环至二环之间""二环至三环之间"分别拟选1个较为公认且典型的"日常活动场所设施及交通方式配置较为完善的区域",将其作为典型的日常生活圈地域。

①拟选标准

本节根据 6 项标准拟选典型的日常生活圈地域。

A. 拟选的典型次区域生活圈地域内应具有较为丰富的居民日常活动场所类型。参照如:武汉市居民日常活动的场所设施空间分布数据。

B. 拟选的典型次区域生活圈地域内应具有较为显著的就业服务和岗位供给特征,是所在城市内具有代表性的就业集聚地区。参照如:《武汉市职住平衡及规划对策研究(2011—2020 年)》专题研究报告、《武汉市远期—远景空间结构框架研究》专题研究报告等(图 2-9、图 2-10)。

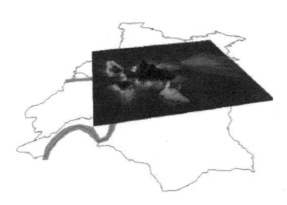

图 2-9　武汉就业密度三维分布示意
资料来源:《武汉市职住平衡及规划对策研究》

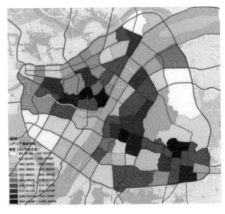

图 2-10　武汉三环内各标准分区岗位密度分布
资料来源:《武汉市远期—远景空间结构框架研究》

C. 拟选的典型次区域生活圈地域内应避免出行方式单一化,应涵盖步行、公交车和地铁全部 3 种交通工具。参照如:武汉市公共交通、轨道交通线网及站点空间分布数据。

D. 拟选的典型次区域生活圈地域内现阶段应具有较为成熟的城市公共服务基础,是所在城市内具有代表性的生活服务集聚地区。参照如:《基于轨道交通的城市中心体系规划研究》报告对武汉市现状公共中心体系的识别,以及各中心地域范围的界定(图 2-11、图 2-12)。

E. 拟选的典型次区域生活圈地域内应受到所属城市公共中心(区)规划的关注。参照如:《武汉市城市总体规划(2010—2020 年)》公共中心体系规划专题报告(图 2-13)。

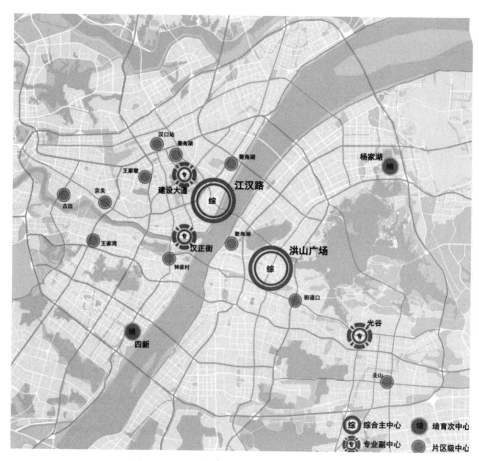

图 2-11　武汉市三环内现状中心体系界定

资料来源:《基于轨道交通的城市中心体系规划研究》(2014 年)

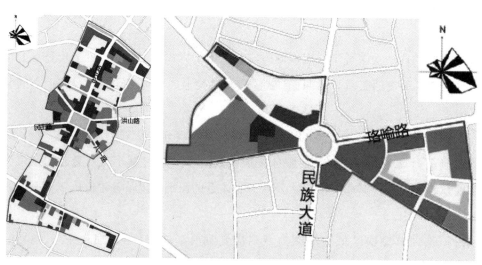

图 2-12　《基于轨道交通的城市中心体系规划研究》中关于部分公共中心范围的界定

资料来源:《基于轨道交通的城市中心体系规划研究》(2014 年)

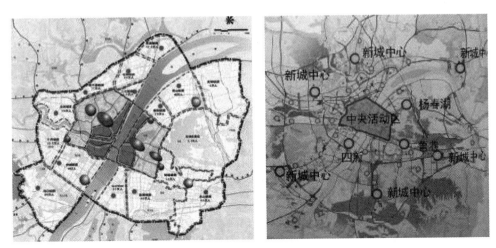

图 2-13　武汉市城市总体规划提出打造多层次公共中心体系
资料来源:《武汉市城市总体规划（2010—2020 年）》

　　F. 拟选的典型次区域生活圈地域应在所属城市中具有较高的知名度、辨识度和认可度。参照如:《武汉商铺市场发展与前景》调研报告，及"大众点评"等服务类网站平台对武汉市重点商圈的分类方法（图 2-14、图 2-15）。

　　②拟选结果

　　基于上述 6 项拟选标准，本书分别在武汉都市发展区"内环以内""内环至二环之间""二环至三环之间"选定 1 个典型"次区域生活圈"地域。其中，"内环以内"选定武广地区;"内环至二环之间"选定洪山广场地区;"二环至三环之间"选定光谷地区（表 2-9）。

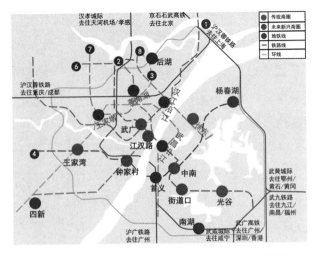

图 2-14　武汉市 2012 年传统和新兴商圈调查结果
资料来源:《武汉商铺市场发展与前景》武汉市国土资源和规划局，戴德梁行研究部，2012 年

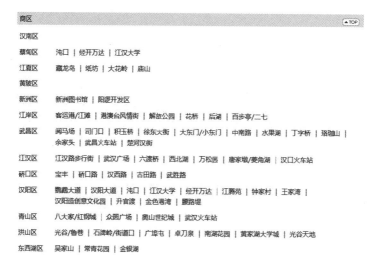

图 2-15　"大众点评"列举的武汉市各行政辖区典型商圈分布

资料来源："大众点评"网络平台截取（http://www.dianping.com/shopall/16/0#BDBlock）

各区位典型"次区域生活圈"地域拟选结果及其模糊目的地设定　　　　　　表 2-9

所处区位	典型"次区域生活圈"拟选地域	地域内居民出行方式可能性			模糊目的地设定
		步行	乘坐公交车	搭乘地铁	
内环以内	武广地区	●	●	●	武汉国际会展中心几何中心
内环至二环之间	洪山广场地区	●	●	●	洪山广场几何中心
二环至三环之间	光谷地区	●	●	●	光谷广场几何中心

资料来源：作者自绘

　　将 3 个区域的"几何形态中心"设定为"模糊目的地"，便于下一步估算"日常生活圈"潜在服务点及拟合服务范围。其中，武广地区选择"武汉国际会展中心几何中心"作为模糊目的地，洪山广场地区选择"洪山广场几何中心"作为模糊目的地，光谷地区选择"光谷广场几何中心"作为模糊目的地，并假定每个地域内各类型日常活动场所设施均集聚于模糊目的地周边一定范围内。

　　（2）基于出行路径的临界服务地测定

　　基于第 3 章实证分析得到的"各区位不同场所类型出行时间特征统计测算表"，分别以拟选的武汉都市发展区 3 个典型"次区域生活圈"地区的"模糊目的地"为终点，测定其在不同出行方式及其惯常出行时间下的临界服务地。

　　①测定工具：互联网地图服务平台

　　基于出行路径的临界服务地测定，本质上是一种"行为模拟"的过程。近年来很多研究都致力于居民出行活动模拟，方法上皆建构基于个体或群体行为的仿真模型，并设定大量假定参数。模拟结果与现实状态越为接近，则认为模型的精度和解释效力越强，以至于有学者往往花费大量精力修正参数或假设更多参数来优化模型。

但是，对于城乡规划学学者而言，"模型"并非研究核心目标。本书主旨也并不为了提出一套能精准模拟并预测居民日常行为的模型。因此，本书中对典型"次区域生活圈"临界服务地的测定需要建立在已有较为公认的成熟模拟系统之上。而关于此类模拟系统的选择，笔者最终选择"互联网地图服务"，尤其是已被国内各领域广泛运用的三大地图搜索平台——Google、高德和百度地图平台。Google、高德和百度地图搜索平台均内置了各自关于居民行为活动的仿真模拟系统，其内在架构、参数调配修正均建立在实时更新的海量数据之上。正如某些研究人员指出："基于互联网地图服务的出行时间数据是面向全出行链出行的结果时间数据，基于的是真实的交通设施条件、道路交通路况和公共交通运营能力，并包含了步行连接及换乘衔接时间"[1]。因此笔者认为其可信度比多数主观构建的模型更高。

"出行路径"是典型"次区域生活圈"临界服务地测定的重要前提，原因有二：第一，第 3 章通过问卷调查采集的个体居民日常活动出行方式和出行时间数据均具有显著的"路径"特征。受自然环境、城市道路、建筑组合、交通线路等因素的影响，任何居民，无论其采用何种交通工具，均不是以"直线距离"的形式在空间中移动。而居民采用同一种交通工具，在相同出行时间内的"路径距离"和"直线距离"可能相差甚远，故而简单地采用"Distance 距离 =Speed 速度 × Time 时间"这一公式计算出的典型"次区域生活圈"临界服务地和服务区域将可能导致结果存在重大误差。第二，"路径"本质上反映了居民出行行为的实际移动过程，其内置了整个移动过程中可能遇到的"绕行""交通拥堵""红绿灯等待""换乘出站""等候发车间隔"等一系列潜在影响出行时间的因素。而这些因素在"直线距离"中均无法体现，进而容易造成居民平均出行速度的"被扩大"。例如：当考虑了出行全过程中的复杂影响因素后，2014 年北京 OD 数据分析得到的公交车实际全程平均速度仅为 12.2km/h[2]。

因此，本书采用"直接在成熟的互联网地图服务平台上采集"的方式，利用 Google 地图、高德地图和百度地图三大地图搜索平台，实现"基于路径的行为模拟"，

---

① 刘森，徐猛 . 国匠学社 03：互联网地图数据的创新应用 [EB/OL]、[2016/3/7]. http://mp.weixin.qq.com/s?__biz=MjM5Nj U3NDg2MQ==&mid=401548593&idx=1&sn=194e092b6ecf84635621518c49b7f749&scene=1&srcid=0306kAMBLh7aX8 L0FIOk6f2H#wechat_redirect.

② 中国城市中心："公交优先"怎么了？ [EB/OL]. [2016/4/11].http://mp.weixin.qq.com/s?__biz=MzA4MTA1MjkzNg==& mid=406357097&idx=2&sn=cf7e1eb496d150dc72caa11821847e4d&scene=0&from=groupmessage&isappinstalled=0#wech at_redirect.

并将上述潜在因素内化为平台内部参数和程序问题，从而能够实现基于出行路径的典型"次区域生活圈"临界服务地测定的初衷。

本书同时选择 Google、高德和百度三大地图平台的原因在于：由于各自的数据采集来源、信息更新速度、后台运算程序与各类参数标准设定不同，导致"同一路径"在不同地图搜索平台上的"时间距离"可能有所差异。比如：高德地图因与武汉大学测绘中心长期开展合作，其获得的城市支路、小区内部建筑和道路组织情况的准确性更高，公交站点的更新速度也最快；而百度地图则由于其强大的渠道拓展和兼容端口而在属性信息的详细程度上更胜一筹；Google 地图则拥有更为出色的模型预测功能，尤其是其将"发车间隔数据"和基于不同时间段的"交通拥堵情况"纳入"时间距离"的测算当中，使得多数情况下基于 Google 地图"Route"工具测算出的时间比其他两个搜索平台更长，但其也更为真实地反映了居民实际花费的时间。本书综合三者优点，并将三大平台得到的数据相互校核，最终确定临界服务地。

②测定方法：基于"Route 服务"的圈层式采集法

目前，学术界进行相关测算的研究鲜见，少数探索主要表现为两种方法。

第一种方法是基于"API 服务"的栅格提取法。具体步骤为：将特定地域范围分成若干方形栅格，利用互联网地图 API 开放平台抓取以特定栅格（比如光谷广场所在栅格）为潜在目的地、在特定出行方式下的两两栅格间的出行时间数据。然后，从所有时间数据中筛选出时间距离上符合要求的栅格，栅格所组成的空间形态即为该目的地的潜在服务区域。栅格的尺度越小，潜在服务区域的边界精细化程度越高。该方法的优点是数据处理速度较快，缺点是忽视了不同居住区位居民日常活动惯常出行时间的差异，且边界服务地由于近似于栅格几何中心，而使得其位置的精确程度取决于栅格尺度大小，过小的栅格尺度给后期筛选排查带来较大困难。

第二种方法是基于"Route 服务"的圈层式采集法。具体步骤为：直接利用互联网地图服务中的"Route（路线）工具"，并选定一种出行方式（互联网地图服务中通常提供步行、公交、自行车、驾车等选项），以潜在目的地为中心（亦即终点）划分若干象限，通过不断变换起点测量不同路径下的出行时间。将起点从内到外以圈层外移的方式不断"拉远"，直至起终点路径的出行时间超出该项日常活动在该居住区位下的惯常出行时间门槛，则该点即为该出行方式下，以"终点"为中心的潜在"日常生活圈"的一个临界服务地。同样地，圈层划分数量越多，测量结果越为精确。该方法优点是能够灵活地适应不同居住区位居民日常活动惯常出行时间差异，通过采集点所处区位的不同，及时变更"时间门槛"，且在自然山水要素丰富的建成区有较好的识别灵敏性和边界契合度。缺点是费时耗工,服务点获取速度较慢,且由于数据点采集更多地依赖人工,精确化程度有限。

两种方法各有利弊,在综合考虑不同区位居民惯常出行时间差异、现有采集技术水平、数据处理及排查难度,以及武汉市"江湖丘陵"富集的实际环境格局后,本书在可以接受适当降低精度的考量下最终选择第二种方法。

同时,部分文献已证实居民某些日常活动具有较为显著的"时间区段节奏"。为此,本书设定了面向就业的典型次区域生活圈服务点采集时间区段为工作日上午 7 时 30 分~上午 9 时。而对于其他日常活动类型及其主导场所类型,由于未对居民职业类型和是否在岗情况进行排查,因此难以细分不同场所类型的服务点的采集时间区段,此处原则认为上午 10 时~晚上 21 时之间的采集均为有效。

③测定步骤及结果:典型"次区域生活圈"临界服务地集合可视化

以"洪山广场典型次区域生活圈地区"为例,其基于"Route 服务"开展圈层式采集通勤临界服务地的具体步骤为:

A. 选择任意工作日(如星期三)上午 7 时 30 分~上午 9 时(如 8 点 30 分),打开互联网地图服务平台(如 Google 地图),选择 Route 工具。在地图中点击"洪山广场几何中心",选定其作为"终点",完成准备工作。

B. 参照不同居住区位居民日常工作通勤活动的主导出行方式及其惯常出行时间统计表,开始采集工作。采集工作分别在"内环以内""内环至二环之间""二环至三环之间""三环至都市发展区边界"4 个区位展开。

C. 以"内环至二环之间"为例。首先,将互联网地图服务的交通工具切换选择至"公交"选项,以"26 分钟"为出行时间门槛,开始在不同圈层上移动"起点"。每一个圈层上的每一个"起点"均能和"洪山广场几何中心"构成一组路径。在这一组路径中,互联网地图服务可能给出若干行程计划,每一个行程计划均显示"出发时间""到达时间""历时""出发地点""到达地点""出行方式""出行路线""换乘或上下车信息""步行连接时间和距离"等信息。同一圈层上不同方向圆弧上的"起点"至"终点"的出行时间均不同。不同圈层上的"起点"至"终点"的出行时间也不同。本书通过不断扩大该圈层半径,直至特定圈层不同方向圆弧上的"起点"与"终点"构成的路径最短出行时间超过"26 分钟"临界门槛,则认为该点即为"公交 26 分钟"门槛下的一个临界服务地。将每一个获取的临界服务地在本书构建的 ArcGIS10.2 挖掘分析平台上标示为一个"临界点数据"(图 2-16)。

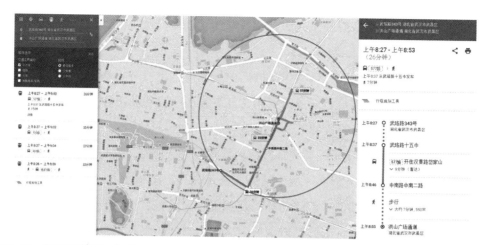

图 2-16　基于互联网平台"Route 服务"圈层式地采集典型"次区域生活圈"通勤服务临界服务地

资料来源：作者自绘

D. 以相同的方法，将交通工具切换选择至"地铁""步行"选项，分别以"28分钟""12分钟"为门槛测定临界服务地。测定结束后即可获得内环至二环之间的所有临界服务地。

E. 当所选起点位于两个区位的交界处，如"内环线"两侧 500m 区域内时，可将"内环以内""内环至二环之间"两个区位的出行时间的平均值近似作为该区域的惯常出行时间。例如："内环以内"公交通勤的惯常出行时间为 22 分钟，"内环至二环之间"公交通勤的惯常出行时间为 26 分钟，则近似认为"内环线"两侧 500m 区域内的居民公交通勤的惯常出行时间为 24 分钟。

F. 以相同方法，对"内环以内""二环至三环之间""三环至都市发展区边界"3个区域进行临界服务地采集。将采集到的所有点在 ArcGIS10.2 挖掘分析平台上标示，汇总得到的所有"临界点数据"就是"洪山广场典型次区域生活圈地区"工作通勤活动在 4 个区位的全部临界服务地集合，其可视化结果如图 2-17 所示。

G. 进一步运用相同方法拓展至其他所有日常活动场所类型——商场百货、大型超市仓储、家电商城、家具商城、公园绿地、体育场馆、健身房、KTV、电影院、购物中心、公共图书馆或大型书城（连锁书店）、广场空地，以各自场所类型对应的出行方式和出行时间为基础开展模拟。

H. 最终，得到以"洪山广场几何中心"为"终点"的洪山广场典型次区域生活圈地区全部临界服务地，每一个临界服务地对应了某项日常活动场所类型下的出行方式及其惯常时间。反映在 ArcGIS10.2 平台上即为"洪山广场典型次区域生活圈地区"的所有"临界点数据"集合，其可视化结果如图 2-18 所示。

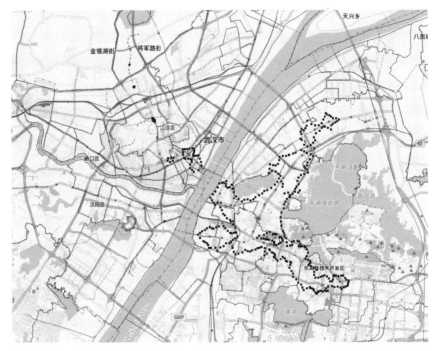

图 2-17　基于互联网地图服务的洪山广场次区域生活圈地区通勤"临界服务地"点数据集合

资料来源：作者自绘

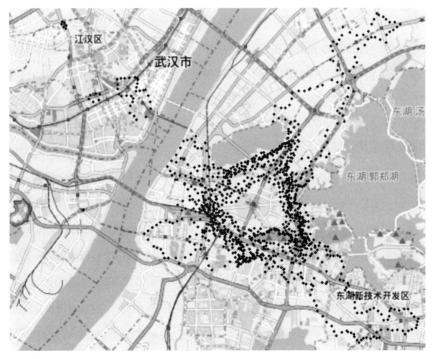

图 2-18　基于互联网地图服务的"洪山广场次区域生活圈地区"地域临界服务地点数据集合

资料来源：作者自绘

I. "武广"和"光谷"典型次区域生活圈地区的临界服务地点数据集合采集方法相同，可视化结果如图 2-19 所示。

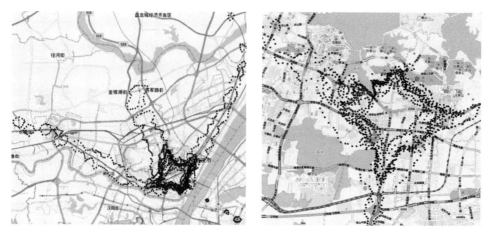

图 2-19　基于互联网地图服务的"武广""光谷"次区域生活圈地区临界服务地点数据集合

资料来源：作者自绘

（3）服务范围拟合

基于 ArcGIS10.2 平台，运用 Geo Wizards 工具，首先分别对 3 个典型"次区域生活圈"地区的不同场所类型的所有临界服务地点数据进行插值分析和"Multipoint to Polyline"拟合，其次采用"Spatial Analyst Tools"的"Polyline Density Analyst"模型进行线密度分析，形成具有不同密度值的栅格像元，按照"Jenks 分级法"对栅格值进行分类统计并可视化，由此模拟 3 个典型"次区域生活圈"地区的服务范围（图 2-20）。

2.1.3　地域范围共性大小与形态特征

（1）地域空间层次划分

拟合结果显示，每个典型"次区域生活圈"地区内部均具有明显的服务边界分层特征。其中，通勤活动服务边界无论是空间形态还是服务地域范围均与其他日常活动场所类型的服务边界空间分异显著，服务地域范围均明显包含且大于其他活动。因服装购买和家具购买活动而产生的购物中心、商场百货、家具商城或家居广场的服务地域范围也相对较大，但其服务边界的空间分异特征并不显著，故本书暂未开展更精细地分层。总体上，除通勤工作活动以外的其他日常活动场所类型的服务边界具有显著的空间交织特征和形态相近性，总体上能够聚合出一个线密度值明显高于其他区域的"高密度闭合曲线"地带。

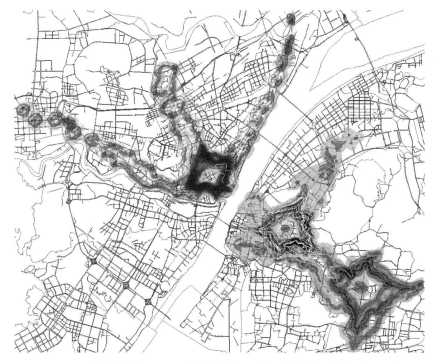

图 2-20　武汉都市发展区 3 个典型"次区域生活圈"地区服务范围拟合

资料来源：作者自绘

拟合结果表明：A. 以特定服务中心为核心（模糊终点）的典型"次区域生活圈"能够形成两个显著的地域空间层次，说明"日常生活圈"通常可能在两个地域空间层次上提供不同的居民日常活动场所设施，满足不同类型的日常活动需求。B. 在范围较大的地域空间层次中，典型"次区域生活圈"地区向区内居民输出就业岗位和工作机会。C. 在范围较小的地域空间层次中，典型"次区域生活圈"地区可额外地向区内居民提供如大型超市仓储、KTV、公园绿地、体育场馆、电影院等日常活动场所设施。D. 上述现象和结论在验证了第 3 章末提出的预判的同时，也拓展出另外一种可能，即"居民有可能在特定服务中心形成的内层地域范围内探寻并完成所有日常活动。也可能在内层地域范围内完成商业购物、康体运动、娱乐休闲活动，而同时在更大的外层地域范围内探寻并完成工作就业活动"。

基于此，此处将一个典型"次区域生活圈"地区中能够向较大地域范围内提供就业岗位和工作机会的空间层次称为"扩展通勤圈"，将典型"次区域生活圈"能够向内部较小地域范围内提供商业购物、康体运动、娱乐休闲场所设施的空间层称为"基础生活圈"。也就是说，以特定服务中心为核心（模糊终点）的一个典型"次区域生活圈"可分别衍生出一个"基础生活圈"和一个"扩展通勤圈"。

基于 ArcGIS10.2 平台栅格插值工具，分别在基础生活圈和扩展通勤圈两个空间层次上将每个典型"次区域生活圈"地区内的线密度最高栅格的中心点连接成平滑曲线，即可模拟出上述 3 个"日常生活圈"的"基础生活圈"边界和"扩展通勤圈"边界（图 2-21）。

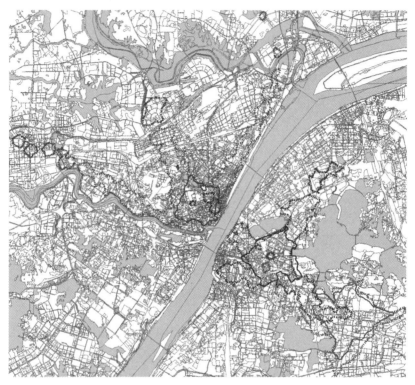

图 2-21　武汉都市发展区 3 个典型次区域生活圈的"基础生活圈"和"扩展通勤圈"边界模拟
资料来源：作者自绘

必须强调的有三点：A. 特定服务中心下的一个典型"基础生活圈"和一个"扩展通勤圈"大致具有"同一个空间形态中心"。B. 本书所称"一个特定服务中心下的典型次区域生活圈"的前提是：依托该中心既形成了一个"基础生活圈"，同时又形成了一个"扩展通勤圈"。若其"中心"只衍生出一个"基础生活圈"，但没有衍生出更大范围的"扩展通勤圈"，就不能称其为一个完整的"日常生活圈"。C. 没有形成"基础生活圈"并不代表地区内没有任何日常活动场所类型，没有形成"扩展通勤圈"也不代表地区内没有任何就业岗位供给。"基础生活圈"和"扩展通勤圈"均有规律性的功能和空间特征，本书正是按照这些"功能和空间特征"开展都市区日常生活圈识别工作。而"功能和空间特征"的提取则基于对既有的武汉都市发展区 3 个典型"次区域生活圈"的分析提炼。

（2）空间结构形态：基于核心圈及触角走廊的紧凑型次区域

①呈现显著的"次区域"结构特征

实证分析表明，3 个典型次区域生活圈均呈现显著的"次区域"结构特征，其地域空间范围小于都市区全域，又大于一般的社区尺度。是以居民日常生活为导向、以居民"大概率、经常性"日常活动的普遍地域范围（用时间距离和出行方式表达），同时也是大城市内部的次级功能与空间片区。由此，后文正式将实证分析中的"日常生活圈"统一更名为"次区域生活圈"。

②关键结构组件："核心圈 + 触角走廊"

观察 3 个典型次区域生活圈的空间形态发现：无论基础生活圈还是扩展通勤圈，其大体上均由一个位于中央的大体量面状区域和四周若干具有轴向延展特征的带状区域组合而成，且各基础生活圈与扩展通勤圈的中央面状区域形态上较为相近。为进一步揭示其形态特征，基于 ArcGIS10.2 平台，采用"Spatial Statistics Tools"空间统计工具的标准差椭圆算法，分别对 3 个基础生活圈和 3 个扩展通勤圈的中央面状区域进行方向分布拟合（Directional Distribution）（图 2-22），并根据椭圆圆心位置测算各标准差椭圆的长轴和短轴半径，进而分析椭圆离心率（Eccentricity）。

图 2-22　基于标准差椭圆算法进行基础生活圈和扩展通勤圈方向分布拟合

资料来源：作者自绘

椭圆离心率是衡量椭圆扁平程度的一种量度，即在椭圆的长轴不变的前提下，两个焦点离开中心的程度。定义为椭圆两焦点间的距离和长轴长度的比值，用 e 表示，即 e=c/a（c 为半焦距；a 为半长轴长度，b 为半短轴长度，$b^2 = a^2 - c^2$）。椭圆的离心率区间为 0 ~ 1，离心率越接近 0，表示该椭圆形态越接近圆形。3 个日常生活圈各椭圆长轴半径 a、短轴半径 b、离心率 e 和长短轴半径均质计算结果如表 2-10 所示。

3 个典型次区域生活圈的标准差椭圆长短轴半径及离心率测算　　　　表 2-10

次区域生活圈	基础生活圈标准差椭圆				扩展通勤圈标准差椭圆			
	长轴 a	短轴 b	离心率	半径均值	长轴 a	短轴 b	离心率	半径均值
武广次区域生活圈	2.14km	1.98 km	0.14	2.06 km	2.26km	2.11 km	0.13	2.19 km
洪山广场次区域生活圈	2.27 km	2.14 km	0.12	2.20 km	2.33 km	2.18 km	0.12	2.23 km
光谷次区域生活圈	2.41 km	2.25 km	0.13	2.33 km	2.60 km	2.35km	0.18	2.48 km

资料来源：作者自绘

标准差椭圆拟合后的圆心位置如图 2-23 所示，红色为基础生活圈标准差椭圆圆心，蓝色为扩展通勤圈标准差椭圆圆心，黄色为假定的次区域生活圈几何中心。测量不同圆心的相互距离，发现总体上皆在 0.3km 之内，可以近似认为次区域生活圈中央区域的形态中心与功能中心具有叠合性。

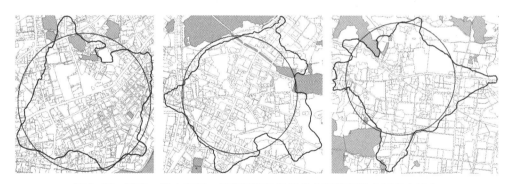

图 2-23　武广、洪山广场、光谷基础生活圈核心圆的近似空间形态拟合

资料来源：作者自绘

进而，测算结果显示：一方面，各个基础生活圈和扩展通勤圈中央面状区域的标准差椭圆的离心率均较低，其中，除光谷扩展通勤圈离心率 e 略高之外，其余各组离心率均在 0.15 以下，说明总体上基础生活圈和扩展通勤圈中央区域的空间形态均可近似地抽象为圆形；另一方面，横向比较同一次区域生活圈的基础生活圈和扩展通勤圈半径均值，发现虽然总体上扩展通勤圈标准差椭圆的平均半径大于基础生活圈，但两者差异并不显著。光谷差异最大，但差值也仅为 0.15km，洪山广场差异最小，差值

更是仅为 0.03km。考量到本书的数据采集误差、研究精度可接受程度和结构抽象主旨，此处近似认为基础生活圈和扩展通勤圈的"中央区域"几近一致。再者，在各标准差椭圆离心率较低的前提下，纵向比较其长短轴半径均值有所差异，发现其总体上在"2.0km ~ 2.5km"区间内。说明：虽然不同的典型次区域生活圈的整体空间形态存在较大差异，但其"中央区域"却具有相对近似的类圆形形态和大小特征。因此，本书将这种在不同基础生活圈和扩展通勤圈中央区域形成的具有类圆形形态和相近大小特征的区域抽象称为次区域生活圈的"核心圈"，武广和洪山广场基础生活圈核心圈形态上可近似为半径 2.0km 圆形，光谷基础生活圈核心圆形态上可近似为半径 2.5km 圆形（图 2-24）。"核心圆"是次区域生活圈内部的基本构成组件之一。

图 2-24　3 个扩展通勤圈的"通勤走廊"和"通勤飞地"形态及空间分布

资料来源：作者自绘

核心圈以外，基础生活圈和扩展通勤圈均还存在一些长短和大小不等的波浪状带状凸出区域。总体上，不同基础生活圈和扩展通勤圈的带状凸出区域长度、宽度和面积差异较大，且即便是同一个基础生活圈或扩展通勤圈，其不同方向上的带状凸出区域也不尽相同。其中，基础生活圈带状凸出区域无论从长短、宽度还是面积上均显著小于扩展通勤圈，覆盖地域范围有限，除光谷基础生活圈东部和南部外，其余基础生活圈带状凸出区域长度均在 1km 以内。相比之下，扩展通勤圈带状凸出区域更长、更宽且覆盖的地域范围更大，长度大多在 3 ~ 10km 之间，并呈现出显著的轴向延伸特征。本书将上述在基础生活圈中形成的核心圈以外的带状凸出区域称为"服务触角"，将在扩展通勤圈中形成的核心圈以外的带状凸出区域称为"通勤走廊"。"服务触角"和"通勤走廊"也是次区域生活圈内部的基本构成组件之一。

此外，在某些扩展通勤圈通勤走廊的"外围末端"形成了一些间断分散式的独立区域，这些区域与通勤走廊并不连续，而是具有显著的空间分离特征。这些区域的面积差别迥异，且从实证的 3 个典型次区域生活圈来看，其并非出现于每个扩展通勤圈的每条通勤走廊上。本书把此类在扩展通勤圈局部方向通勤走廊上形成的离散独立区域称为"通勤飞地"，"通勤飞地"是扩展通勤圈的潜在构成组件。

③总体形态特征：中央圈域聚合、轴向弹性延展的紧凑次区域

次区域生活圈的两个基本构成组件——核心圈、服务触角与通勤走廊在形态上既非分离间断，也不松散碎化，而是拼合形成了一个连续的统一曲面，而此曲面即具有显著的次区域特征。其中，次区域内部的核心圈形态上呈现圈域聚合状，圈域形态近似圆形。服务触角和通勤走廊紧密依附核心圈呈边缘"生长"，空间上与核心圈连为一体，生长方向及其形态并非无规则地四周蔓延和均衡分散，而是被紧密地吸附在某种类型的轴带两侧，进而表现出显著的轴向延伸特征，且触角和走廊的平均宽度由核心圈向外沿轴总体呈锥形收紧。同时，不同次区域生活圈服务触角和通勤走廊的延伸长度、宽度和面积均没有固定值。即便同一次区域生活圈，其不同方向上的服务触角和通勤走廊的长度阈值也可能相差较大，总体体现出形态的弹性变化特征。而次区域生活圈的潜在构成组件——通勤飞地虽然空间上与通勤走廊分隔，但形态上依然表现为被紧密地牵引在某种类型的轴带两侧，或凝聚在某种类型的节点周边，形成一种相对紧凑的独立集聚单元。次区域生活圈总体形态体现了较为突出的次区域、紧凑性和集聚化特点。

2.2 大城市"次区域生活圈"功能发展特征

典型次区域生活圈能够搭载两类服务职能——基础服务职能和高级服务职能。其中，所谓"基础服务职能"即每个潜在日常生活圈均应具备的职能，是日常生活圈形成的重要前提。基础服务职能的直接服务对象是本地居民，职能辐射的地域范围即为基础生活圈和扩展通勤圈，具有较强的内部生活导向性；所谓"高级服务职能"即部分日常生活圈额外承担的职能，可能包括：金融贸易服务职能（法律、会计、信息）、会议展览服务职能、物流中转集散职能、企业总部管理职能、行政管理服务职能、科

技研发孵化职能、基地生产制造职能等。高级服务职能的直接服务对象往往是政府组织、企业网络，职能辐射的范围可拓展至城市及区域，服务的内容可能涉及加工生产体系、物资流通运输、金融贸易往来、公共事务治理等，因而体现出较强的外部生产导向性（表2-11）。分析武广、洪山广场和光谷3个典型次区域生活圈地区的功能组织发现，基础服务职能的相似性和高级服务职能的差异性并存（表2-12）。

日常生活圈基础服务职能和高级服务职能比较　　　　　　　　　　　　　表 2-11

	必须具备的基础服务职能	可能承担的高级服务职能
职能构成	人口承载职能 就业岗位供给职能 日常活动场所设施容纳职能	金融贸易服务职能（法律、会计、信息等） 会议展览服务职能 物流中转集散职能 企业总部管理职能 行政管理服务职能 科技研发孵化职能 基地生产制造职能等
职能相似性与差异性	不同日常生活圈基础服务职能相似	不同日常生活圈高级服务职能分异
职能服务对象	日常生活圈本地居民	政府组织、企业网络
职能辐射范围	基础生活圈和扩展通勤圈	城市及区域
职能服务领域	居民日常社区外大概率、经常性活动	加工生产体系、物资流通运输、金融贸易往来、公共事务治理等
职能导向	内部生活导向	外部生产导向

资料来源：作者自绘

武汉市3个典型次区域生活圈的基础服务职能与高级服务职能比较　　　　表 2-12

	武广典型次区域生活圈地区	洪山广场典型次区域生活圈地区	光谷典型次区域生活圈地区
基础服务职能	人口承载职能 就业岗位供给职能 日常活动场所设施容纳职能	人口承载职能 就业岗位供给职能 日常活动场所设施容纳职能	人口承载职能 就业岗位供给职能 日常活动场所设施容纳职能
基础服务职能支撑用地	R 居住用地、A21 图书展览设施用地、A41 体育场馆用地、B11 零售商业用地 B13 餐饮用地、B14 旅馆用地、B29 其他商务设施用地、B31 娱乐用地 G1 公园绿地、G3 广场用地、多样化就业用地（就业岗位系数非 0）		
影响基础服务职能发挥的主要领域	居民行为活动视角： （1）人口与就业岗位、日常活动场所设施配置 （2）居住用地、就业用地与生活服务用地配置		
主导高级服务职能	金融贸易服务职能	行政管理服务职能 金融贸易服务职能	科技研发孵化职能
高级服务职能支撑用地	B21 金融保险用地 B29 其他商务设施用地	A1 行政办公用地 B21 金融保险用地 B29 其他商务设施用地	A31 高等院校用地 A35 科研用地 B29 其他商务设施用地
影响高级服务职能发挥的主要领域	产业经济、制度与技术视角： （1）经济与交通区位；（2）人才技术结构；（3）企业运行环境； （4）生态资源禀赋；（5）政府政策扶持等		

资料来源：作者自绘

一方面，三大典型次区域生活圈具有相似的基础服务职能。包括：人口承载职能、就业岗位供给职能、日常活动场所设施容纳职能。典型次区域生活圈基础职能的实现由居住用地、多样化的生活服务用地（如部分A21图书展览设施用地、A41体育场馆用地、B11零售商业用地、B13餐饮用地、B14旅馆用地、B29其他商务设施用地、B31娱乐用地、G1公园绿地、G3广场用地）和就业用地（就业岗位系数非0的建设用地，于后文详述）支撑。典型次区域生活圈基础服务职能的优劣与本地的人口与就业岗位、日常活动场所设施、居住用地、就业用地与生活服务用地的配置密切相关。

另一方面，三大典型次区域生活圈具有差异化的高级服务职能。其中，武广日常生活圈的高级职能主要为金融贸易服务职能，洪山广场日常生活圈的高级职能主要包括行政管理服务职能、金融贸易服务职能，光谷日常生活圈的高级职能主要为科技研发孵化职能。三大典型次区域生活圈的高级职能往往由特定功能用地类型支撑，如武广金融贸易服务职能主要建立在B21金融保险用地和B29其他商务设施用地之上；洪山广场行政管理服务职能主要建立在A1行政办公用地之上，金融贸易服务职能主要建立在B21金融保险用地、B29其他商务设施用地之上；光谷技术研发孵化职能主要建立在A31高等院校用地、A35科研用地、B29其他商务设施用地之上。典型次区域生活圈高级服务职能的发挥更多地受到经济与交通区位、人才技术结构、企业运行环境、生态资源禀赋和政府政策扶持的影响。

本书基于居民行为视角，聚焦的是所有日常生活圈的必备属性——"基础服务职能"。因此，本章的实证分析均主要面向典型次区域生活圈基础服务职能，而不再单独地对典型次区域生活圈高级服务职能及其支撑用地的空间格局展开深入研究。

2.2.1 大概率、经常性日常活动场所设施类型、规模及密度

（1）场所类型齐全，总量规模较大

基于ArcGIS10.2平台的"Intersection Analysis"工具和"Merge Analysis"工具，将模拟得到的3个典型"次区域生活圈"的"基础生活圈"面数据，与第3章通过大数据方法采集的2391个日常活动的场所设施POI数据点与都市发展区现状G1类和G3类用地进行空间相交处理，揭示3个基础生活圈内的日常活动场所设施分布情况（图2-25）。而后基于属性表统计每个"基础生活圈"内的场所类型及场所设施数量规模。

图 2-25　3 个典型"次区域生活圈"内的日常活动场所设施分布

资料来源：作者自绘

　　数据统计显示，3 个典型"次区域生活圈"的"基础生活圈"均包含全部 12 项日常活动场所类型（表 2-13），且总量规模较大。其中，武广基础生活圈内含有 222 个日常活动场所设施，洪山广场基础生活圈内含有 185 个日常活动场所设施，光谷基础生活圈内含有 180 个日常活动场所设施，验证了其作为武汉市"日常生活圈"的典型性和代表性。

典型"次区域生活圈"的"基础生活圈"内场所类型及设施规模统计　　　　　表 2-13

日常活动场所类型	武广基础生活圈	洪山广场基础生活圈	光谷基础生活圈
大型超市仓储	8 个	7 个	9 个
商场百货	31 个	12 个	11 个
购物中心	5 个	3 个	4 个
家电商城或连锁专卖	12 个	12 个	12 个
家具商城或家居广场	4 个	3 个	5 个
体育场馆（未含大学操场）	34 个	31 个	40 个
公园绿地	19 个，总面积 0.61 km²	24 个，总面积 0.28 km²	15 个，总面积 0.34 km²
健身房或健身中心	50 个	24 个	29 个

日常活动场所类型	武广基础生活圈	洪山广场基础生活圈	光谷基础生活圈
广场空地	6个，总面积 0.10 km²	7个，总面积 0.09 km²	3个，总面积 0.03 km²
公共图书馆或大型书城 （连锁书店）	5个	5个	3个
电影院	8个	4个	7个
KTV	40个	53个	42个
总计	222个	185个	180个

资料来源：作者自绘

（2）地均高度密集，人均水平总体较高

首先，基于 ArcGIS10.2 属性表"计算几何"工具测算 3 个"基础生活圈"地域面积。并运用"Intersection Analysis"工具对"武汉都市发展区用地现状空间数据"和 3 个基础生活圈面数据进行空间相交，统计各基础生活圈的建设用地面积（表 2-14）。

典型次区域生活圈的"基础生活圈"地域面积及建设用地面积　　　　表 2-14

基础生活圈	地域面积（km²）	建设用地面积（km²）
武广基础生活圈	12.29	11.46
洪山广场基础生活圈	15.62	13.20
光谷基础生活圈	21.99	20.37

资料来源：作者自绘

其次，基于每个基础生活圈的各类日常活动场所设施数量和地域面积测算地均数量（表 2-15）。将该地均水平与都市发展区 3261km² 内的所有日常活动场所的平均地均水平进行比较。测算和比较结果显示：3 个典型次区域生活圈的基础生活圈内场所设施地均数量显著高于都市发展区平均水平，各类日常活动场所设施的地均个数普遍是都市发展区平均水平的 10 倍以上，部分场所更是达到近 20 倍，充分揭示出居民日常活动场所设施在基础生活圈范围内的密集集聚特征。

3 个基础生活圈内日常活动场所设施的地均数量及其与都市发展区平均水平的比较　　表 2-15

	武广基础生活圈	洪山广场基础生活圈	光谷基础生活圈	都市发展区平均
日常活动场所设施总量 地均水平	17.98 个 / km²	11.84 个 / km²	8.19 个 / km²	0.73 个 / km²
大型超市仓储地均个数	0.65 个 / km²	0.45 个 / km²	0.41 个 / km²	0.06 个 / km²

续表

	武广基础生活圈	洪山广场基础生活圈	光谷基础生活圈	都市发展区平均
商场百货地均个数	2.52 个 / km²	0.77 个 / km²	0.50 个 / km²	0.05 个 / km²
购物中心地均个数	0.41 个 / km²	0.19 个 / km²	0.18 个 / km²	0.02 个 / km²
家电商城或连锁专卖地均个数	0.98 个 / km²	0.77 个 / km²	0.55 个 / km²	0.03 个 / km²
家具商城或家居广场地均个数	0.33 个 / km²	0.19 个 / km²	0.23 个 / km²	0.04 个 / km²
体育场馆地均个数（未含大学操场）	2.77 个 / km²	1.98 个 / km²	1.82 个 / km²	0.17 个 / km²
公园绿地地均个数（面积占比）	1.55 个 / km² 4.96%	1.54 个 / km² 1.79%	0.68 个 / km² 1.55%	0.22 个 / km² 0.89%
健身房或健身中心地均个数	4.07 个 / km²	1.54 个 / km²	1.32 个 / km²	0.11 个 / km²
广场空地地均个数（面积占比）	0.49 个 / km² 0.81%	0.45 个 / km² 0.58%	0.14 个 / km² 0.14%	0.02 个 / km² 0.03%
公共图书馆或大型书城地均个数	0.41 个 / km²	0.32 个 / km²	0.14 个 / km²	0.02 个 / km²
电影院地均个数	0.65 个 / km²	0.26 个 / km²	0.32 个 / km²	0.02 个 / km²
KTV 地均个数	3.25 个 / km²	3.39 个 / km²	1.91 个 / km²	0.22 个 / km²

资料来源：作者自绘

　　再者，基于每个基础生活圈的各类日常活动场所设施数量和常住人口规模测算人均数量（基础生活圈常住人口规模测算方法及过程见 4.2.2），并将其与都市发展区 3261km² 内的所有日常活动场所设施的平均水平进行比较（表 2-16）。测算和比较结果显示，在人均大型超市仓储数量、人均家具商城或家居广场数量、人均公园绿地数量三项指标上，基础生活圈与都市发展区平均水平相当；而在其余各类日常活动场所设施人均指标上，基础生活圈范围内的人均数量均普遍是都市发展区平均水平的 1.6 倍以上，说明基础生活圈内日常活动场所设施的总体集聚程度更高。

3 个基础生活圈内日常活动场所设施的人均数量及其与都市发展区平均水平的比较　　表 2-16

	武广基础生活圈	洪山广场基础生活圈	光谷基础生活圈	都市发展区平均
人均日常活动场所设施总量水平	5.80 个 / 万人	5.15 个 / 万人	5.48 个 / 万人	2.87 个 / 万人 ※
人均大型超市仓储数量	0.21 个 / 万人	0.19 个 / 万人	0.27 个 / 万人	0.21 个 / 万人
人均商场百货数量	0.81 个 / 万人	0.33 个 / 万人	0.34 个 / 万人	0.18 个 / 万人
人均购物中心数量	0.13 个 / 万人	0.08 个 / 万人	0.12 个 / 万人	0.05 个 / 万人

续表

	武广基础生活圈	洪山广场基础生活圈	光谷基础生活圈	都市发展区平均
人均家电商城或连锁专卖数量	0.31 个 / 万人	0.33 个 / 万人	0.37 个 / 万人	0.10 个 / 万人
人均家具商城或家居广场数量	0.10 个 / 万人	0.08 个 / 万人	0.15 个 / 万人	0.11 个 / 万人
人均体育场馆数量	0.89 个 / 万人	0.86 个 / 万人	1.22 个 / 万人	0.05 个 / 万人
人均公园绿地数量	0.50 个 / 万人	0.67 个 / 万人	0.46 个 / 万人	0.56 个 / 万人
人均健身房或健身中心数量	1.31 个 / 万人	0.67 个 / 万人	0.88 个 / 万人	0.41 个 / 万人
人均广场空地数量	0.16 个 / 万人	0.19 个 / 万人	0.09 个 / 万人	0.05 个 / 万人
人均公共图书馆或大型书城数量	0.13 个 / 万人	0.14 个 / 万人	0.09 个 / 万人	0.05 个 / 万人
人均电影院数量	0.21 个 / 万人	0.12 个 / 万人	0.21 个 / 万人	0.07 个 / 万人
人均 KTV 数量	1.15 个 / 万人	1.48 个 / 万人	1.28 个 / 万人	0.82 个 / 万人

※ 经测算统计，2014 年都市发展区常住人口 893.51 万人，其中全日制在校大学生 88.71 万人。

资料来源：作者自绘

2.2.2 常住人口规模较大、人口高密度集聚显著

本书基于"人口净密度（Net Population Density）"方法测算武汉市典型次区域生活圈人口规模[①]。测算人口数量与密度的具体技术路线如下。

①估算 2014 年武汉市 186 个乡镇街的常住人口规模和在校大学生人数（万人）。

②基于 ArcGIS10.2 的"Intersection Analysis"工具，将"武汉市 186 个乡镇街"面数据与武汉市居住用地面数据进行空间相交，基于属性表汇总统计各乡镇街居住用地面积和大学用地面积（图 2-26）。

③根据"①"和"②"测算 2014 年武汉市 186 个乡镇街的基于居住用地面积的非大学生常住人口净密度（万人 /km²），和基于大学用地的在校大学生净密度（万人 /km²）。

④基于 ArcGIS10.2 的"Intersection Analysis"工具，将"基础生活圈""扩展通勤圈"面数据分别与武汉市 2014 年"居住用地"面数据实施空间相交（图 2-27、图 2-28），基于属性表分别统计各"基础生活圈"和各"扩展通勤圈"内的各块居住用地面积、大学用地面积及其对应的常住人口净密度和大学生净密度。

⑤在属性表中添加字段,利用"几何计算器"测算"基础生活圈"和"扩展通勤圈"内每块居住用地的常住人口和每块大学用地的大学生人数，进而统计得到各"基础生活圈"和"扩展通勤圈"内的大学生总人数和常住人口总人数。

---

① 单卓然，黄亚平，张衔春 . 中部典型特大城市人口密度空间分布格局——以武汉为例 [J]. 经济地理，2015，35（9）：33-39.

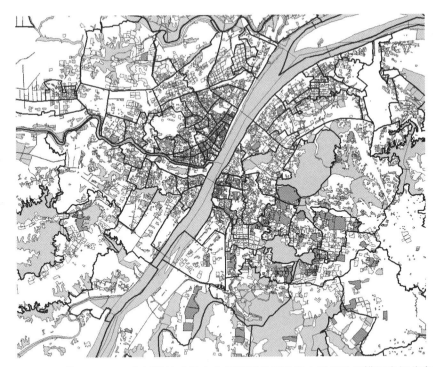

图 2-26　基于 ArcGIS 分析统计武汉市乡镇街居住用地和大学用地规模及空间分布

资料来源：作者自绘

图 2-27　3 个"基础生活圈"内居住用地、大学用地及其所属乡镇街分布

资料来源：作者自绘

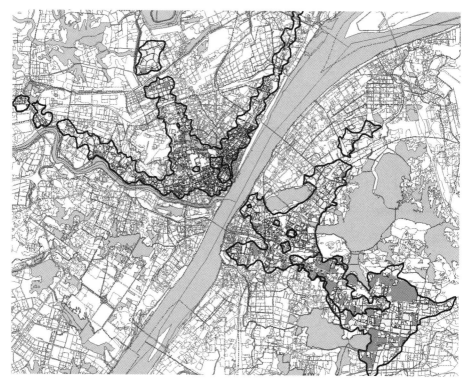

图 2-28 3 个"扩展通勤圈"内居住用地、大学用地及其所属乡镇街分布

资料来源：作者自绘

⑥将得到的人口总量、非大学生常住人口数量与各基础生活圈和扩展通勤圈的地域面积、内含居住用地面积相除，即可得到基于地域面积的平均人口密度和基于居住用地面积的非大学生人口净密度。以此来反映各基础生活圈和扩展通勤圈内的人口密集程度。采用相似办法测算武汉市域和都市发展区人口总量或密度，作为比较数据（表 2-17、表 2-18）。

人口的绝对数量方面，数据反映出 3 个"基础生活圈"和 3 个"扩展通勤圈"的人口规模均较为庞大。其一，武广"日常生活圈"的"基础生活圈"常住人口总量达到 38.10 万人，洪山广场"日常生活圈"的"基础生活圈"常住人口总量为 35.91 万人，而光谷"日常生活圈"的"基础生活圈"常住人口总量为 32.82 万人。3 个基础生活圈的常住人口总量规模均介于"30 万 ~ 40 万"区间内，武广总量最大、光谷总量最小，但总体上差别并不显著；其二，武广"日常生活圈"的"扩展通勤圈"常住人口总量达到 122.03 万人，洪山广场"日常生活圈"的"扩展通勤圈"常住人口总量为 94.23 万人，而光谷"日常生活圈"的"扩展通勤圈"常住人口总量为 65.15 万人。3 个扩展通勤圈的常住人口总量规模存在较大差异，依次存在 30 万左右的差值。

3个"基础生活圈"常住人口规模、密度测算及其与武汉市域和都市发展区的比较　　表 2-17

		武广基础生活圈	洪山基础生活圈	光谷基础生活圈	都市发展区	市域
规模	常住人口总量	38.10 万	35.91 万	32.81 万	893.51 万	1033.80 万
	非大学生常住人口	37.83 万	34.46 万	24.47 万	804.80 万	926.54 万
	在校大学生人数	0.27 万	1.45 万	8.34 万	88.71 万	107.26 万
面积	地域总面积	12.29km²	15.62 km²	21.99 km²	3261 km²	8494 km²
	居住用地面积 ※	4.52 km²	5.29 km²	6.74 km²	301.09 km²	489.65 km²
密度	基于地域总面积的平均人口密度	3.37 万人 /km²	2.30 万人 /km²	1.49 万人 /km²	0.27 万人 /km²	0.12 万人 /km²
	基于居住用地面积的非大学生人口净密度	8.37 万人 /km²	6.51 万人 /km²	3.63 万人 /km²	2.67 万人 /km²	1.89 万人 /km²

※ 此处未包括农村居民点住宅用地,故实际都市发展区和市域人口净密度要比上述估算值更小。

资料来源:作者自绘

3个"扩展通勤圈"人口规模、密度测算及其与武汉市域和都市发展区的比较　　表 2-18

		武广扩展通勤圈	洪山扩展通勤圈	光谷扩展通勤圈	都市发展区	市域
规模	常住人口总量	122.03 万	94.23 万	65.15 万	893.51 万	1033.80 万
	非大学生常住人口	120.46 万	87.03 万	48.38 万	804.80 万	926.54 万
	在校大学生人数	1.57 万	7.20 万	16.77 万	88.71 万	107.26 万
面积	地域总面积	56.69km²	46.27 km²	41.59 km²	3261 km²	8494 km²
	居住用地面积	22.59 km²	16.99 km²	13.89 km²	301.09 km²	489.65 km²
密度	基于地域总面积的平均人口密度	2.23 万人 /km²	1.88 万人 /km²	1.12 万人 /km²	0.27 万人 /km²	0.12 万人 /km²
	基于居住用地面积的非大学生人口净密度	5.60 万人 /km²	5.12 万人 /km²	3.34 万人 /km²	2.67 万人 /km²	1.89 万人 /km²

资料来源:作者自绘

　　人口的地均密度方面,无论是基础生活圈,还是扩展通勤圈范围内的平均人口密度和人口净密度均显著高于都市发展区和市域平均水平,揭示出人口在日常生活圈范围内的密集集聚态势。其中,武广基础生活圈和扩展通勤圈、洪山广场基础生活圈和扩展通勤圈的人口净密度均超过 5 万人 /km²,意味其人均居住用地面积不足 20m²,武广基础生活圈人口净密度更是达到 8.37 万人 / km²,意味着其人均居住用地面积可能仅为 10m² 左右,充分反映出人口在日常生活圈范围内的高密度集聚特征。

2.2.3　就业岗位总量及地均密度较高

本书就业岗位测算的地域范围为"扩展通勤圈"。

关于特定地域范围内就业岗位规模的分析方法，较为成熟的有两种：一是"就业岗位—建设用地关联法"，核心是确定地均就业岗位[1]。二是"城市模型模拟法"，核心是模型参数验证与预测结果校正[2-3]。两者都需要通过特定地域范围内的就业岗位总量进行反馈修正。本书采用"就业岗位—建设用地关联法"测算3个"扩展通勤圈"的就业岗位规模。具体的技术路线为：

①基于《武汉市远期—远景空间结构框架研究》[4]相关专题报告中测算就业岗位的修正后标准，参考北京、西安、南京、南昌、呼和浩特和部分沿海开发区的现状分行业单位用地面积上的就业岗位数量与规划设计指标（表2-19至表2-23），综合拟定本节实证分析中采用的武汉市部分城乡用地的地均就业岗位系数（表2-24）。

北京市各重点行业产值、用地与就业岗位关系表　　　　表2-19

序号	类别	劳均年产值（万元/人）	地均就业岗位（万人/km²）	劳均占地（m²/人）
1	电子	14.3	2.43	41.2
2	汽车	12.3	1.03	97.1
3	机械	6.3	0.72	138.9
4	化工	11.3	0.79	126.6
5	冶金	4.6	1.84	54.3
6	建材	7.9	0.26	384.6
7	家电	4.8	1.75	57.1
8	食品	8.3	0.58	172.4
9	医药	6.7	1.28	78.1
10	印刷	3.6	1.72	58.1
11	服装	3.7	2.54	39.4
12	其他	5.0	0.58	172.4

资料来源：《武汉市远期—远景空间结构框架研究》，2014

---

[1]　刘融融，陈怀录，陈龙.西咸新区失地农民就业路径探析[J].干旱区资源与环境，2014，28（12）：26-31.

[2]　龙瀛，茅明睿，毛其智，等.大数据时代的精细化城市模拟：方法、数据和案例[J].人文地理，2014（3）：7-13.

[3]　万励，金鹰.国外应用城市模型发展回顾与新型空间政策模型综述[J].城市规划学刊，2014（1）：81-91.

[4]　华中科技大学建筑与城市规划学院，武汉市规划编制研究和展示中心.武汉市远期—远景空间结构框架研究[Z].2014.

北京市第三产业各行业需要的用地与建筑参考指标　　　　表 2-20

序号	类别	就业岗位构成（%）	劳均用地（m²/人）	地均就业岗位（万人/km²）
1	交通运输、仓储、通信业	100	70 ~ 74	1.35 ~ 1.43
	交通运输	65	33 ~ 44	2.5 ~ 3
	仓储	17.5	250	0.4
	邮电通信	17.5	25	4
2	商业服务和旅店业	100	16 ~ 21	4.76 ~ 6.25
	商业服务业	85	15 ~ 20	5 ~ 6.67
	旅店业	15	23	4.35
3	金融保险	—	8 ~ 12.5	8 ~ 12.5
4	房地产业	—	8 ~ 12.5	8 ~ 12.5
5	社会服务业	100	24 ~ 28	3.57 ~ 4.17
	社区服务	80	20 ~ 25	4 ~ 5
	市政公用事业服务	20	40	2.5
6	卫生、社会福利与体育	100	55 ~ 65	1.54 ~ 1.81
	医疗卫生	62	40 ~ 50	2 ~ 2.5
	社会福利	35	70	1.43
	体育	3	200 ~ 300	0.34 ~ 0.5
7	教育与文化事业	100	64 ~ 76	1.3 ~ 1.56
	大专院校	45.4	60 ~ 80	1.25 ~ 1.67
	中小学	27.3	92	1.09
	托幼机构	13.2	35	2.86
	文化产业	14.1	50 ~ 67	1.5 ~ 2
8	科研和综合技术服务	—	40 ~ 50	2 ~ 2.5
9	国家机关和社会团体	—	20 ~ 24	4.17 ~ 5
10	其他	—	400	0.25

资料来源：《武汉市远期—远景空间结构框架研究》，2014

沿海开发区第三产业各行业用地与就业岗位关系表　　　　表 2-21

序号	类别	就业岗位（个）	用地面积（hm²）	地均就业岗位（万人/km²）
1	交通运输、仓储、通信业	4900	34.6	1.4
2	商业服务和旅店业	17900	28.6	6.3
3	金融保险	1900	1.5	12.7
4	房地产业	2300	1.8	12.8
5	社会服务业	8400	20.2	4.2
6	科教、文化、卫生业	13100	70.9	1.8
7	国家机关和社会团体	3500	7	5
8	其他	2300	93.3	0.25

资料来源：《武汉市远期—远景空间结构框架研究》，2014

南昌航空产业园不同用地职工密度　　　　　　　　　　　表 2-22

序号	用地类型	规划用地面积（hm²）	职工密度（万人 / km²）
1	公共设施用地	47.9703	3.5
2	工业用地	154.7226	1
3	物流用地	6.0004	0.6
4	市政公用设施用地	8.066	0.5
5	绿地	95.8308	0.01

资料来源：《武汉市远期—远景空间结构框架研究》，2014

呼和浩特经济技术开发区分行业就业密度　　　　　　　表 2-23

序号	行业分类	就业密度（万人 / km²）	平均每多少 m² 一个就业岗位
1	航空运输产业	0.6	167
2	科研、文化创意产业	0.2	500
3	电子信息产业	0.4	250
4	新材料产业	0.3	333
5	新能源设备	0.3	333
6	高端装备制造业	0.4	250
7	生物产业	0.5	200
8	食品加工业	0.4	250
9	精细化工业	0.4	250
10	旅游服务、休闲度假业	0.8	125

资料来源：《武汉市远期—远景空间结构框架研究》，2014

实证分析采用的武汉市部分城乡用地地均就业岗位系数　　表 2-24

城乡用地名称*	用地代码*	拟定现阶段地均就业岗位系数（万个 /km²）
行政办公用地	A1	3
文化设施用地	A2	1.5
教育科研用地	A31	1.3
中小学用地	A33	1.1
科研用地	A35	2.5
体育用地	A4	0.5
医疗卫生用地	A5	2.0
社会福利设施用地	A6	1.4
外事用地	A8	4.0
零售商业用地	B11	5.0
批发市场用地	B12	2.0
餐饮用地	B13	5.0

续表

城乡用地名称*	用地代码*	拟定现阶段地均就业岗位系数（万个/km²）
旅馆用地	B14	4.4
金融保险用地	B21	12.0
艺术传媒用地	B22	4.0
其他商务设施用地	B29	8.0
娱乐用地	B31	1.5
康体用地	B32	1.5
加油加气站用地	B41	0.8
其他公用设施营业网点用地	B49	0.8
其他服务设施用地	B9	1.5
一类居住用地的服务设施用地	R12	1.5
二类居住用地的服务设施用地	R22	1.5
三类居住用地的服务设施用地	R32	1.5
城市轨道交通用地	S2	1.5
交通枢纽用地	S3	1.5
公共交通场站用地	S41	1.5
其他交通设施用地	S9	1.5
港口用地	H23	1.5
机场用地	H24	1.5
供应设施用地	U1	1.5
排水设施用地	U21	0.8
消防设施用地	U31	0.8
物流仓储用地	W	0.4
钢铁化工类工业用地	M（钢铁化工类）	0.3
生物医药类工业用地	M（生物医药类）	1.28
机械制造类工业用地	M（机械制造类）	0.72
建材加工类工业用地	M（建材加工类）	0.26
电子制造类工业用地	M（电子制造类）	2.0
服装加工类工业用地	M（服装加工类）	2.54
汽车制造类工业用地	M（汽车制造类）	1.0
食品加工类工业用地	M（食品加工类）	0.58
能源环保类工业用地	M（能源环保类）	0.5
其他类型工业用地	M（其他类型）	0.5

*用地名称和用地代码参照《城市用地分类与规划建设用地标准》GB 50137—2011，并结合武汉市规划研究院编制控制性详细规划时的一般用地分类方法修正。受到数据采集和识别技术限制，本书未考虑用地性质为居住用地的沿街一层的就业岗位数量。

资料来源：作者自绘

②在 ArcGIS10.2 平台上,基于"Intersection Analysis"工具将"武汉市用地现状图"数据和"扩展通勤圈"面数据进行空间相交处理,采用属性表统计 3 个"扩展通勤圈"内的各类现状城乡用地面积(图 2-29 ~ 图 2-31)。基于其用地性质和上述地均就业岗位系数,在属性表中添加字段,利用"几何计算器"测算各块不同性质用地上的就业岗位数量。

图 2-29　武广扩展通勤圈用地现状

资料来源:作者自绘

图 2-30　洪山广场扩展通勤圈用地现状
(2014 年)

资料来源:作者自绘

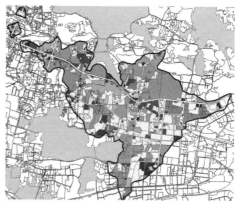

图 2-31　光谷扩展通勤圈用地现状
(2014 年)

资料来源:作者自绘

③基于属性表汇总统计各"扩展通勤圈"内的就业岗位总量规模。进而将得到的就业岗位总量与各扩展通勤圈的地域面积相除,即可得到基于地域面积的地均岗位密度,以此反映各扩展通勤圈内的岗位密集程度(表2-25)。采用相似办法测算出武汉市域和都市发展区就业岗位总量和地均密度,作为比较数据。

3个扩展通勤圈就业岗位总量、地均岗位密度及其与武汉市域和都市发展区的比较 表2-25

所属地域范围	就业岗位总量(万)	地域面积(km²)	地均岗位密度(万个/km²)
武广扩展通勤圈	48.65	56.69	0.86
洪山广场扩展通勤圈	42.58	46.27	0.92
光谷扩展通勤圈	39.64	41.59	0.95
都市发展区	635.10	3261	0.19
武汉市域	675.17	8494	0.08

资料来源:作者自绘

就业岗位的绝对数量方面,数据反映3个"扩展通勤圈"的岗位规模均十分庞大。其中,武广扩展通勤圈就业岗位总量达到48.65万个,洪山广场扩展通勤圈就业岗位为42.58万个,光谷扩展通勤圈就业岗位规模达到39.64万个。3个扩展通勤圈就业岗位规模有所差异,但总体介于"40万~50万"区间内,武广总量最大,光谷总量最小。

就业岗位的地均密度方面,不同扩展通勤圈地均岗位密度差别并不显著,其中,武广扩展通勤圈地均岗位密度为0.86万个/km²,洪山广场扩展通勤圈的就业岗位密度为0.92万个/km²,而光谷扩展通勤圈地均就业岗位密度达到0.95万个/km²,意味着其平均每100m²的用地面积上即提供了1个就业岗位,揭示出就业岗位在日常生活圈范围内的密集态势。3个扩展通勤圈就业岗位密度显著高于都市发展区和市域平均水平,地均岗位密度约为都市发展区平均水平的4.5倍,达到市域平均水平的10倍以上,充分反映出就业岗位在日常生活圈范围内的高密度集聚特征。

2.3 大城市"次区域生活圈"空间发展特征

2.3.1 场所设施、常住人口和就业岗位的空间格局特征

(1)场所设施核心内聚、轴向扩散、总体圈层分布

基于3个典型次区域生活圈的空间结构形态和日常活动场所设施数据,分析基础生活圈场所设施的空间分布格局。首先,基于ArcGIS10.2平台Spatial Analyst Tools的"Point Density"分析工具,以18像元大小为输出单位、500m半径为圆形领域测量基

础生活圈功能设施的点密度分布状态。分析结果显示，3个典型次区域生活圈基础生活圈内的日常活动场所设施具有显著的核心内聚、轴向扩散和总体圈层分布特征。具体表现为：

日常活动场所设施密集集中于中心500m半径圆形区域内，形成非常突出的服务核心。500～1000m的中间环形区域内功能设施密集程度有所下降，空间上表现为沿一个或多个方向的轴向扩散。1000～2000m（光谷为1000～2500m）边缘环形区域内功能设施密度已明显较低，但设施分布并不均衡，而是普遍形成有1～2个相对密集的场所设施聚合区，空间上呈团块式集中态。2000m（光谷为2500m）以外功能设施数量较少，整体趋向分散态（图2-32）。

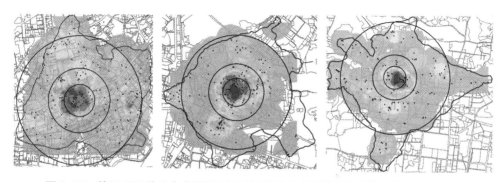

图2-32 基于GIS的3个典型次区域生活圈基础生活圈内的功能设施点密度分析

资料来源：作者自绘

总体圈层分布特征表现在两个层面：一是场所设施的类型数目随着圈层扩大而不断递增，500m圆形区域和1000m圆形区域内场所类型均有所增长，但不齐备。而3个基础生活圈日常活动场所设施类型均在2000～2500m圆形区域内达到齐全（表2-26）；二是不同环形区域内的功能设施地均密度由内而外圈层递减，其中武广基础生活圈的500m圆形区域、500～1000m环形区域内的功能设施地均密度显著大于其他区域，洪山广场和光谷基础生活圈的500m圆形区域的功能设施地均密度更是其他环形区域的3～5倍，再次表明场所设施在基础生活圈中的核心内聚特征（表2-27）。

武广、洪山广场和光谷基础生活圈内不同圈层的场所类型数量　　　　　表2-26

不同环形区域	场所设施类型数目		
	武广基础生活圈	洪山广场基础生活圈	光谷基础生活圈
500m圆形区域内	10种	9种	10种
1000m圆形区域内	11种	10种	11种

续表

不同环形区域	场所设施类型数目		
	武广基础生活圈	洪山广场基础生活圈	光谷基础生活圈
2000m 圆形区域内	12 种	12 种	—
2500m 圆形区域内	—	—	12 种

资料来源：作者自绘

武广、洪山广场和光谷基础生活圈内不同环形区域内的场所设施地均密度 表 2-27

不同环形区域	场所设施数量（个）			场所设施地均密度（个/km²）		
	武广基础生活圈	洪山广场基础生活圈	光谷基础生活圈	武广基础生活圈	洪山广场基础生活圈	光谷基础生活圈
500m 圆形区域	31	38	26	39.24	48.10	32.91
500～1000m 环形区域	57	42	22	24.26	17.87	9.36
1000～2000m 环形区域	111	74	—	17.37	8.44	—
1000～2500m 环形区域	—	—	99	—	—	7.08
2000m/2500m 以外	22	31	33	12.57	8.36	6.51
总计（场所设施数量）平均（场所设施地均密度）	221	185	180	17.98	11.84	8.19

资料来源：作者自绘

（2）人口连片集聚，岗位向心集中，走廊节点聚合，总体内密外疏

本书采用数据格网化技术方法（Data Grid Transform，DGT）模拟基础生活圈、扩展通勤圈人口和就业岗位密度的空间分布格局[①]，格网大小设定为 100m×100m，各基础生活圈和扩展通勤圈格网数量如表 2-28 所示。

3 个典型次区域生活圈的基础生活圈和扩展通勤圈划分格网数量 表 2-28

划分区域		划分格网数量（个）	格网大小
基础生活圈	武广基础生活圈	1232	100m×100m
	洪山广场基础生活圈	1688	
	光谷基础生活圈	2370	
扩展通勤圈	武广扩展通勤圈	6353	
	洪山广场扩展通勤圈	5070	
	光谷扩展通勤圈	4428	

资料来源：作者自绘

---

① Da Griffith. Dw Wong. Modeling Population Density across Major US Cities: a Polycentric Spatial Regression Approach [J]. Journal of Geographical Systems, 2007, 9(1):53-75.

各格网人口总量与密度测算的具体技术路线为：基于 ArcGIS10.2 平台 Intersection 工具将次区域生活圈居住用地与格网进行空间相交处理[①]，以格网为单元统计居住用地面积及其相应的人口净密度（Net Population Density）、大学用地面积及其相应的在校大学生密度，再基于属性表汇总统计各格网人口总量，各格网人口密度即为人口总量除以格网面积。

各格网就业岗位总量与密度测算的具体技术路线为：基于 ArcGIS10.2 平台 Intersection 工具将扩展通勤圈内就业密度非 0 的建设用地与格网进行空间相交处理，以格网为单元统计各建设用地面积及其相应的就业密度，再基于属性表汇总统计各格网就业岗位总量，各格网就业岗位密度即为岗位总量除以格网面积。基于格网人口密度和就业岗位密度数据进行分级排序及空间可视化，并采用 Spatial Statistics Tools 的 Moran I 模型模拟人口与就业岗位的空间集聚程度。

①基础生活圈人口：高峰连片集聚，总体非均衡分布

Moran I 模型的模拟结果显示，3 个基础生活圈人口密度均呈现显著的 Clustered（集群）状态（P<0.05），武广基础生活圈人口分布的空间自相关 Z 值为 38.18，洪山广场基础生活圈为 51.29，光谷基础生活圈更是达到 76.03。

分级排序及空间可视化进一步揭示，基础生活圈人口密度表现为显著的非均衡分布格局。人口密度较高的格网空间上形成若干"连片集聚区"，典型如光谷基础生活圈东南部、洪山广场基础生活圈西侧和武广基础生活圈南部。且"连片集聚区"基本均分布于各基础生活圈的核心圈内。基础生活圈服务触角内的人口密度总体较低，且除光谷基础生活圈东部外，其余服务触角内人口分布相对均衡（图 2-33）。

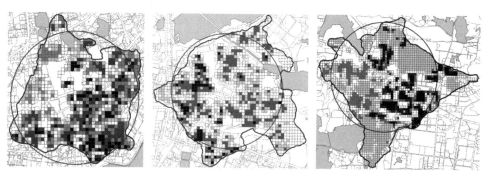

图 2-33　基于格网化技术的基础生活圈人口密度空间分布格局可视化

资料来源：作者自绘

---

① Michael F Goodchild, Luc Anselin, U Deichmann. A Framework for the Areal Interpolation of Socioeconomic Data[J]. Environment and Planning A, 1993, 25:393-97.

②通勤走廊人口：向站点—节点周边团块集中，走廊密度总体低于核心圈

Moran I 模型的模拟结果显示，3 个扩展通勤圈人口密度均仍然呈现显著的 Clustered（集群）状态（P<0.05）。其中，武广扩展通勤圈人口分布的空间自相关 Z 值高达 72.48，洪山广场扩展通勤圈为 62.97，光谷扩展通勤圈也达到 60.28。

分级排序及空间可视化进一步揭示，扩展通勤圈通勤走廊部分的人口密度也表现为显著的非均衡格局。其中，人口密度较高的格网在空间上形成若干"集聚团块"，这些"集聚团块"大多分布于通勤走廊的交通性主干道交汇节点周边，或轨道交通站点周边，典型如武广北向通勤走廊内的新华路—菱角湖—范湖地铁站周边，光谷西向通勤走廊内的街道口地铁站及卓刀泉—珞瑜路周边，洪山广场西向通勤走廊内的解放路—彭刘杨路—张之洞路—复兴路地铁站周边，洪山广场北向通勤走廊内的中北路—青鱼嘴地铁站—东亭地铁站—岳家嘴地铁站周边（图 2-34、图 2-35）。

扩展通勤圈通勤走廊的平均人口密度总体上小于核心圈平均人口密度，但不同扩展通勤圈通勤走廊的平均人口密度差异较大，且即便同一扩展通勤圈的不同方向通勤走廊的平均人口密度也不相同。扩展通勤圈通勤飞地人口密度数值及其格局特点均不显著，不同方向通勤飞地差异较大（表 2-29）。

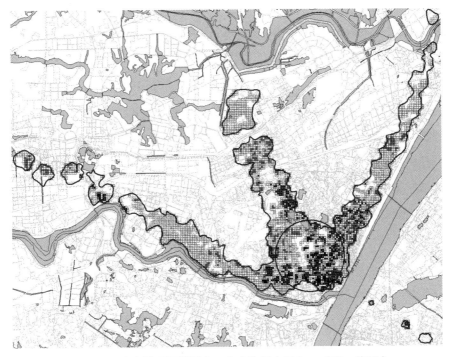

图 2-34　武广扩展通勤圈人口密度格局（100m×100m 格网）

资料来源：作者自绘

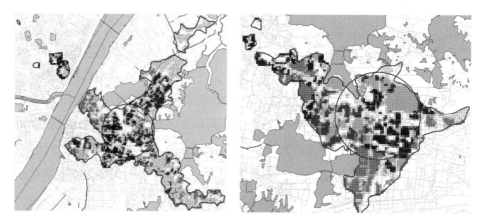

图 2-35 洪山广场和光谷扩展通勤圈人口密度格局（100m×100m 格网，左：洪山广场，右：光谷）
资料来源：作者自绘

3 个扩展通勤圈的核心圆与通勤走廊平均人口密度比较　　　　　　　　表 2-29

扩展通勤圈	核心圈平均人口密度	通勤走廊＋飞地平均人口密度
武广扩展通勤圈	44.41 万人 /11.83km²=3.75 万人 /km²	77.62 万人 /44.86 km²=1.73 万人 /km²
洪山广场扩展通勤圈	35.46 万人 /14.90 km²=2.93 万人 /km²	58.77 万人 /34.16km²=1.73 万人 /km²
光谷扩展通勤圈	27.68 万人 /18.62 km²=1.49 万人 /km²	37.47 万人 /22.97 km²=1.63 万人 /km²

资料来源：作者自绘

③就业岗位向心内聚，圈层递减，走廊站点—节点团块集中

Moran I 模型的模拟结果显示，3 个扩展通勤圈就业岗位密度均仍然呈现显著的 Clustered（集群）状态（P<0.05）。其中，武广扩展通勤圈就业岗位的空间自相关 Z 值达 48.27，洪山广场扩展通勤圈为 43.72，光谷扩展通勤圈也达到 37.16。

就业岗位密度的空间格局为：向心内聚，圈层递减，走廊站点—节点团块集中。具体表现为：

扩展通勤圈核心圈范围内，就业岗位呈现显著的向心内聚和圈层递减特征：其中，各扩展通勤圈核心圈内的就业岗位均密集地集中于中心 500m 半径圆形区域内，形成非常突出的就业核心。500 ～ 1000m 的中间环形区域内就业岗位密集程度大幅降低，空间上表现为沿一个或多个方向的扇面扩散。1000 ～ 2000m（光谷为 1000 ～ 2500m）边缘环形区域内就业岗位密度继续略有下降，岗位密度空间分布不均衡，普遍形成有 1 ～ 2 个相对密集的就业岗位聚合区，空间上呈团块式集中态（图 2-36，表 2-30）。

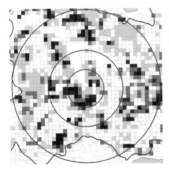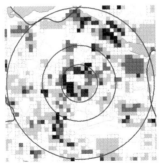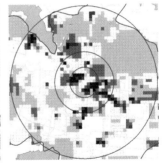

图 2-36 武广、洪山广场和光谷扩展通勤圈核心圈就业岗位密度空间分布格局

资料来源：作者自绘

3 个扩展通勤圈核心圆不同圈层的就业岗位数量和岗位密度   表 2-30

扩展通勤圈及其不同圈层区域		就业岗位数量（万个）	就业岗位密度（万个 /km²）
武广扩展通勤圈核心圈	500m 圆形区域	3.61	2.61/0.79=4.57
	500 ～ 1000m 环形区域	3.14	3.14/2.35=1.34
	1000 ～ 2000m 环形区域	10.45	9.45/8.41=1.12
洪山广场扩展通勤圈核心圈	500m 圆形区域	2.68	2.68/0.79=3.39
	500 ～ 1000m 环形区域	2.42	2.42/2.35=1.03
	1000 ～ 2000m 环形区域	9.06	9.06/8.36=1.08
光谷扩展通勤圈核心圈	500m 圆形区域	1.88	1.88/0.79=2.38
	500 ～ 1000m 环形区域	2.92	2.92/2.35=1.24
	1000 ～ 2500m 环形区域	12.20	12.20/14.96=0.82

资料来源：作者自绘

扩展通勤圈通勤走廊范围内的就业岗位密度总体上小于核心圈。通勤走廊内，就业岗位呈现显著的非均衡分布格局，岗位密度较高的格网在空间上形成若干"集聚团块"，这些"集聚团块"大多分布于通勤走廊的交通性主干道交汇节点周边或轨道交通站点周边。典型如：武广扩展通勤圈北部通勤走廊内的青年路—二环线—汉口火车站周边，东部通勤走廊内的解放大道—武汉大道—黄浦路地铁站周边，西部通勤走廊内的解放大道—二环线—汉西一路地铁站—宗关地铁站周边（图 2-37、图 2-38）。通勤飞地就业岗位密度数值及其格局特点不显著，不同方向差异较大。3 个典型次区域生活圈人口与就业岗位的空间格局也呈现显著的空间集聚化特点。

（3）扩展通勤圈内职住空间混合性较好

基于 3 个典型次区域生活圈的人口和就业岗位的功能空间格局特征，进一步揭示两者之间的空间关联。本书中，空间关系采用基于 ArcGIS10.2 的"密度格局叠加法"来分析人口与岗位在空间上的混合性与邻近性。

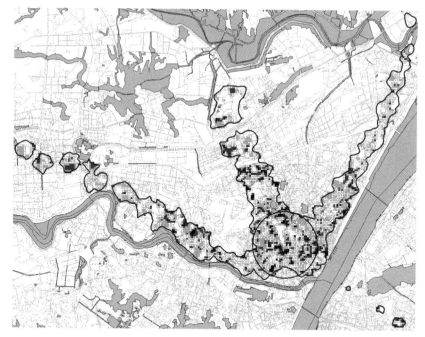

图 2-37　武广扩展通勤圈通勤走廊就业岗位密度空间分布格局

资料来源：作者自绘

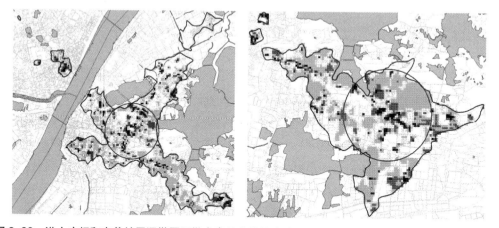

图 2-38　洪山广场和光谷扩展通勤圈通勤走廊就业岗位密度空间分布格局（左：洪山广场，右：光谷）

资料来源：作者自绘

　　基于 ArcGIS10.2，将 3 个扩展通勤圈的就业岗位密度分布格局图与人口密度分布格局图叠加起来（图 2-39 ~ 图 2-41），发现：人口与就业岗位密度分布格局具有一定相关性，人口密度较高的格网往往邻近于就业密度较高的格网周边，其核心圈既是人口内聚区域，也是就业岗位密集集中区域，人口与就业没有出现显著的"空间隔离"或"内产外居"现象，表明 3 个典型次区域生活圈的职住空间混合性较好。

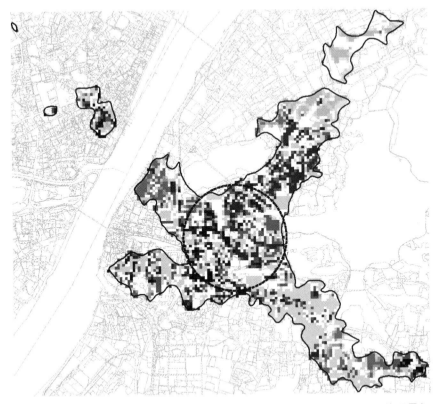

图 2-39 基于 GIS 的洪山广场扩展通勤圈人口密度与就业岗位密度空间格局叠加

（蓝色表示人口密度格局，红色表示就业岗位密度格局）

资料来源：作者自绘

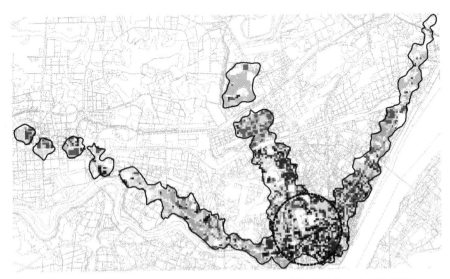

图 2-40 基于 GIS 的武广扩展通勤圈人口密度与就业岗位密度空间格局叠加

（蓝色表示人口密度格局，红色表示就业岗位密度格局）

资料来源：作者自绘

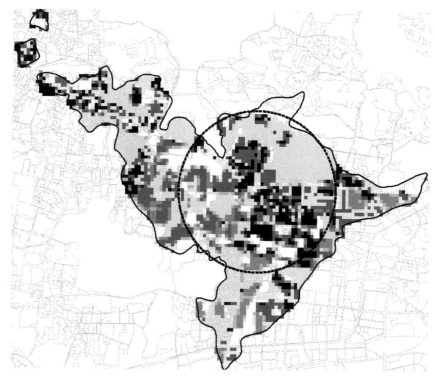

图 2-41 基于 GIS 的光谷扩展通勤圈人口密度与就业岗位密度空间格局叠加
（蓝色表示人口密度格局，红色表示就业岗位密度格局）

资料来源：作者自绘

2.3.2 内部主要功能用地的空间分布特征

典型次区域生活圈内具有 4 种关键的功能用地类型：居住用地、就业用地、生活服务用地和城市道路用地。其中，居住用地是容纳次区域生活圈居住人口的主要载体（不包括在校大学生）；就业用地是供给次区域生活圈就业岗位的主要载体；生活服务用地是培育 12 类日常活动场所设施的主要载体，主要分布在基础生活圈中；城市道路用地支撑各类要素在实体空间中移动，是连接各类物质空间要素的主要载体。

（1）居住用地：中央分布零散、疏密圈层递增、站点缓冲区聚合

①居住用地总体密集分布

数据显示：总体上，3 个典型次区域生活圈内的居住用地面积占比皆较高，且核心圈与通勤走廊的多数数据相差不大，总体反映出居住用地的密集分布特征。其中，武广和洪山广场次区域生活圈居住用地占比更是已超规划建设标准上限（表 2-31）。

3 大典型次区域生活圈内居住用地面积占比及人均水平　　　　表 2-31

	武广次区域日常生活圈	洪山广场次区域日常生活圈	光谷次区域日常生活圈	规划建设标准比对
居住用地总面积	22.59 km²	16.99 km²	12.13 km²	
核心圈居住用地面积	5.62 km²	5.43 km²	5.48 km²	—
通勤走廊＋飞地居住用地面积	16.97 km²	11.56 km²	6.65 km²	
居住用地占建设用地比例	41.83%	40.13%	32.44%	《GB 50137-2011》25.0% ~ 40.0%
核心圈居住用地占比	40.06%	41.48%	32.22%	
通勤走廊＋飞地居住用地占比	42.03%	39.52%	32.63%	

资料来源：作者自绘

②核心圈内：内疏外密，圈层递增，中外环均衡连片集聚

采用两种指标衡量核心圈内居住用地在特定圆环区域内的集聚度。一是居住用地面积占比，用来反映所在圆环区域内的居住用地密集程度。二是借用哈盖特产业部门的"区位熵"（比率的比率）概念，衡量特定环形区域的居住用地在整个所选区域内的集聚"优势"，公式为：$LQ_{ri}=\dfrac{\dfrac{S_{ri}}{S_i}}{\dfrac{S_{rj}}{S_j}}$

其中，LQ_{ri} 表示 i 圆环区域内的居住用地的区位熵。S_{ri} 表示 i 圆环区域内的居住用地面积，S_i 表示 i 圆环区域内的所有用地面积。S_{rj} 表示整个所选区域的居住用地面积，S_j 表示整个所选区域的所有用地面积。LQ_{ri} 的值越高，表示 i 圆环区域内居住用地的集聚水平越高。当 $LQ_{ri}>1$ 时，认为 i 圆环内的居住用地集聚度在整个所选区域内具有"优势"。

数据显示，次区域生活圈核心圈内的居住用地整体呈现内疏外密，圈层递增，外环优势集中的特征。一方面，核心圈居住用地占建设用地比例自 500m 内圈层至 2000m（2500m）外圈层逐渐递增，说明居住用地密集程度不断增长。另一方面，核心圈居住用地区位熵 >1 的部分主要分布在 1000 ~ 2000m（2500m）外层圆环上，表明居住用地在这个圆环区域内的集聚度较高（表 2-32）。从居住用地的空间分布情况来看，外层圆环内的居住用地呈现较为显著的连片集聚特征，空间上相对均衡。而 0 ~ 500m 范围内居住用地分布则相当少量零散（图 2-42）。

3个典型次区域生活圈核心圈内居住用地的密集度与集聚度测算 表2-32

次区域生活圈	核心圈内不同圆环建设用地面积	居住用地面积	占该圆环建设用地比例	区位熵
武广次区域生活圈	500m 半径内：0.79km²	0.11（km²）	13.92%	0.29
	500～1000m 圆环：2.35km²	0.96（km²）	40.85%	0.84
	1000～2000m 圆环：8.41km²	4.55（km²）	54.10%	1.11
洪山广场次区域生活圈	500m 半径内：0.79km²	0.11（km²）	13.92%	0.29
	500～1000m 圆环：2.35km²	1.01（km²）	42.98%	0.91
	1000～2000m 圆环：8.36km²	4.31（km²）	51.56%	1.09
光谷次区域生活圈	500m 半径内：0.79km²	0.18（km²）	22.78%	0.75
	500～1000m 圆环：2.35km²	0.76（km²）	32.34%	1.07
	1000～2500m 圆环：14.96km²	4.54（km²）	30.35%	1.00

资料来源：作者自绘

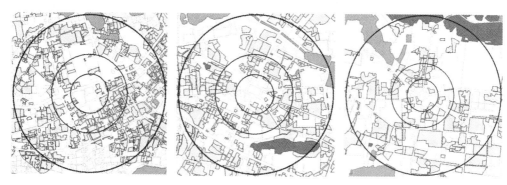

图 2-42　3个典型次区域生活圈核心圈内的居住用地空间分布

资料来源：作者自绘

③通勤走廊内：向轨道交通站点800m缓冲区集聚

以扩展通勤圈"通勤走廊"和"通勤飞地"内的轨道交通站点为圆心建立多环缓冲区（缓冲区半径分别为500m、800m、1000m）（图2-43、图2-44），测算不同缓冲区内的居住用地面积、占缓冲区面积比例、占通勤走廊和通勤飞地居住用地比例，并同样借用"区位熵"衡量居住用地的集聚程度。

数据显示，通勤走廊和飞地内的居住用地具有显著的向轨道交通站点集中集聚的态势。从不同缓冲区的居住用地面积占比以及其区位熵来看，3个通勤圈通勤走廊（包括飞地）内的居住用地普遍集中在轨道交通站点周边800m缓冲区内。该范围内的居住用地面积超过整个通勤走廊（包括飞地）居住用地总面积的50%。相对而言，500m和1000m缓冲区内的居住用地面积占比多数没有达到平均水平，表明这两个缓冲区范围内居住用地密集程度不及800m显著（表2-33）。

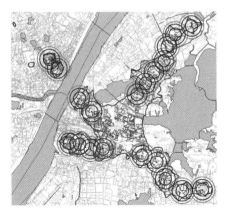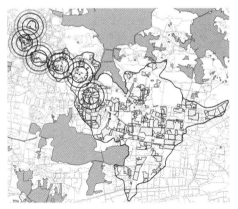

图 2-43 基于轨道交通站点在洪山广场、光谷通勤走廊内建立居住用地多环缓冲区

资料来源：作者自绘

图 2- 44 基于轨道交通站点在武广通勤走廊内建立居住用地多环缓冲区

资料来源：作者自绘

通勤走廊不同圈层缓冲区内的居住用地面积及占比   表 2-33

扩展通勤圈	通勤走廊＋飞地用地面积	通勤走廊＋飞地居住用地面积	不同圈层缓冲区面积		缓冲区居住用地面积	缓冲区居住用地占比	区位熵
武广扩展通勤圈	44.86km²	16.97 km²	500m 内	18.83 km²	7.25 km²	38.50%	1.02
			800m 内	34.00 km²	14.00 km²	41.18%	1.09
			1000m 内	38.42 km²	15.02km²	39.09%	1.03
						平均：39.20%	

扩展通勤圈	通勤走廊＋飞地用地面积	通勤走廊＋飞地居住用地面积	不同圈层缓冲区面积		缓冲区居住用地面积	缓冲区居住用地占比	区位熵
洪山广场扩展通勤圈	34.16km²	11.56 km²	500m 内	12.35 km²	4.46 km²	36.11%	1.07
			800m 内	23.38 km²	8.76 km²	37.47%	1.11
			1000m 内	27.59 km²	10.01 km²	36.28%	1.07
						平均：36.62%	
光谷扩展通勤圈	11.93km²西向走廊飞地	3.52 km²西向走廊飞地	500m 内	3.30 km²	1.02 km²	30.91%	1.05
			800m 内	6.65 km²	1.98 km²	29.78%	1.01
			1000m 内	8.23 km²	2.10 km²	25.52%	0.86
						平均：28.74%	

（2）就业用地：中央连片集中、疏密圈层递减、站点缓冲区聚合

①就业用地总体密集分布

总体上，3 个典型次区域生活圈内的就业用地占比皆较高，且这种高占比同时存在于核心圈和通勤走廊内，反映出就业用地的总体密集分布特征。通勤走廊就业用地密度大于核心圈（表 2-34）。

3 个典型次区域生活圈内的就业用地面积占比及人均水平　　　　　　表 2-34

	武广次区域生活圈	洪山广场次区域生活圈	光谷次区域生活圈
就业用地总面积	17.56 km²	16.70 km²	20.13 km²
核心圈就业用地面积	3.64 km²	3.77 km²	8.60 km²
通勤走廊＋飞地就业用地面积	13.92 km²	12.93 km²	11.53km²
建设用地总面积	54.00 km²	42.34 km²	37.39 km²
就业用地占建设用地比例	32.52%	39.44%	53.84%
核心圈就业用地占比	26.71%	28.80%	50.56%
通勤走廊＋飞地就业用地占比	34.47%	44.21%	56.58%

资料来源：作者自绘

②核心圈内：向心高密连片内聚，密度圈层递减，外环团块汇集

采用与居住用地格局相同的识别方法，衡量核心圈内就业用地在不同圆环区域内的密集度及集聚度，并分析其空间形态特征。

数据显示，总体来说，就业用地在次区域生活圈核心圈内 0 ~ 1000m 呈现较为显著的集聚特征。其中，0 ~ 500m 圆形区域内就业用地的集聚优势尤为显著，是核心圈就业用地最为密集的区域，该区域内就业用地占比普遍超过 30%（表 2-35）。从就业

用地的空间分布情况来看，0 ~ 500m 圆形区域的就业用地呈现出较为显著的围绕中心连片密布特征。

3 个典型次区域生活圈核心圈内的就业用地密集度与集聚度测算　　　表 2-35

次区域生活圈	核心圈内不同圆环建设用地面积	就业用地面积	占该圆环建设用地比例	区位熵
武广次区域生活圈	500m 半径内：0.79km²	0.30 km²	37.97%	1.20
	500 ~ 1000m 圆环：2.35km²	0.73 km²	31.06%	0.99
	1000 ~ 2000m 圆环：8.41km²	2.61 km²	31.03%	0.98
洪山广场次区域生活圈	500m 半径内：0.79km²	0.27 km²	34.18%	1.14
	500 ~ 1000m 圆环：2.35km²	0.78 km²	33.19%	1.01
	1000 ~ 2000m 圆环：8.36km²	2.72km²	32.54%	0.99
光谷次区域生活圈	500m 半径内：0.79km²	0.44 km²	55.70%	1.17
	500 ~ 1000m 圆环：2.35km²	1.15 km²	48.94%	1.03
	1000 ~ 2500m 圆环：14.96km²	7.01km²	46.86%	0.99

资料来源：作者自绘

相比之下，1000 ~ 2000m（2500m）外环区域就业用地的连片集聚特征并不显著，只有个别地区呈团块化集聚态势，如：武广核心圈 1000 ~ 2000m 外环区域西侧形成的就业用地团块，承载了同济医院—武汉体育馆—地大汉口校区—武汉血液中心—武汉肺科医院—武汉信息港—武汉花鸟水族茶叶大世界等岗位供给场所；洪山广场核心圈1000 ~ 2000m 外环区域东北部形成的就业用地团块，汇聚了武汉中央文化区—汉街总部商务区—省直机关办公区等行政办公与商务商业设施；光谷核心圈 1000 ~ 2000m 外环区域北部形成的就业用地团块，集中了中航工业集团—华中科技大学—中国地质大学—武汉邮科院—烽火科技集团等大型教育与科技研发机构（图 2-45）。

图 2-45　3 个典型次区域生活圈核心圈内的就业用地空间分布

资料来源：作者自绘

③通勤走廊内：向轨道交通站点 1000m 缓冲区集聚

以扩展通勤圈"通勤走廊"和"通勤飞地"内的轨道交通站点为圆心建立多环缓冲区（缓冲区半径分别为 500m、800m、1000m）（图 2-46、图 2-47），测算不同缓冲区内的就业用地面积、占缓冲区面积比例、占通勤走廊和通勤飞地居住用地比例，并同样借用"区位熵"衡量就业用地的集聚程度。

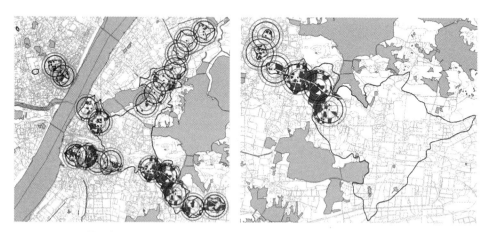

图 2-46 基于轨道交通站点在洪山广场、光谷通勤走廊内建立就业用地多环缓冲区

资料来源：作者自绘

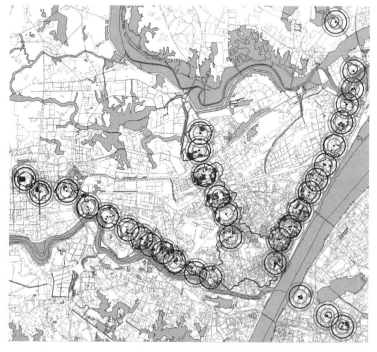

图 2-47 基于轨道交通站点在武广通勤走廊内建立就业用地多环缓冲区

资料来源：作者自绘

数据显示,通勤走廊(飞地)内就业用地显著地向轨道交通站点集中汇聚。从不同缓冲区的就业用地面积占比及其区位熵来看,3个典型扩展通勤圈通勤走廊(飞地)内的就业用地普遍集中在轨道交通站点周边 1000m 缓冲区内。该范围内的就业用地面积超过整个通勤走廊(飞地)就业用地总面积的 70%。500m 缓冲区内的相关数据没有达到平均水平,表明该范围内就业用地集聚程度不显著(表 2-36)。

3个典型次区域生活圈通勤走廊内就业用地密集度与集聚度测算　　　　表 2-36

扩展通勤圈	通勤走廊+飞地用地面积	通勤走廊+飞地就业用地面积	不同圈层缓冲区面积		缓冲区就业用地面积	缓冲区就业用地占比	区位熵
武广扩展通勤圈	44.86km²	6.28 km²	500m 内	18.83 km²	2.88 km²	15.29%	1.09
			800m 内	34.00 km²	5.26 km²	15.47%	1.11
			1000m 内	38.42 km²	5.98 km²	15.56%	1.11
						平均:15.44%	
洪山广场扩展通勤圈	34.16km²	8.73 km²	500m 内	12.35 km²	3.14 km²	25.43%	0.99
			800m 内	23.38 km²	6.70 km²	28.66%	1.12
			1000m 内	27.59 km²	7.79 km²	28.23%	1.10
						平均:27.44%	
光谷扩展通勤圈	11.93km² 西向走廊飞地	4.84 km² 西向走廊飞地	500m 内	3.30 km²	1.25 km²	37.88%	0.93
			800m 内	6.65 km²	2.79 km²	41.95%	1.03
			1000m 内	8.23 km²	3.39 km²	41.19%	1.02
						平均:40.34%	

资料来源:作者自绘

（3）生活服务用地:向心集中、内核极化、边缘延伸扩散

本书所指"生活服务用地",是居民日常活动场所设施的空间载体,研究地域范围是次区域生活圈的核心圈。通过将武汉居民日常活动场所设施数据与武汉市用地现状数据进行空间叠加,可识别出场所设施所在的建设用地情况。综合分析统计,拟定"生活服务用地"包括 3 大类、7 中类、7 小类建设用地,如表 2-37 所示。

基于日常活动场所设施拟定的"生活服务用地"名称及代码　　　　表 2-37

大类		中类		小类	
用地名称	用地代码	用地名称	用地代码	用地名称	用地代码
公共管理与公共服务用地	A	文化设施用地	A2	图书展览设施用地	A21
		体育用地	A4	体育场馆用地	A41

续表

大类		中类		小类	
用地名称	用地代码	用地名称	用地代码	用地名称	用地代码
商业服务业用地	B	商业设施用地	B1	零售商业用地	B11
				餐饮用地	B13
				旅馆用地	B14
		商务设施用地	B2	其他商务设施用地	B29
		娱乐康体设施用地	B3	娱乐用地	B31
绿地与广场用地	G	公园绿地	G1	——	
		广场用地	G3	——	

资料来源：作者自绘

基于ArcGIS10.2统计测算各次区域生活圈"生活服务用地"规模及密度（表2-38），衡量核心圈内生活服务用地在不同圆环区域内的集聚度和空间形态特征。

3个典型次区域生活圈"生活服务用地"规模及密度测算　　　表2-38

生活服务用地总面积	武广次区域生活圈	洪山广场次区域生活圈	光谷次区域生活圈
	1.59 km²	1.33 km²	1.67 km²
核心圈生活服务用地面积	1.45 km²	1.08 km²	1.44 km²
生活服务用地占建设用地比例	13.47%	8.85%	7.67%
核心圈生活服务用地占比	14.08%	9.39%	8.60%

资料来源：作者自绘

数据显示，生活服务用地在基础生活圈核心圈内的各个圆环的集聚度差别迥异。其中，0～500m圆形区域内生活服务用地的集聚优势极其显著，区位熵均达到2.5以上，表明生活服务用地高度密集地内聚。500m圆形区域之外，生活服务用地密度随圈层扩大而大幅下降，500～1000m及1000～2000m（2500m）的区位熵测算结果表明其已不具备显著集聚优势（表2-39）。从生活服务用地的空间分布情况来看，0～500m圆形区域的就业用地呈现出较为显著的中心极化内聚特征。自500m圈层边缘开始，生活服务用地逐步沿个别道路向外扩散、延伸，其集聚程度相比500m圈层内已大幅降低（图2-48）。

（4）城市道路用地：高密度内聚、形态复合、主轴骨架显著

①核心圈内：500m内环及1000m中环集聚度较高，用地形态复合化

采用同样的方法衡量次区域生活圈核心圈内的城市道路用地在特定圆环区域内的集聚度，并分析其空间形态特征。基于ArcGIS10.2平台统计测算上述"城市道路用地"

的规模及密度。核心圈内城市道路用地分布特征可概括为：形态复合化，500m 内环及1000m 中环高密集聚。

3 个典型次区域生活圈核心圈内的生活服务用地密集度与集聚度测算　　　表 2-39

次区域生活圈	核心圈内不同圆环建设用地面积	生活服务用地面积	占该圆环建设用地比例	区位熵
武广次区域生活圈	500m 半径内：0.79km²	0.32 km²	40.51%	2.88
	500 ~ 1000m 圆环：2.35km²	0.44 km²	18.72%	1.33
	1000 ~ 2000m 圆环：7.16km²	0.69 km²	9.64%	0.68
洪山广场次区域生活圈	500m 半径内：0.79km²	0.24 km²	30.38%	3.24
	500 ~ 1000m 圆环：2.35km²	0.20 km²	8.51%	0.91
	1000 ~ 2000m 圆环：8.36km²	0.64 km²	7.66%	0.82
光谷次区域生活圈	500m 半径内：0.79km²	0.26 km²	32.91%	3.83
	500 ~ 1000m 圆环：2.35km²	0.18 km²	7.66%	0.89
	1000 ~ 2500m 圆环：13.61km²	1.00km²	7.35%	0.85

资料来源：作者自绘

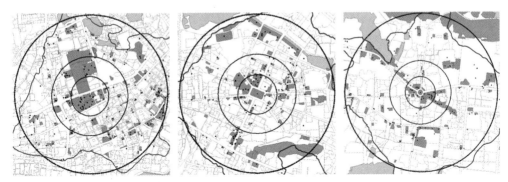

图 2-48　3 个典型次区域生活圈核心圈内的生活服务用地空间分布
资料来源：作者自绘

　　一方面，数据显示，城市道路用地在核心圈内各个圆环的集聚度差别迥异，呈现出在 0 ~ 1000m 圈层内密集集聚的特征。其中，0 ~ 500m 圆形区域内城市道路用地的集聚优势极其显著，区位熵均达到 1.20 以上；500 ~ 1000m 内圆形区域内城市道路用地的集聚优势仍然较为显著，0 ~ 1000m 圈层城市道路用地面积占比普遍超过 15%。1000m 以外，城市道路用地面积占比出现明显下降趋势，洪山广场和光谷次区域生活圈最为显著，相应的区位熵值下降至 1.00 以下，表明城市道路用地在该区域已不具备集聚优势（表 2-40）。形态格局上，核心圈内的城市道路用地呈现方格网与放射式并存特征，空间分布并不均衡（图 2-49）。

3个典型次区域生活圈核心圈内的城市道路用地密集度与集聚度测算　　表2-40

次区域生活圈	核心圈内不同圆环建设用地面积	城市道路用地面积	占该圆环建设用地比例	区位熵
武广次区域生活圈	500m 半径内：0.79km²	0.16 km²	20.25%	1.22
	500～1000m 圆环：2.35km²	0.41 km²	17.45%	1.05
	1000～2000m 圆环：8.41km²	1.35 km²	16.05%	0.97
	合计：11.55 km²	合计：1.92 km²	平均：17.92%	—
洪山广场次区域生活圈	500m 半径内：0.79km²	0.17 km²	21.52%	1.57
	500～1000m 圆环：2.35km²	0.49 km²	20.85%	1.52
	1000～2000m 圆环：8.36km²	0.92km²	11.00%	0.80
	合计：11.50 km²	合计：1.58 km²	平均：17.79%	—
光谷次区域生活圈	500m 半径内：0.79km²	0.13 km²	16.46%	1.96
	500～1000m 圆环：2.35km²	0.33 km²	14.04%	1.67
	1000～2500m 圆环：14.96km²	1.06km²	7.09%	0.84
	合计：18.10 km²	合计：1.52 km²	平均：12.53%	—

资料来源：作者自绘

图2-49　3个典型次区域生活圈核心圈内的城市道路用地分布

资料来源：作者自绘

　　另一方面，借用《基于轨道交通的城市中心体系规划研究》相关结论，采用空间句法对2014年武汉市主城区城市道路网络进行全局集成度分析，其结果显示：3个次区域生活圈核心圈的0～1000m圈层内全局集成度相似，1000～2000m（光谷为2500m）外全局集成度开始下降，由此也可以佐证：核心圈内城市道路用地在内环与中环圈层高密度集聚的判断（图2-50）。

　　②通勤走廊内："鱼骨状"形态显著，主轴线契合公交主干骨架

　　观察3个典型次区域生活圈通勤走廊内的城市道路用地分布，发现：①各个方向普遍存在一条与通勤走廊方向平行、等级较高、横断面较宽的交通性主干道，大致分布在通勤走廊中央，形态上可看作主轴线。②垂直于主轴线间断地分布有若干交通性

主次干道,其与主轴线一起构成通勤走廊的城市道路用地骨架,骨架的鱼骨状形态显著。
③将鱼骨状骨架与都市发展区公交线网数据叠加观察发现，主轴线往往也是该通勤走
廊区域内的公交主干骨架（图 2-51、图 2-52）。

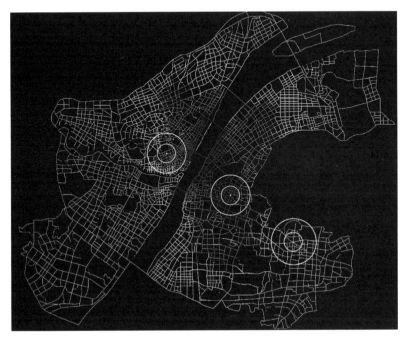

图 2-50　2014 年武汉市主城区内城市道路网络全局集成度分析

资料来源:《基于轨道交通的城市中心体系规划研究》，2014

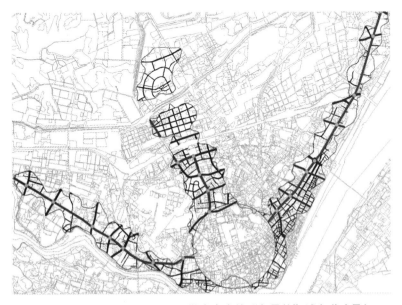

图 2-51　武广次区域生活圈通勤走廊内的"鱼骨状"城市道路骨架

资料来源：作者自绘

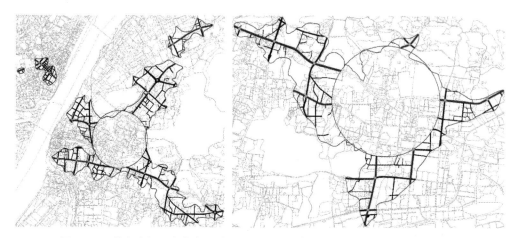

图 2-52　洪山广场、光谷次区域生活圈通勤走廊内的"鱼骨状"城市道路骨架

资料来源：作者自绘

第3章

大城市"次区域生活圈"形成的影响因素与机制

3.1 大城市"次区域生活圈"形成影响因素

影响大城市"次区域生活圈"形成存在于三种机制：供需关系平衡机制、时间门槛约束机制、移动速度依赖机制。

供需关系平衡机制中，需求侧对应于城市居民大概率、经常性的日常活动需求。供给侧对应于城乡规划学土地利用所产生的城市机会，主要包括两个方面：一是各类服务居民购物、娱乐休闲等日常活动的场所设施，二是服务居民工作活动的就业岗位。供给侧的城市机会和需求侧的活动需求通过特定城乡用地类型建立互动关系。如果不考虑居民社会经济属性所导致的个体间活动需求的主观偏好差异，而单纯基于城市机会与群体需求的作用规律，则供需关系作用于"次区域生活圈"形成过程的内在原理存在于两个方面："需求侧—供给侧"方向、"供给侧—需求侧"方向。本书认为，从"需求侧—供给侧"方向的作用过程提供了供需平衡机制形成的内在动机，从"供给侧—需求侧"方向的作用过程构成了供需平衡机制形成的外在环境。一是从"需求侧—供给侧"的方向，即通过影响需求侧日常活动需求的变化来影响城市机会供给。对需求侧的影响既包括影响特定地域是否具备日常活动需求，也包括影响特定地域日常活动需求规模多少。从市场运行角度来看，一定规模数量的日常活动需求是催生相应的商业服务和就业市场发育的前提。从政府公共政策角度来看，一定规模数量的日常活动需求也是倒逼和争取相应的公共服务设施和基础设施供给、扶持的基础。因此，若特定地域内根本不存在日常活动需求，或日常活动需求规模过少，将导致该地域无力催生或倒逼市场和政府产生大量城市机会，从而导致"低需求—无供给"的本地供需状态。进而，该地域居民有两种选择：要么为满足其日常大概率、经常性的活动需求，而必须到其他地域寻求城市机会以实现"异地供需平衡"①②，要么放弃大概率、经常性的活动需求。总之，将导致该地域无法形成完善的次区域生活圈，尤其是无法形成次区域生活圈核心圈。反之，本书认为：若特定地域内存在相当规模的日常活动需求，将可能催生相应的商业服务、就业市场并争取到城市公共服务设施和基础设施扶持，从而形成本地"规模需求—规模供给"状态，使得本地居民无需到其他地域寻求城市机会而实现"本地供需平衡"状态，进而有利于次区域生活圈，尤其是其核心圈的形成。二是从"供给侧—需求侧"的方向，即通过影响供给侧城市机会的变化来影响居民日常活动需求。对城市机会供给的影响既包括特定地域是否配置了城市机会，也包括配置的城市机会规模多少。从市场发育角度来看，一定规模数量的商业服务和就业市场是其规模效应发挥、良性分工协作与运营盈利的基础条件。从政府公共政策角度来看，一定规模数量的公共服务设施和基础设施是其扩大民生服务覆盖水平、降低公共投入成本的重要保障。从居民需求行为角度来看，一定规模数量的城市机会是推动居民开展大概率、经常性活动的诱导剂，也是促进居民在本地满足日常活动需求的重要支撑。因此，若特定地域根本没有提供城市机会，或城市机会规模过少，将同样可能导致两种基本情况：一是抑制了本地居民活动需求的产生，从而导致"低供给—无需求"的本地供需状态；二是加剧隔离市场发育与政府政策扶持，从而导致大量的具有活动需求的本地居民必须到其他地域需求城市机会以实现"异地供需平衡"，因此同样将导致该地域无法形成次区域生活圈，尤其是无法形成次区域生活圈核心圈。反之，若特定地域内存在相当规模的城市机会，将可能不断促进本地商业服务、就业市场、公共服务和基础设施建设的良性运转，并同时能促进居民在木地实现"本地供需平衡"状态，进而有利于次区域生活圈，尤其是其核心圈的形成。土地利用和空间资源配置作为城乡规划学调控城市发展的核心手段，正是通过对上述两个方向机理的影响，干预了次区域生活圈的形成过程。一方面，城乡土地利用和空间资源配置中的居住用地格局、道路与交通设施用地格局等很大程度上影响着城市人口密度的空间分布情况，进而影响着特定地域的常住居民规模数量。常住居民数量直接决定了特定地域日常活动需求规模，并通过"需求侧—供给侧"方向作用机理影响次区域生活圈，特别是其核心圈的形成。另一方面，城乡土地利用和空间资源配置中的公共管理与公共服务用地格局、商业服务业设施用地格局、工业和物流仓储用地格局、绿地与广场用地格局等很大程

① Burnett P. The Dimensions of Alternatives in Spatial Choice Processes[J]. Geographical Analysis, 1973(5):181-204.
② 陈梓锋，柴彦威，周素红.不同模式下城市郊区居民工作日出行行为的比较研究——基于北京与广州的案例分析 [J]. 人文地理，2015（2）：23-30.

度上影响着城市就业岗位和生活服务设施的空间分布情况，进而影响着特定地域的城市机会供给规模数量，并通过"供给侧—需求侧"方向作用机理影响特定地域次区域生活圈、特别是其核心圈的形成（图 3-1）。

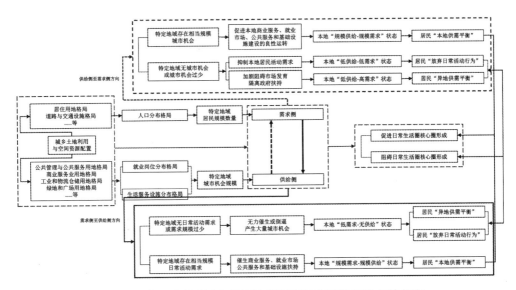

图 3-1　次区域生活圈形成过程"供需关系平衡机制"概念框架

资料来源：作者自绘

　　在时间门槛约束机制中，传统意义上，当谈及空间资源配置与居民服务需求时，往往习惯用"空间距离"来衡量功能设施与居民居住地之间的互动关系，强调用交通网络将功能设施与居住地连接起来，研究和实践普遍聚焦于功能设施的空间分布均衡性、服务半径等直线距离问题上，也即空间可达性，而忽视了城市机会的时间属性，即总是在时间无限制的前提下讨论城市空间组织与居民获得城市机会的关系。然而本书认为时间门槛约束机制形成的关键就在于：居民为满足个体日常活动需求而搜寻任何城市机会的行为过程均具有"时间距离"和"空间距离"的双重属性，且这种"时间距离"具有显著的有限性和门槛约束特征[1]。本书认为，时间的有限性和门槛约束至少包括三个方面的内涵：一是可支配时间的有限性。由于存在日常活动时间序列和不同活动时间窗口安排的影响，居民从事任何活动的可支配时间均表现为有限性特征[2]。例如：工作日情况下，上班族进行购物和娱乐活动大多只能选择在晚间进行。二是居民开展日常

① Kim H M., Kwan M P. Space-Time Accessibility Measures: A Geocomputational Algorithm with a Focus on the Feasible Opportunity Set and Possible Activity Duration[J]. Journal of Geographical Systems,2003,5(1):71-91.

② Timmermans H., Arentze T., John C H. Analyzing Space-Time Behavior: New Approaches to Old Problems[J].Process in Human Geography, 2002, 26(2):175-190.

活动具有特定的时间门槛。也就是说，即便在可支配时间较为充裕的情况下，居民也不会无限制地放任出行时间持续扩大。大量研究表明，居民从事不同行为活动时普遍具有规律性的承受时间门槛，这种承受时间门槛是居民在长期适应客观环境中形成的主观决策结果。一旦出行时间超过承受时间门槛，居民将很有可能改变活动的相关参数来降低出行时间，如更换目的地[①]、改变出行工具[②]，甚至放弃该项活动需求。三是行为过程普遍存在时间低效耗散与强制支付时间。一方面，居民在进行行为移动过程中，很可能需要与他人在相同时间段内共用特定有限空间，从而极容易出现行为空间拥堵，导致时间利用低效耗散，实际上等同于在移动平均速度不变的情况下减少了有效移动时间，且空间拥堵情况越严重，时间利用的低效耗散损失越多。另一方面，居民在进行行为移动过程中，必须要支付部分强制时间，用于如交通工具发车间隔等待、交叉口红绿灯等待、交通换乘和出站等。部分实证分析指出，这些损耗和换乘等候时间甚至可能占到出行总时间的50%[③]。从居民行为空间的角度来看，正是因为居民为实现日常活动需求而进行的城市机会搜寻建立在刚性的、有限的、具有门槛约束的时间基础之上（一天只有 24 个小时，除去睡眠、工作、个人事务、交通耗时、服务场所非营业时间外，可以用来获得服务的时间非常有限）。因此，居民实际上可以到达的地域空间范围也是有限的，即居民只可能在一定相对有限的地域范围内寻求日常活动所需的服务设施。而从设施服务的角度来看，也正是因为存在居民的时空可达性，因此某一场所设施的服务地域也并非像早期一样仅仅取决于区位和交通可达性。城市中心在无时间门槛约束的情况下，空间可达性或许最高，理论上服务覆盖的区域通常最广。但实际上，由于时间有限性的存在，其实际的服务覆盖范围在"时间门槛约束 + 特定交通工具"的情况下可能已大大缩小。且在交通工具一定的情况下，居民到达该设施的时间有限性和门槛约束越紧，设施的服务覆盖范围越小。由此，衍生出该机制下的两个重要概念——居民的时空可达性和设施的时空可达性[④]。居民的时空可达性形成居民的潜在路径区域，设施的时空可达性形成设施的潜在服务范围。次区域生活圈核心圈及其通勤走廊和服务触角的形成就是次区域生活圈内部各类城市机会的潜在服务范围的集合，其空间形

① Huff D L. Determination of intra-urban retail trade areas[R].Real Estate Research Program, University of California, Los Angeles, 1962.

② Brog W., Erl E. Application of a model of individual behavior(situational approach) to explain household activity patterns in an urban area to forecast behavioral changes[M]//The International Conference on Travel Demand Analysis: Activity Based and Other New Approaches. Oxford, 1981.

③ 中国城市中心："公交优先"怎么了 [EB/OL] [2016/4/11]. http://mp.weixin.qq.com/s?__biz=MzA4MTA1MjkzNg==&mid=406357097&idx=2&sn=cf7e1eb496d150dc72caa11821847e4d&scene=0&from=groupmessage&isappinstalled=0#wechat_redirect.

④ Boschmann E E., Kwan MP. Metropolitan Area Job Accessibility and the Working Poor: Exploring Local Spatial Variations of Geographic Context[J].Urban Geography, 2010, 31(4):498-522.

态、长度及面积等均是次区域生活圈内部设施时空可达性的外表映射,次区域生活圈边界的时间内涵即是在有限时间内的城市机会与设施服务等时线[1]。设施的时空可达性本质上受到居民时空可达性的直接影响,而居民的时空可达性又受到居民时间门槛约束的直接干预。因此,可以说,次区域生活圈的形成受到居民时间门槛约束的强烈影响。时间门槛约束越小,居民的潜在路径区域越大,设施时空可达性越大,次区域生活圈潜在服务范围越大。土地利用和空间资源配置作为城乡规划学调控城市发展的核心手段,正是通过部分干预居民日常活动的时间有限性和门槛约束条件,从而影响了次区域生活圈的形成过程。干预主要针对居民行为过程普遍存在的"时间低效耗散与时间强制支付"。一方面,土地开发的地块尺度、城市道路网密度等可能影响空间拥堵情况,从而影响时间的低效耗散水平。另一方面,城乡土地利用和空间资源配置中的公共管理与公共服务用地布局、商业服务业设施用地布局、工业和物流仓储用地布局、绿地与广场用地空间布局模式决定了城市机会和日常服务功能设施的空间分布格局,从而影响次区域生活圈公共中心(区)建设的完善程度,而城市机会和功能设施的类型完整度会在一定程度上影响居民对时间门槛的设定。此外,轨道交通及公共交通站点密度也可能影响居民交通换乘便捷程度,从而影响部分强制支付时间,三者均将影响次区域生活圈的潜在服务范围,即核心圈及触角走廊的地域范围(图 3-2)。

时间门槛约束机制显示,次区域生活圈潜在服务范围受到特定地域设施时空可达性影响,特定地域设施时空可达性由特定地域居民时空可达性及其出行潜在路径区域大小决定。在时间有限性和门槛约束条件不变的情况下,居民时空可达性及其出行潜在路径区域大小取决于居民空间移动过程的平均出行速度,即速度是反映时空可达性的另一个重要表征。个体为实现其日常行为活动而进行空间移动,需要与城市中特定功能设施(此处尤其是交通设施)形成若干组合关系(如步行—公交—步行、步行—公交—地铁—步行、步行—地铁—步行等),不同的组合关系即不同的出行方式组合导致了不同的平均出行速度。因此,次区域生活圈形成具有显著的移动速度依赖特征。在时间门槛约束一定的前提下,平均移动速度越大,居民的潜在路径区域越大,设施时空可达性越大,次区域生活圈潜在服务范围越大[2][3]。本书认为,个体居民空间移动

① Timmermans H., Arentze T., John C H. Analyzing Space-Time Behavior: New Approaches to Old Problems[J]. Process in Human Geography, 2002, 26(2):175-190.

② Mountain D., Raper J. Modelling Human Spatio-Temporal Behaviour: a Challenge for Location-Based .Services[R]. Proceedings of the Sixth International Conference on GeoComputation, 2001.

③ Boschmann E E., Kwan M-P. Metropolitan Area Job Accessibility and the Working Poor: Exploring Local Spatial Variations of Geographic Context[J].Urban Geography,2010, 31(4):498-522.

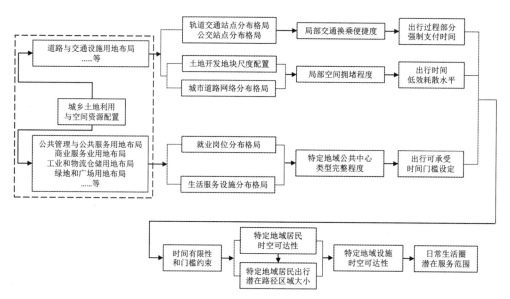

图3-2　次区域生活圈形成过程"时间门槛约束机制"概念框架

资料来源：作者自绘

中的实际出行方式组合取决于两个方面的因素：一是内在个体属性和主观偏好因素；二是外在交通设施分布格局因素。前者强调个体社会经济属性和情感心理等对行为决策的影响，偏重于空间认知行为领域。该类因素特别突出个体差异所导致的行为选择差异，强调个体—环境互动关系中的主观能动性部分。而后者则更加侧重于外在环境对个体行为选择的干预作用，特别突出环境差异所导致的行为选择差异，与城乡规划学联系更为紧密。本章节所提及的移动速度依赖机制建立在外部物质环境干预的视角之上。外在交通设施分布格局影响居民实际出行方式组合的内在逻辑有三：第一，通过影响交通设施站点分布的密集程度来直接影响居民选择出行方式的可能概率，相关研究已十分丰富[1-7]。第二，通过影响站点分布格局、城市道路网和地块形态尺度特征来影响居民步行到达最近公共交通或轨道交通站点的距离，从而影响"步行"在整个出行

① Brog W., Erl E. Application of a Model of Individual Behavior(Situational Approach) to Explain Household Activity Patterns in an Urban Area to Forecast Behavioral Changes[M]//The International Conference on Travel Demand Analysis: Activity Based and Other New Approaches.Oxford, 1981.

② Gordon P., Richardson H. Defending Suburban Sprawl[J].Public Interest, 2000（3）：65-73.

③ 叶彭姚，陈小鸿.基于交通效率的城市最佳路网密度研究[J].中国公路学报，2008（4）：94-98.

④ 吴文龙，李欣悦，张洋洋，等.基于GIS的城市公共体育设施可达性研究[J].体育研究与教育，2014，29（4）：39-43.

⑤ Crawford D W., Godbey G. Reconceptualizing Barriers to Family Leisure[J].Leisure Sciences, 1987, 9（1）：119-127.

⑥ Hultsman W Z. The Influence of Others as a Barrier to Recreation Participation among Early Adolescents[J].Journal of Leisure Research, 1993, 25(1):150-164.

⑦ Winter P L., Jeong W C., Godbey G. Outdoor Recreation among Asian Americans: A Case Study of San Francisco Bay Area Residents[J].Journal of Park and Recreation Administration, 2004,22(3):114-136.

方式组合中的比例(包括换乘距离、最后一公里距离等),进而间接影响整个出行组合的平均速度[①]。第三,通过影响城市公共交通线路和轨道交通线路的延伸格局来影响特定地域居民"非步行"空间移动的距离占比,从而间接影响整个出行组合的平均出行速度。土地利用和空间资源配置作为城乡规划学调控城市发展的核心手段,正是通过部分干预居民空间移动过程中的外在交通设施分布格局,从而影响特定地域居民的平均出行速度和时空可达性,进而影响居民出行的潜在路径区域,最终反映至次区域生活圈的形成过程中。核心是通过道路与交通设施用地布局直接影响公交/轨道交通站点与线网分布格局、城市道路网密度、地块形态尺度等。当然,其他类型用地的布局也会间接影响道路与交通设施用地布局,从而间接地影响居民实际出行方式组合。出行方式组合影响整个过程的平均出行速度,最终影响次区域生活圈的潜在服务范围(图 3-3)。

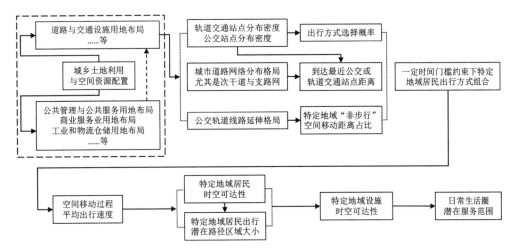

图 3-3　次区域生活圈形成过程"移动速度依赖机制"概念框架

资料来源:作者自绘

3.1.1　样本区域与潜在解释变量

(1)核心圈建模样本及解释变量

核心圈样本为第 4 章拟选的都市发展区 43 个潜在核心圈形成地区(表 3-1)。解释变量方面,从土地利用与居民空间行为关系的角度来看,本书将"次区域生活圈"看作是"居民生活需求""出行时间惯性""功能机会供给"和"交通速度补充"相

---

① Cervero R., Kockelman K. Travel Demand and the 3Ds: Density, Diversity and Design [J]. Transportation Research Part D: Transport and Environment, 1997, 2 (3): 199-219.

互作用形成的一种"行为空间"与"空间行为"时空间统一体[①]。前两者强调的是"次区域生活圈"形成的居民内在自生力量，后两者突出的是"次区域生活圈"形成的外在干预力量。内在自生力量与外在干预力量相互呼应，达成平衡态的结果就是"次区域生活圈"的形成。内在自生力量中，居民生活需求是"次区域生活圈"形成的根本动机，与外在干预力量中的"功能机会供给"呼应，形成一组"供需关系"；"出行时间惯性"是"次区域生活圈"形成的时间约束，与外在干预力量中的"交通速度补充"呼应，形成一组"时速关系"。因此，除了既有文献中普遍强调的规划用地建设强度[②]、土地开发混合程度[③]、街区组织形态[④]等影响因素外，本章节还着重考虑了影响"供需关系"和"时速关系"的外在干预因素，包括在"圆形区域"内是否规划有片区级/组团级以上公共中心、现状是否形成了片区级/组团级以上公共中心、配置的就业用地规模占比、配置的居住用地规模占比、配置的生活服务用地规模占比、配置的主干道密度、配置的公交站点密度、配置的轨道交通站点密度。此外，考虑到武汉市特殊的山水环境格局和铁路枢纽城市线网布局，有可能对特定区域的道路交通组织产生影响，从而在一定程度上影响出行速度，本书将"区域内部是否设有大型江湖山体""区域内部是否配置有大型铁路运输线"作为控制变量引入模型。潜在解释变量属性如表3-2所示。

次区域生活圈"核心圈"建模因变量选项及样本选取情况　　　　表3-1

选项	代码		样本数量（个）	样本所占比例（%）
形成核心圈	Y=1		14个	32.56%
未形成核心圈	Y=0	基础略好*	15个	34.88%
		基础较差*	14个	32.56%
总计	—		43个	100%

* 未形成核心圈的区域发展基础并非完全同质化。由于因变量为虚拟变量，本章节根据区域内是否存在一定的日常活动场所设施类型基础、就业岗位积累、人口规模数量等进行粗略划分，目的是考虑到样本选取的相对均衡性，以期在一定程度上降低因选取样本的自身发展差异过大而对影响估算造成的明显误差。

资料来源：作者自绘

① 柴彦威，等. 空间行为与行为空间 [M]. 南京：东南大学出版社，2014.
② 龚咏喜，李贵才，林姚宇，等. 土地利用对城市居民出行碳排放的影响研究 [J]. 城市发展研究，2013，20（9）：112-118.
③ 党云晓，董冠鹏，余建辉等，北京土地利用混合度对居民职住分离的影响 [J]. 地理学报，2015，70（6）：919-930.
④ 郭佳星. 不同街区形态居民生活能耗、排放特征与出行行为模型 [D]. 北京：清华大学，2013.

次区域生活圈"核心圈"形成过程的潜在解释变量属性　　　表 3-2

解释变量	类型	描述
街区组织形态	虚拟	0：非超大街区式，1：超大街区式，详见①
规划居住用地建设强度	连续	连续变量，详见②
规划公服用地建设强度	连续	连续变量，详见②
土地开发混合程度	连续	衡量是倾向于单一性质的大面积土地开发，还是倾向于复合性质的均衡利用 公式选择 $Landusemix_i = \dfrac{-\sum_{K=1}^{K} pk,i\ln(pk,i)}{\ln(K,i)}$，详见③
规划有片区级 / 组团级以上公共中心	虚拟	0：否，1：是，详见④
现状形成片区级 / 组团级以上公共中心	虚拟	0：否，1：是，详见⑤
配置的居住用地面积占比	连续	假定影响人口规模
配置的生活服务用地面积占比	连续	假定影响日常活动场所设施类型
配置的就业用地面积占比	连续	假定影响就业岗位规模
配置的主干道及以上密度	连续	假定影响居民出行速度，详见⑥
配置的次干道和支路密度	连续	假定影响居民出行速度，详见⑥
配置的公交站点密度	连续	假定影响居民出行速度
配置的轨道交通站点密度	连续	假定影响居民出行速度
区域内部是否设有大型江湖山体	虚拟	作为控制变量，0：否，1：是
区域内部是否配置大型铁路运输线	虚拟	作为控制变量，0：否，1：是

①街区组织形态一般可分为传统胡同式、密方格网式、单位邻里式、超大街区式 4 种。本章节研究重点考察超大街区式的影响。学界没有明确定义何谓"超大街区式"，根据相关文献 [1] 和 Peter Calthorpe 的论述 [2]，本书将地块尺度普遍大于 500m × 500m、内含大量 30m 以上宽马路的机动车导向路网、功能空间组织相对内化封闭式的街区看作"超大街区"。②用地建设强度解释变量参照《武汉市主城区用地建设强度管理规定》，细化为居住用地建设强度和公服用地建设强度两项（图 3-4，图 3-5）。③ K 表示圆形区域 i 的土地利用类型数量，本章节主要考察大类：包括 R、A、B、U、M、W、G 共 7 类。$P_{k,i}$ 表示第 k 种土地利用类型的面积占比。$Landusemix_i$ 越接近 1 表示土地利用越均衡，越接近 0 表示用地分配越单一 [3]。④规划片区级 / 组团级以上公共中心属性参照《武汉市总体规划（2010—2020 年）》的公共中心体系规划、《武汉城市中心结构体系规划》和《武汉都市发展区"1+6"空间发展战略实施规划》。武汉市规划的片区级 / 组团级以上公共中心包括新城组群中心、新城组群副中心、主城区组团中心、市级专业中心、市副中心、市综合服务中心。滨江活动区视为公共中心分布密集区（图 3-6，图 3-7）。⑤现状形成片区级 / 组团级以上公共中心属性参照武汉市土地利用和城市空间规划研究中心、东南大学联合编制的《基于轨道交通的城市中心体系规划研究》（2014 年）。⑥主干道、次干道和支路配置情况参照《武汉市总体规划（2010—2020 年）》的都市发展区道路系统规划，主干道及以上包括城市快速路、骨架性主干路和区域性主干路（图 3-8）。

资料来源：作者自绘

① 郭佳星. 不同街区形态居民生活能耗、排放特征与出行行为模型 [D]. 北京：清华大学，2013.
② Calthorpe P, Fulton W. The Regional City [M]. Washington: Island Press, 2001.
③ Ruben M, Antonio P. Determinants of distance traveled with a focus on the elderly: A multilevel analysis in the Hamilton CMA, Canada[J]. Journal of Transport Geography, 2009, 17(1): 65-76.

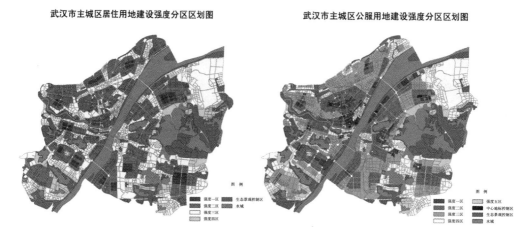

武汉市主城区居住用地建设强度分区区划图   武汉市主城区公服用地建设强度分区区划图

图3-4　武汉市主城区居住用地与公服用地建设强度分区区划

资料来源：武汉市国土资源和规划局《武汉市主城区用地建设强度管理规定》2015年公示版

http://www.wpl.gov.cn/pc-114-68576.html

用地类型	指标类型	强度一区	强度二区	强度三区	强度四区
居住用地（R）	基准容积率	3.2	2.9	2.5	1.5
	建筑密度	D ≤ 20%		D ≤ 25%	

用地类型	指标类型	强度一区	强度二区	强度三区	强度四区	强度五区
商业、商务服务设施用地（B1、B2）	基准容积率	4.5（零售商业、批发、餐饮用地3.2）	4.0（零售商业、批发、餐饮用地3.2）	3.2（零售商业、批发、餐饮用地2.8）	2.4	1.7
	建筑密度	（零售商业、批发、餐饮用地 D ≤ 45%）	（零售商业、批发、餐饮用地 D ≤ 50%）	（零售商业、批发、餐饮用地 D ≤ 55%）		（零售商业、批发、餐饮用地 D ≤ 40%）
		旅馆、商务设施用地 D ≤ 35%		旅馆、商务设施用地 D ≤ 30%		旅馆、商务设施用地 D ≤ 25%
其他公共服务设施用地（A、B3、B4、B9）	基准容积率	2.8	2.5	2.1	1.8	1.5
	建筑密度	D ≤ 35%		D ≤ 30%		D ≤ 25%

图3-5　武汉市主城区居住用地与公服用地建设强度指标控制

资料来源：武汉市国土资源和规划局《武汉市主城区用地建设强度管理规定》2015年公示版

http://www.wpl.gov.cn/pc-114-68576.html

（2）触角走廊建模样本及解释变量

样本方面，基于武汉市都市发展区形成的14个次区域生活圈核心圈，分别选择若干不同方向的基础生活圈"服务触角"和扩展通勤圈"通勤走廊"（包括不同次区域生活圈的，也包括同一次区域生活圈的不同方向）作为实验样本，样本空间分布及属性情况见表3-3、表3-4。解释变量方面，本书认为：触角走廊的"延伸长度"本质上是借助"速度提升"来平衡有限时间约束的空间响应状态。如果控制了因居住区位和个

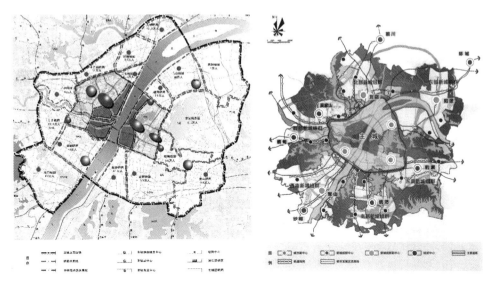

图 3-6 武汉市主城区公共中心体系规划和都市发展区公共中心体系规划

资料来源:《武汉城市总体规划（2010—2020 年）》《武汉都市发展区"1+6"空间发展战略实施规划》

图 3-7 武汉市总体中心体系布局示意

资料来源:《武汉城市中心结构体系规划》

图 3-8 武汉市都市发展区道路系统规划

（红色为快速路，蓝色为区域性和骨架性主干路）

资料来源:《武汉市城市总体规划（2010—2020 年）》

人社会结构因素等内生变量差异而带来的"惯性时间约束"差异，单纯从土地利用的外生变量来看，解释变量应侧重反映的是土地利用对"速度"的影响。因此，本节选择的解释变量均在某种程度上可能提升/抑制居民出行速度，而无论对于服务触角还是通勤走廊而言，这种提升或抑制作用的发挥均显然并非针对"步行"，服务触角和通勤走廊内的居民出行需要借助公共交通，因此解释变量映射的是对公共交通运行速度的影响，由此初步拟定若干潜在解释变量包括：是否配置大型街区、配置的轨道交通站点间距、配置的轨道交通站点密度、配置的公交站点密度、配置的主干道密度、配置的次干道与支路密度、跨越江湖及山体数量。其中，考虑到部分解释变量在"服务触角"和"通勤走廊"区域内的实际配置差异,最终选择6个解释变量带入"服务触角"模型、6个解释变量带入"通勤走廊"模型（表3-5）。

14组基础生活圈的74个服务触角实验样本 表3-3

14组基础生活圈名称	各基础生活圈服务触角实验样本①
光谷—鲁巷基础生活圈	北向服务触角、东向服务触角、西南服务触角、西向服务触角、南向服务触角
街道口—广埠屯基础生活圈	南向服务触角、西南服务触角、西向服务触角、西北服务触角、东南服务触角、东向服务触角1、东向服务触角2
首义基础生活圈	北向触角、东北触角1、东北触角2、东向触角、东南触角、东向触角2、南向触角
洪山广场基础生活圈	东向触角、南向触角、西南触角、北向触角、东北触角
汉街—中央文化区基础生活圈	北向触角、东北触角、东南触角、南向触角、西南触角、西向触角
汉西一路—宗关基础生活圈	南向触角、西向触角、西北触角、北向触角、东南触角、东向触角
建设大道—西北湖基础生活圈	西北触角、西向触角、北向触角、东北触角、南向触角、西南触角
建设大道—解放公园基础生活圈	北向触角、东北触角、西南触角、西北触角
江汉路—友谊大道基础生活圈	西南触角、西向触角、西北触角、北向触角、东北触角
武广基础生活圈	西向触角、北向触角、东向触角、东南触角
王家湾基础生活圈	东向触角、南向触角、西向触角、北向触角
钟家村基础生活圈	东北触角、北向触角、南向触角、西向触角、西南触角
徐东基础生活圈	北向触角、东北触角、东向触角、东南触角、西南触角
王家墩—汉口火车站基础生活圈	北向触角、东北触角、东向触角、南向触角、西向触角

①如"东向服务触角"等标注有下划线的服务触角的因变量y值为1,其余为0。
资料来源：作者自绘

14组扩展通勤圈的61个通勤走廊实验样本 表3-4

14组扩展通勤圈名称	各扩展通勤圈通勤走廊实验样本①
光谷—鲁巷扩展通勤圈	北向通勤走廊、东向通勤走廊、南向通勤走廊、西向通勤走廊
街道口—广埠屯扩展通勤圈	南向通勤走廊、西南通勤走廊、西向通勤走廊、西北通勤走廊、东向通勤走廊1、东向通勤走廊2
首义扩展通勤圈	北向通勤走廊、东向通勤走廊、南向通勤走廊、西向通勤走廊
洪山广场扩展通勤圈	东向通勤走廊、西向通勤走廊、西南通勤走廊、北向通勤走廊
汉街—中央文化区扩展通勤圈	北向通勤走廊、东南通勤走廊、西南通勤走廊、西向通勤走廊
汉西一路—宗关扩展通勤圈	南向通勤走廊、西向通勤走廊、西北通勤走廊、北向通勤走廊、东向通勤走廊

14 组扩展通勤圈名称	各扩展通勤圈通勤走廊实验样本①
建设大道—西北湖扩展通勤圈	西向通勤走廊、北向通勤走廊、东南通勤走廊、东向通勤走廊
建设大道—解放公园扩展通勤圈	北向通勤走廊、东北通勤走廊 1、*西南通勤走廊*、西北通勤走廊、东北通勤走廊 2
江汉路—友谊大道扩展通勤圈	东南通勤走廊、西向通勤走廊、北向通勤走廊、东北通勤走廊
武广扩展通勤圈	西向通勤走廊、北向通勤走廊、东北通勤走廊、东南通勤走廊
王家湾扩展通勤圈	西向通勤走廊、北向通勤走廊、*南向通勤走廊*、东向通勤走廊
钟家村扩展通勤圈	西向通勤走廊、北向通勤走廊、东北通勤走廊、东向通勤走廊、南向通勤走廊
徐东扩展通勤圈	*北向通勤走廊*、东北通勤走廊、东向通勤走廊、西南通勤走廊
王家墩—汉口火车站扩展通勤圈	北向通勤走廊、西向通勤走廊、东向通勤走廊、南向通勤走廊

①如"西向通勤走廊"等标注有下划线的通勤走廊因变量 Y 值为 1；如"*东向通勤走廊*"等标注为斜体的通勤走廊为公交导向型通勤走廊中因变量 Y' 值为 1，其余因变量为 0。

资料来源：作者自绘

日常生活圈"服务触角"和"通勤走廊"形成过程的解释变量属性　　　表 3-5

解释变量	类型	描述
是否普遍配置大型地块	虚拟	1：是，0：否
走廊内大型地块密度	连续	假定影响公交运行速度以及居民到达站点的时间，详见①
配置的轨道交通站点密度	连续	假定影响区域内居民平均出行速度及居民到达轨道站点的时间
配置的公交站点密度	连续	假定影响区域内居民平均出行速度和到达公交站点的时间
配置的主干道密度	连续	假定影响区域内的公交运行速度
配置的次干道与支路密度	连续	假定影响区域内的公交运行速度
跨越江、湖及山体数量	连续	假定影响轨道交通和公交运行速度

①此处大型地块主要考虑到对公交速度和到达站点时间的影响，重点考察地块尺度是否普遍大于 500m×500m，即超过次干道尺度，以及是否以大容量机动车路网为导向，或是大型单位，如围合式大学、行政管理机构、军事机构、大型厂房车间等。其中，由于大型地块在服务触角中难以完整统计数量，因此仅将其作为虚拟变量带入"服务触角"模型。

资料来源：作者自绘

3.1.2　Logit 二值因变量建模与单因子回归分析

（1）"核心圈"形成动力建模

首先，将"核心圈"形成分为"形成"与"未形成"两个选项（代码为 1、0），以此作为因变量 Y，对"核心圈"形成过程建模。由于因变量 Y 服从二项分布（Y=1 或 Y=0），因此采用基于 Logistic 逻辑分布函数的 logit 二值因变量选择模型（Binary Dependent Variable/Binary Estimation Method/Binary Logistic）。二值因变量模型也是回归模型（Regression Model），本质上是一种概率模拟模型，但其是非线性的，分析的是解释变量（Covaiates）对因变量（Dependent）"Y=1"的概率的解释能力，而不是直接对因变量 Y 数值的解释能力。因此，参数的含义不同于一般的线性回归模型，检验统计量也不服从 t 分布，而是服从卡方分布。模型总表达式为：

$$Logit（P）=\beta_0+\beta_1\times X_1+\beta_2\times X_2+\cdots\cdots\beta_m\times X_m \tag{3-1}$$

上述总表达式中，二值因变量选择模型嵌套了多个函数模型关系，具体包括：

$$Logit（P）=log[P/（1-P）] \tag{3-2}$$

$$P=F（Z）=1/（1+e^{-z}） \tag{3-3}$$

$$Z=\beta_0+\beta_1\times X_1+\beta_2\times X_2+\cdots\cdots+\beta_m\times X_m \tag{3-4}$$

其中，P 是因变量 Y=1 的总体概率，1-P 是因变量 Y=0 的总体概率，P 取值在 0 ~ 1 之间。B_0 为截距或称常数项，β_1、β_2 至 β_m 为偏回归系数（Partial Regression Coefficient），X_1、X_2 至 X_m 为解释变量，m 为解释变量个数，e 为指数系数，数值为 2.71828（图 3-9，图 3-10）。

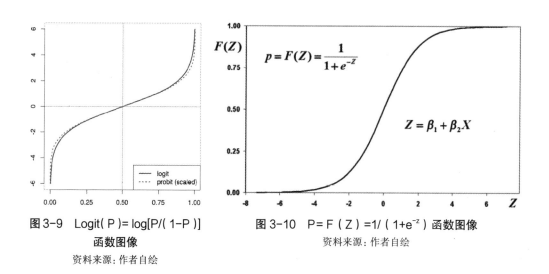

图 3-9　Logit(P)= log[P/(1-P)] 函数图像

资料来源：作者自绘

图 3-10　P= F（Z）=1/（1+e^{-z}）函数图像

资料来源：作者自绘

二值因变量模型不采用 McFadden R^2 来评估，而是需要采用似然比（Likely Ratio）和似然比统计量（Likelihood Ratio Index）来度量模型拟合的优度。对数似然函数的极大化采用数值解法（Optimization Algorithm），通常具有 3 种算法：Quadratic Hill Climbing、Newton-Raphson（牛顿—拉夫森算法）、Berndt-Hall-Hall-Hausman。参数估计方差和协方差可在 Covariance 下选择 Robust Covariances，Hubert/White 较为常用。

本章节利用 SPSS19.0（IBM SPSS Statistics）统计分析工具进行模型模拟与结果估算，采用二元 Logistic 回归的 Forward LR（逐步向前）方法进行建模。

（2）"触角走廊"形成动力建模

根据对武汉市都市发展区的实证分析，凡是形成了日常生活圈核心圈的区域，都相应地外延形成触角走廊区域。因此，对核心圈形成具有显著影响的部分解释变量也会影响服务触角或通勤走廊的功能组织，此处不再赘述。本章节重点关心的是触角走廊空间形态的诱导逻辑。"延伸长度"和"地域面积"是客观描述触角走廊结构形态特征的两个方面，从 3 个典型"次区域生活圈"结构形态特征来看，触角走廊地域面积在很大程度上受到延伸长度的强烈影响，本章节选择着重研究触角走廊"延伸长度"的影响机制。

实证研究显示，通勤走廊的轴向舒展特征显著，因此本章节对通勤走廊的"延伸长度"的测算主要针对走廊内主要轴线的路径距离。相比之下，服务触角的轴向延伸特征并不显著，因此本章节对服务触角"延伸长度"的测算主要针对触角最远点与核心圈边缘的直线距离。将前者作为通勤走廊延伸长度建模中的因变量 Y，将后者作为服务触角延伸长度建模中的因变量 y。虽然两个因变量均为连续数值变量，但由于散点图观察（Simple Scatter）和曲线估计（Curve Estimation）均未能找到较为适配的回归方程，且因变量 Y 与 y 的系统聚类（Hierarchical Cluster Analysis）显示出较为显著的组别特征，因此仍然推荐采用 Logit 模型。考虑到本章节研究并不追求对因变量的准确预测而倾向于识别主导影响因素，因此，此处继续采用二值因变量选择模型对"服务触角"和"通勤走廊"的空间形态形成过程建模。

定义通勤走廊 Y=1 or 0 的具体操作方法为：①由于通勤走廊具有典型的轨道交通导向和公交车导向两种。因此，首先将所有通勤走廊样本 Y 值共同进行系统聚类，依据二分法将 Y 值较高的样本因变量设为 1。②考虑到交通工具的差异可能会显著影响通勤走廊长度，再专门将公交车导向的 Y' 值进行系统聚类。建模过程采用逐步回归方法（Stepwise），分别把每一个变量选入模型，每次保留系数显著水平最高的变量，剔除不显著的变量，最终得到系数显著的线性回归方程（图 3-11）。

定义服务触角 y=1 or 0 的具体操作方法为：将不同服务触角的延伸长度 Y（y）根据区位分布特征分组（服务触角根据所在区位分为内环以内、内环至二环、二环至三环），对每个组别中不同样本的 y 值进行聚类分析，依据二分法将 y 值较高的样本因变量设为 1。建模过程采用逐步回归方法（Stepwise），分别把每一个变量选入模型，每次保留系数显著水平最高的变量，剔除不显著的变量，最终得到系数显著的线性回归方程（图 3-12）。

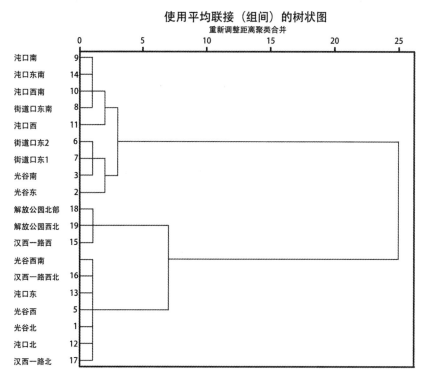

图 3-11　基于区位分组的不同服务触角样本因变量 y 系统聚类树状图示意

资料来源：作者自绘

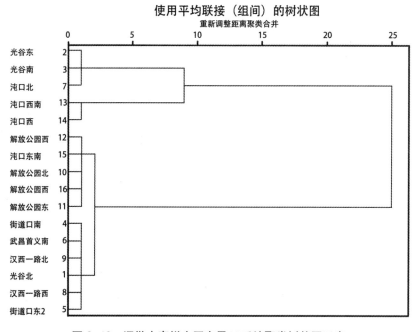

图 3-12　通勤走廊样本因变量 Y 系统聚类树状图示意

资料来源：作者自绘

3.2　大城市"次区域生活圈"形成影响机制

3.2.1　影响因素估算

（1）关键影响因子估算

①核心圈形成影响因素估算结果

在 ArcGIS10.2 平台中分别测算统计各样本的各潜在解释变量，在 SPSS19.0 平台中将各实验对象的相关数据输入至模型中，构成初始数据矩阵。选择 Analyse-Regression-Binary Logistic Regression 进入模型构造界面，将"是否形成核心圈"作为因变量，解释变量作为协变量带入模型。其中，将"街区组织形态""规划片区或组团级公共中心""现状形成片区或组团级公共中心""区域内是否被大型江湖山体分隔""区域内是否被大型铁路线分隔"作为分类变量带入。选项中保留常数项，并进行残差学生化，选择 Forward LR 方法建模。

对建模结果进行分析（图 3-13）：① Step 为 0 的 Classification Table 列表展示未引入任何解释变量时该方程预测结果的正确率，本次建模的初始正确率为 74.4%。② Model Summary 列表展示的为当前模型的拟合优度，-2 Log likelihood 是 -2 倍的对数似然函数值，用于检验模型回归的显著性，又被称为拟合劣度卡方统计量，-2 Log likelihood 的值区间为 0 ~ ∞，越接近 0 表示拟合优度越好。两个伪决定系数的取值区间为 0 ~ 1，其越接近 1，表示拟合优度越高。本次模型中 -2 Log likelihood 为 84.650，虽然距离 0 值较远，但相较于 Step1 ~ 6 已有大幅提升。Cox & Snell R Square 为 0.616，Nagelkerke R Square 为 0.888，距离 1 较近，两者共同说明该模型的拟合优度可接受。③ Omnibus Test of Model Coefficients 列表为回归方程模型整体的全局似然比检验，通常给出 Step、Block 和 Model 三个结果，Step 表示这一步与前一步相比的似然卡方比；Block 表示若将 Block 1 与 Block 0 相比的似然卡方比；Model 表示本模型与上一个模型相比的似然卡方比。三个结果的 Sig.<0.05 表示有统计学意义，本次建模中 Sig. 均为 0.000，可认为采用该模型是合理的。④ Classification Table 列表展示使用该回归方程的整体（Overall Percentage）正确度（Percentage Correct）。本次建模的 Percentage Correct 为 83.7%，比 Step 为 0 时提高了 9 个百分点，说明该模型有助于提高预测正确率。⑤ Model if Term Removed 列表为剔除某个自变量后，模型 -2log 似然比的变化情况。每加入一个因变量，Step+1，对应的 Change in -2LL 值即该因变量的剔除给整个模型带来的 -2LL 减少值。本次建模过程中有 7 个解释变量入选，且所有变量的 Sig. of Change 均 <0.05，说明该模型较为合理。⑥最后，

Classification Table a

			Predicted		
			是否形成核心圈		Percentage Correct
	Observed		0	1	
Step 7	是否形成核心圈	0	27	5	84.4
		1	2	9	81.8
	Overall Percentage				83.7

a. The cut value is .500

Omnibus Tests of Model Coefficients

		Chi-square	df	Sig.
Step 1	Step	167.913	1	0.000
	Block	167.913	1	0.000
	Model	167.913	1	0.000
Step 2	Step	67.905	1	0.000
	Block	235.818	2	0.000
	Model	235.818	2	0.000
Step 3	Step	37.876	1	0.000
	Block	273.694	3	0.000
	Model	273.694	3	0.000
Step 4	Step	31.708	1	0.000
	Block	305.402	4	0.000
	Model	305.402	4	0.000
Step 5	Step	4.716	1	0.030
	Block	310.117	5	0.000
	Model	310.117	5	0.000
Step 6	Step	28.552	1	0.000
	Block	338.670	6	0.000
	Model	338.670	6	0.000
Step 7	Step	18.842	1	0.000
	Block	357.512	7	0.000
	Model	357.512	7	0.000

Model Summary

Step	-2 Log likelihood	Cox & Snell R Square	Nagelkerke R Square
1	274.249	0.362	0.522
2	200.344	0.468	0.674
3	168.468	0.519	0.748
4	136.760	0.558	0.805
5	132.045	0.564	0.813
6	103.492	0.596	0.859
7	84.650	0.616	0.888

Model if Term Removed

Variable		Model Log Likelihood	Change in -2 Log Likelihood	df	Sig. of the Change
Step 1	配置轨道交通站点密度	-221.081	167.913	1	0.000
Step 2	配置就业用地面积占比	-137.125	67.905	1	0.000
	配置轨道交通站点密度	-204.072	201.801	1	0.000
Step 3	配置生活服务用地面积占比	-103.172	37.876	1	0.000
	配置就业用地面积占比	-132.282	96.095	1	0.000
	配置轨道交通站点密度	-113.178	57.888	1	0.000
Step 4	配置生活服务用地面积占比	-89.718	42.675	1	0.000
	配置就业用地面积占比	-124.871	112.981	1	0.000
	配置公交站点密度	-84.234	31.708	1	0.000
	配置轨道交通站点密度	-88.458	40.155	1	0.000
Step 5	实际形成片区或组团级以上公共中心	-68.380	4.716	1	0.030
	配置生活服务用地面积占比	-87.601	43.157	1	0.000
	配置就业用地面积占比	-124.203	116.362	1	0.000
	配置公交站点密度	-79.028	26.011	1	0.000
	配置轨道交通站点密度	-88.411	44.776	1	0.000
Step 6	土地开发混合度	-66.022	28.552	1	0.000
	实际形成片区或组团级以上公共中心	-67.224	30.956	1	0.000
	配置生活服务用地面积占比	-85.408	67.324	1	0.000
	配置就业用地面积占比	-121.587	139.682	1	0.000
	配置公交站点密度	-56.984	10.475	1	0.001
	配置轨道交通站点密度	-88.363	73.234	1	0.000
Step 7	土地开发混合度	-62.099	39.548	1	0.000
	实际形成片区或组团级以上公共中心	-67.208	49.765	1	0.000
	配置居住用地占比	-51.746	18.842	1	0.000
	配置生活服务用地面积占比	-79.726	74.802	1	0.000
	配置就业用地面积占比	-120.159	155.667	1	0.000
	配置公交站点密度	-55.026	25.402	1	0.000
	配置轨道交通站点密度	-88.103	91.556	1	0.000

Variables in the Equation

		B	S.E.	Wald	df	Sig.
Step 1	配置轨道交通站点密度	14.724	1.530	92.565	1	0.000
	Constant	-3.071	0.296	107.307	1	0.000
Step 2	配置就业用地面积占比	0.154	0.325	38.564	1	0.000
	配置轨道交通站点密度	21.969	2.745	64.036	1	0.000
	Constant	-9.011	1.212	55.300	1	0.000
Step 3	配置生活服务用地面积占比	0.309	0.058	27.987	1	0.000
	配置就业用地面积占比	0.227	0.036	38.714	1	0.000
	配置轨道交通站点密度	18.648	3.458	29.082	1	0.000
	Constant	-13.721	1.994	47.330	1	0.000
Step 4	配置生活服务用地面积占比	0.381	0.375	26.051	1	0.000
	配置就业用地面积占比	0.348	0.363	30.334	1	0.000
	配置公交站点密度	1.147	0.249	21.140	1	0.000
	配置轨道交通站点密度	21.400	4.386	20.855	1	0.000
	Constant	-22.968	3.904	34.606	1	0.000
Step 5	实际形成片区或组团级以上公共中心(1)	1.357	0.344	4.439	1	0.035
	配置生活服务用地面积占比	0.408	0.379	26.805	1	0.000
	配置就业用地面积占比	0.358	0.362	33.683	1	0.000
	配置公交站点密度	1.059	0.244	18.912	1	0.000
	配置轨道交通站点密度	22.385	4.508	23.598	1	0.000
	Constant	-23.628	3.774	39.194	1	0.000
Step 6	土地开发混合度	36.782	8.769	17.595	1	0.000
	实际形成片区或组团级以上公共中心(1)	7.604	1.784	18.167	1	0.000
	配置生活服务用地面积占比	0.901	0.188	23.053	1	0.000
	配置就业用地面积占比	0.759	0.169	20.209	1	0.000
	配置公交站点密度	0.886	0.320	7.688	1	0.006
	配置轨道交通站点密度	56.268	13.224	18.104	1	0.000
	Constant	-74.232	15.909	21.773	1	0.000
Step 7	土地开发混合度	60.146	20.108	8.947	1	0.003
	实际形成片区或组团级以上公共中心(1)	25.633	11.111	5.323	1	0.021
	配置居住用地占比	0.589	0.323	3.325	1	0.068
	配置生活服务用地面积占比	1.648	0.591	5.686	1	0.017
	配置就业用地面积占比	1.501	0.597	6.316	1	0.012
	配置公交站点密度	4.006	1.378	4.550	1	0.033
	配置轨道交通站点密度	114.719	47.488	5.836	1	0.016
	Constant	-163.461	65.372	6.252	1	0.012

图 3-13　次区域生活圈核心圈形成概率的二元因变量选择模型建模结果

资料来源：作者自绘

Variables in the Equation 列表筛选的是进入最终模型的解释变量。其中，B 为偏回归系数（即前述建模表达式中的 β_m）：即没有引入自变量时常数项的估计值：β_m 为正向且越大表示该变量影响越大；Sig. 为显著性检验。本次建模共有 7 个解释变量入选最终模型，表明这 7 个解释变量对 P（Y=1）概率的影响较为显著。其按照 B（β_m）的大小次序分别是：配置轨道交通站点密度、土地开发混合度、实际形成片区或组团级以上公共中心、配置公交站点密度、配置生活服务用地面积占比、配置就业用地面积占比、配置居住用地占比。其中，"土地开发混合度"解释变量在 1% 显著性水平上显著，

"配置轨道交通站点密度""实际形成片区或组团级以上公共中心""配置公交站点密度""配置生活服务用地面积占比""配置就业用地面积占比"6 个解释变量在 5% 显著性水平上显著,"配置居住用地占比"在 10% 显著性水平上显著。相比之下,其他 8 个潜在的解释变量均没能被纳入最终模型(街区组织形态、区域内部是否被大型江湖山体分隔、区域内部是否被大型铁路线分隔、规划公服用地建设强度、规划居住用地建设强度、配置主干道密度、配置次干道和支路密度、是否规划片区或组团级以上公共中心),说明这些因素对一个特定区域能否形成次区域生活圈核心圈的概率虽然也可能存在影响,但这种影响并不显著。

由此,显著影响次区域生活圈核心圈形成概率的 7 个影响因素为:A.X_1 配置轨道交通站点密度;B.X_2 土地开发混合度;C.X_3 实际形成片区或组团级以上公共中心;D.X_4 配置公交站点密度;E.X_5 配置生活服务用地面积占比;F.X_6 配置就业用地面积占比;G.X_7 配置居住用地占比。二元因变量选择模型表达式可写为:

$$\text{Logit } [P] = -163.461 + 114.719 \times X_1 + 60.145 \times X_2 + 25.633 \times X_3 + 4.005 \times X_4 + 1.648 \times X_5 + 1.501 \times X_6 + 0.589 \times X_7$$

上述 7 个影响显著的解释变量均在某种程度上提高了特定区域形成核心圈的概率,不同解释变量对于形成概率的提升能力有所差异。然而需要强调的是:此 7 个解释变量与因变量之间并不构成因果关系也不构成映射关系:即其既不是核心圈形成的充分条件,也不是核心圈形成的必要条件,这是由二元 Logit 模型建模原理决定的。从目标导向角度来看,即便特定区域具备其中任何一个解释变量的理想值,也不意味着其就一定能形成次区域生活圈核心圈。同理,假设特定区域并不具备其中的某一个解释变量,也不意味着其就一定不能形成次区域生活圈核心圈。

②通勤走廊形成影响因素估算结果

与核心圈影响因素估算相似,同样在 ArcGIS10.2 平台中完成各实验样本的各潜在解释变量的统计测算,并在 SPSS19.0 平台中将相关数据输入至模型中,构成初始数据矩阵。选择 Analyse-Regression-Binary Logistic Regression 进入模型构造界面,将"通勤走廊路径长度二值"作为因变量,选择相应解释变量作为协变量(Covariates)带入模型。选项中保留常数项,钩选 Hosmer-Lemeshow 拟合度,并进行学生化残差,选择 Forward LR 方法建模。

对建模结果进行分析(图 3-14):A.Step 为 0 的 Classification Table 列表展示未引入任何解释变量时该方程的初始正确率为 56.3%。B.Step 为 0 的 Variables not in the Equation 列表展示 6 个潜在解释变量中有 5 个符合 Sig.<0.05 显著性水平。C.Hosmer and Lemeshow Test 列表表达出实际观察频数与预测期望频数之间的差异具有显著性（Sig.>0.05），说明模型拟合效果较好。D.Classification Table 列表揭示本次建模的整体（Overall Percentage）预测正确率（Percentage Correct）为 70.8%，总体比 Step 为 0 时提高了近 15 个百分点，尤其是对 Y=1 即通勤走廊"延伸较长"的预测正确率由 0 变为 66.7%，说明该模型较为合理。E. 最后，Variables in the Equation 列表筛选出最终进入模型的 3 个解释变量，表明这 3 个解释变量对 P（Y=1）概率的影响较为显著。其按照 B（β_m）的大小次序分别是：走廊内轨道交通站点密度、走廊内主干道密度、走廊内大型地块密度。其中，走廊内主干道密度在 10% 显著水平上显著，走廊内轨道交通站点密度在 1% 显著水平上显著，走廊内大型地块密度在 5% 显著水平上显著。相比之下，其他 3 个潜在的解释变量均没能被纳入最终模型，说明其对一个特定区域能否形成"延伸较长的通勤走廊"的概率并不显著。由此，显著影响次区域生活圈通勤走廊延伸长度概率的 3 个影响因素为：A.X_1 走廊内轨道交通站点密度；B.X_2 走廊内主干道密度；C.X3 走廊内大型地块密度。二元因变量选择模型表达式可写为：

$$\text{Logit}[P(Y=1)] = -1.515 + 2.639 \times X_1 + 0.001 \times X_2 - 1.725 \times X_3$$

Classification Table^{a,b}

			Predicted		
			长度二值		Percentage Correct
Observed			0	1	
Step 0	长度二值	0	27	0	100.0
		1	21	0	0.0
Overall Percentage					56.3

a. Constant is included in the model.
b. The cut value is 0.500

Variables in the Equation

		B	S.E.	Wald	df	Sig.	Exp(B)
Step 0	Constant	-.251	-.206	1.492	1	0.222	0.778

Variables not in the Equation

			Score	df	Sig.
Step0	Variables	走廊内大型地块密度	10.330	1	0.001
		走廊内轨道交通站点密度	16.156	1	0.000
		走廊内公交站点密度	9.401	1	0.002
		走廊内主干道密度	7.786	1	0.005
		走廊内次干道和支路密度	8.191	1	0.004
		走廊跨越江湖山体数量	0.052	1	0.819
	Overall Statistics		24.154	6	0.000

Hosmer and Lemeshow Test

	Step	Chi-square	df	Sig.
	1	20.463	5	0.001
	2	15.744	8	0.046
	3	7.236	8	0.511

Classification Table^c

			Predicted		
			长度二值		Percentage Correct
Observed			0	1	
Step 1	长度二值	0	20	7	74.1
		1	10	11	52.4
					64.6
Step 2	长度二值	0	20	7	74.1
		1	8	13	61.9
					68.8
Step 3	长度二值	0	20	7	74.1
		1	7	14	66.7
Overall Percentage					70.8

a. The cut value is 0.500

Variables in the Equation

		B	S.E.	Wald	df	Sig.	Exp(B)
Step 1^a	走廊内轨道交通站点密度	2.502	0.663	14.246	1	0.000	12.212
	Constant	-1.352	0.375	12.997	1	0.000	0.259
Step 2^b	走廊内轨道交通站点密度	2.529	0.688	13.500	1	0.000	12.536
	走廊内主干道密度	0.002	0.001	6.245	1	0.012	1.002
	Constant	-3.170	0.882	12.905	1	0.000	0.042
Step 3^c	走廊内大型地块密度	-1.725	0.700	6.065	1	0.014	0.178
	走廊内轨道交通站点密度	2.639	0.782	11.386	1	0.001	13.996
	走廊内主干道密度	0.001	0.001	2.723	1	0.099	1.001
	Constant	-1.515	1.115	1.845	1	0.174	0.220

a. Variable(s) entered on step 1: 走廊内轨道交通站点密度.
b. Variable(s) entered on step 2: 走廊内主干道密度.
c. Variable(s) entered on step 3: 走廊内大型地块密度.

Model if Term Removed

	Variable	Model Log Likelihood	Change in -2log Likelihood	df	Sig. of the Change
Step 1	走廊内轨道交通站点密度	-65.790	17.002	1	0.000
Step 2	走廊内轨道交通站点密度	-61.672	16.024	1	0.000
	走廊内主干道密度	-57.289	7.258	1	0.007
Step 3	走廊内大型地块密度	-53.660	7.656	1	0.006
	走廊内轨道交通站点密度	-56.893	14.121	1	0.000
	走廊内主干道密度	-51.274	2.884	1	0.089

Variables not in the Equation

			Score	df	Sig.
Step1	Variables	走廊内大型地块密度	6.752	1	0.009
		走廊内公交站点密度	1.850	1	0.174
		走廊内主干道密度	6.757	1	0.009
		走廊内次干道和支路密度	0.002	1	0.961
		走廊跨越江湖山体数量	0.040	1	0.841
	Overall Statistics		10.655	5	0.059
Step2	Variables	走廊内大型地块密度	5.661	1	0.017
		走廊内公交站点密度	0.082	1	0.775
		走廊内次干道和支路密度	0.860	1	0.354
		走廊跨越江湖山体数量	0.454	1	0.500
	Overall Statistics		6.646	4	0.156
Step3	Variables	走廊内公交站点密度	0.233	1	0.629
		走廊内次干道和支路密度	0.027	1	0.868
		走廊跨越江湖山体数量	0.008	1	0.928
	Overall Statistics		0.390	3	0.942

图 3-14　次区域生活圈形成较长通勤走廊概率的二元因变量选择模型建模结果

资料来源：作者自绘

同样的，上述 3 个影响显著的解释变量均在某种程度上提高了次区域生活圈形成较长通勤走廊的概率，不同解释变量的提升能力有所差异。即便特定区域具备其中任何一个解释变量的理想值，也不意味着其就一定能形成较长的通勤走廊。同理，假设特定区域并不具备其中的某一个解释变量，也不意味着其就一定不能形成较长的通勤走廊。

由于轨道交通站点对通勤走廊长度的影响十分显著，考虑到城市内部很多地域由于尚未通达地铁线路而仍以公交车为通勤出行导向，因此本书特别针对公交车导向的通勤走廊做进一步影响因素排查。建模结果显示（图 3-15）：A.Step 为 0 的 Classification Table 列表展示未引入任何解释变量时该方程的初始正确率为 66.7%。B.Step 为 0 的 Variables not in the Equation 列表展示 6 个潜在解释变量中仅有 3 个达到 Sig.<0.05 显著性水平，可以进入模型。C.Model Summary 列表显示 -2 对数似然值为 13.048，Cox & Snell 和 Nagelkerke R2 伪系数分别为 0.567 和 0.788，较为接近 1，说明模型拟合效果较好，Hosmer and Lemeshow Test 列表也表达出实际观察频数与预测期望频数之间的差异具有显著性（Sig.=0.971>0.05），再次表明模型拟合效果很好。D.Classification Table 列表揭示本次建模的整体（Overall Percentage）预测正确率（Percentage Correct）高达 86.7%，总体比 Step 为 0 时提高了近 20 个百分点，尤其是对 Y'=1 即通勤走廊"延伸较长"的预测正确率由 0 提升至 80.0%，说明该模型较为合理。F. 最后，Variables in the Equation 列表筛选出最终进入模型的 2 个解释变量，表明这 2 个解释变量对 P（Y=1）概率的影响较为显著。其按照 B（β_m）的大小次序分别是：走廊内公交站点密度、走廊内主干道密度。两个解释变量均是在 10% 显著水平上显著。相比之下，其他 3 个潜在的解释变量均没能被纳入最终模型，说明其对一个特定区域能否形成"延伸较长的通勤走廊"的概率并不显著。由此，显著影响次区域生活圈通勤走廊延伸长度概率的 2 个影响因素为：A.X_1 走廊内公交站点密度；B.X_2 走廊内主干道密度。二元因变量选择模型表达式可写为：

Logit [P（Y'=1）] = -33.712+7.279 × X_1+0.004 × X_2

③服务触角形成影响因素估算结果

与核心圈影响因素估算相似，同样在 ArcGIS10.2 平台中完成各实验样本的各潜在解释变量的统计测算，并在 SPSS19.0 平台中将相关数据输入至模型中，构成初始数据矩阵。选择 Analyse-Regression-Binary Logistic Regression 进入模型构造界面，将"服务触角延伸长度二值"作为因变量，选择相应解释变量作为协变量（Covariates）带入模型。其中，将"服务触角是否穿越大型街区"作为分类变量带入（Categorical

分类表[a][b]

			已预测		
			公交路径长度二值		
	已观测		0.00	1.00	百分比校正
步骤 0	公交路径长度二值	0.00	10	0	100.0
		1.00	5	0	
	总计百分比				66.7

a. 模型中包括常量。
b. 切割值为 .500

方程中的变量

		B	S.E,	Wals	df	Sig.	Exp (B)
步骤 0	常量	-.693	0.387	3.203	1	0.074	0.500

不在方程中的变量

			得分	df	Sig.
步骤 0	变量	走廊内大型地块密度	5.418	1	0.020
		走廊公交站点密度	7.938	1	0.005
		走廊内主干道密度	10.539	1	0.001
		走廊内次干道和支路密度	1.513	1	0.219
		走廊内跨越江湖山体数量	0.103	1	0.749
	总统计量		13.847	5	0.017

模型汇总

步骤	-2 对数似然值	Cox & Snell R 方	Nagelkerke R 方
1	23.448[a]	0.388	0.539
2	13.048[b]	0.567	0.788

a. 因为参数估计的更改绝对值小于 .001，所以估计在迭代次数 7 处终止。
b. 因为参数估计的更改绝对值小于 .001，所以估计在迭代次数 9 处终止。

= Hosmer 和 Lemeshow 检验 =

步骤	卡方	df	Sig.
1	2.230	6	0.897
2	1.314	6	0.971

分类表[a]

			已预测		
			公交路径长度二值		
	已观测		0.00	1.00	百分比校正
步骤 1	公交路径长度二值	0.00	9	1	90.0
		1.00	2	3	60.0
	总计百分比				80.0
步骤 2	公交路径长度二值	0.00	9	1	90.0
		1.00	1	4	80.0
	总计百分比				86.7

a. 切割值为 .500

方程中的变量

		B	S.E,	Wals	df	Sig.	Exp (B)
步骤 1[a]	走廊内主干道密度	0.005	0.002	4.993	1	0.025	1.005
	常量	-6.926	3.005	5.312	1	0.021	0.001
步骤 2[b]	走廊内公交站点密度	7.279	4.120	3.121	1	0.077	1448.980
	走廊内主干道密度	0.004	0.002	3.134	1	0.077	1.004
	常量	-33.712	17.545	3.692	1	0.055	0.000

a. 在步骤 1 中输入的变量: 走廊内主干道密度。
b. 在步骤 2 中输入的变量: 走廊内公交站点密度。

如果移去项则建模

变量		模型对数似然性	在 -2 对数似然中的更改	df	更改的显著性
步骤 1	走廊内主干道密度	-19.095	14.743	1	0.000
步骤 2	走廊内公交站点密度	-11.724	10.400	1	0.001
	走廊内主干道密度	-9.893	6.737	1	0.009

不在方程中的变量

			得分	df	Sig.
步骤 1	变量	走廊内大型地块密度	0.030	1	0.862
		走廊内公交站点密度	5.368	1	0.021
		走廊内次干道和支路密度	1.227	1	0.268
		走廊内跨越江湖山体数量	0.486	1	0.486
	总统计量		6.626	4	0.157
步骤 2	变量	走廊内大型地块密度	1.548	1	0.213
		走廊内次干道和支路密度	1.763	1	0.184
		走廊内跨越江湖山体数量	0.022	1	0.882
	总统计量		3.866	3	0.276

图 3-15 较长公交导向型通勤走廊概率的二元因变量选择模型建模结果

资料来源: 作者自绘

Covariates)。选项中保留常数项，钩选 Hosmer-Lemeshow 拟合度，并进行残差学生化，选择 Forward LR 方法建模。

对建模结果进行分析（图 3-16): A.Step 为 0 的 Classification Table 列表展示未引入任何解释变量时该方程的初始正确率为 54.1%。B.Step 为 0 的 Variables not in the Equation 列表展示 6 个潜在解释变量中只有 2 个符合 Sig.<0.05 显著性水平。

C.Classification Table 列表揭示本次建模的整体（Overall Percentage）预测正确率（Percentage Correct）为 72.1%，总体比 Step 为 0 时提高了近 20 个百分点，尤其是对 y=1 即服务触角“延伸较长”的预测正确率由 0 变为 60.7%，说明该模型较为合理。D.Hosmer and Lemeshow Test 列表表达出实际观察频数与预测期望频数之间的差异具有显著性（Sig.>0.05），说明模型拟合效果较好。F. 最后，Variables in the Equation 列表筛选出最终进入模型的 2 个解释变量，表明这 2 个解释变量对 P（y=1）概率的影响较为显著。其按照 B（β_m）的大小次序分别是：服务触角内公交站点密度、服务触角内次干道与支路密度。前者在 5% 显著水平上显著，后者在 1% 显著水平上显著。相比之下，其他 6 个潜在的解释变量均没能被纳入最终模型，说明其对一个特定区域能否形成“延伸较长的服务触角”的概率并不显著。由此，显著影响日常生活圈服务触角延伸长度概率的 2 个影响因素为：A.X_1 配置公交站点密度；B.X_2 次干道与支路密度。二元因变量选择模型表达式可写为：

$$\text{Logit}\,[P(y=1)] = -3.323 + 0.392 \times X_1 + 0.031 \times X_2$$

上述影响显著的解释变量均在某种程度上提高了次区域生活圈形成较长服务触角的概率，不同解释变量的提升能力有所差异。即便特定区域具备其中任何一个解释变量的理想值，也不意味着其就一定能形成较长的服务触角。同理，假设特定区域并不具备其中的某一个解释变量，也不意味着其就一定不能形成较长的服务触角。

Classification Table[a,b]

Observed			Predicted: 长度二值 0	Predicted: 长度二值 1	Percentage Correct
Step 0	长度二值	0	33	0	100.0
		1	28	0	0.0
Overall Percentage					54.1

a. Constant is included in the model.
b. The cut value is 0.500

Variables in the Equation

	B	S.E.	Wald	df	Sig.	Exp(B)
Step 0　Constant	-.164	-.257	0.409	1	0.523	0.848

Variables not in the Equation

			Score	df	Sig.
Step0	Variables	服务触角是否穿越大型街区(1)	1.627	1	0.202
		服务触角内轨道交通站点密度	0.013	1	0.909
		服务触角内公交站点密度	8.209	1	0.004
		服务触角内主干道及以上密度	0.039	1	0.843
		服务触角内次干道与支路密度	10.443	1	0.001
		服务触角内跨越的江湖山体数量	0.009	1	0.924
	Overall Statistics		15.796	6	0.015

Classification Table[a]

Observed			Predicted: 长度二值 0	Predicted: 长度二值 1	Percentage Correct
Step 1	长度二值	0	26	7	78.8
		1	11	17	60.7
					70.5
Step 2	长度二值	0	26	7	78.8
		1	10	18	64.3
					72.1
Overall Percentage					72.1

a. The cut value is 0.500

Hosmer and Lemeshow Test

Step	Chi-square	df	Sig.
1	18.021	8	0.021
2	10.014	8	0.264

Variables in the Equation

		B	S.E.	Wald	df	Sig.	Exp(B)
Step 1[a]	服务触角内次干道与支路密度	0.001	0.000	8.981	1	0.003	1.001
	Constant	-2.037	0.675	9.095	1	0.003	0.130
Step 2[b]	服务触角内公交站点密度	0.392	0.178	4.844	1	0.028	1.480
	服务触角内次干道与支路密度	0.031	0.000	7.315	1	0.007	1.001
	Constant	-3.323	1.010	10.814	1	0.001	0.036

a. Variable(s) entered on step 1: 服务触角内次干道与支路密度.
b. Variable(s) entered on step 2: 服务触角内公交站点密度.

Model if Term Removed

Variable		Model Log Likelihood	Change in -2log Likelihood	df	Sig. of the Change
Step 1	服务触角内次干道与支路密度	-42.077	11.720	1	0.001
Step 2	服务触角内公交站点密度	-36.217	5.862	1	0.015
	服务触角内次干道与支路密度	-37.613	8.654	1	0.003

图 3-16　次区域生活圈形成较长服务触角概率的二元因变量选择模型建模结果

资料来源：作者自绘

④ "次区域生活圈"形成的土地用影响因素估算结果汇总（表3-6）

次区域生活圈形成影响因素及建模结果汇总　　　　　　　　表3-6

因变量	解释变量（按影响概率大小分别排序）	二值Logit模型表达式
次区域生活圈 核心圈形成概率	X₁ 配置轨道交通站点密度	Logit [P] = −163.461+114.719×X₁+60.145×X₂+25.633×X₃+4.005×X₄+1.648×X₅+1.501×X₆+0.589×X₇
	X₂ 土地开发混合度	
	X₃ 实际形成片区或组团级以上公共中心	
	X₄ 配置公交站点密度	
	X₅ 配置生活服务用地面积占比	
	X₆ 配置就业用地面积占比	
	X₇ 配置居住用地面积占比	
次区域生活圈 通勤走廊长距离延伸概率	X₁ 走廊内轨道交通站点密度	Logit [P（Y=1）] = −1.515+2.639×X₁+0.001×X₂−1.725×X₃
	X₂ 走廊内主干道密度	
	X₃ 走廊内大型地块密度	
次区域生活圈公交导向型 通勤走廊长距离延伸概率	X₁ 走廊内公交站点密度	Logit [P（Y'=1）] = −33.712+7.279×X₁+0.004×X₂
	X₂ 走廊内主干道密度	
次区域生活圈 服务触角长距离延伸概率	X₁ 服务触角内配置公交站点密度	Logit [P（y=1）] = −3.323+0.392×X₁+0.031×X₂
	X₂ 服务触角内配置次干道与支路密度	

资料来源：作者自绘

　　总体来说，从土地利用角度来看，本书共筛选出若干显著影响"次区域生活圈"形成的因子：A. 土地开发混合度；B. 实际形成片区或组团级以上公共中心；C. 配置生活服务用地面积占比；D. 配置就业用地面积占比；E. 配置居住用地面积占比；F. 配置轨道交通站点密度；G. 配置公交站点密度；H. 配置主干道密度；I. 配置次干道与支路密度；J. 大型地块配置密度。

　　由于"核心圈"是"次区域生活圈"最核心组件，是其形成的前提基础。因此，本书从上述影响因子中筛选出7个对次区域生活圈能否形成起到关键性作用的核心影响因子：A. 土地开发混合度；B. 实际形成片区或组团级以上公共中心；C. 配置生活服务用地面积占比；D. 配置就业用地面积占比；E. 配置居住用地面积占比；F. 配置轨道交通站点密度；G. 配置公交站点密度。

　　基于城乡规划学关于城市空间结构组织的惯常逻辑，本书将上述7个核心影响因子归纳为4个影响维度。

　　（2）土地开发混合度

　　土地利用影响次区域生活圈形成的第一个维度是土地开发混合程度。从建模结果来看，衡量评估该维度的主要影响因子是"土地开发混合度"。土地开发混合度能够显著地影响次区域生活圈的核心圈形成概率，且影响效力十分强烈。效力的方向为正，表明增加土地开发混合度能够十分显著地提高次区域生活圈核心圈形成的概率（表 3-7）。

土地开发混合度影响因子、影响因变量、影响效力及临界指标　　　　　表 3-7

土地利用维度	对应影响因子	主要影响的因变量	影响效力	效力方向	因变量具备形成可能的临界指标
土地开发混合度	土地开发混合度	次区域生活圈核心圈形成概率	十分强烈	正向	大于等于 0.63

资料来源：作者自绘

　　当日常生活圈形成核心圈即 Y=1 时，对应样本的土地开发混合度数值区间为 0.63 ～ 0.82，均值约为 0.70，标准差为 0.07。当日常生活圈未形成核心圈即 Y=0 时，对应样本的土地开发混合度数值区间为 0.38 ～ 0.74，均值约为 0.60，标准差为 0.09。

　　分析显示，当土地开发混合度小于 0.63 或大于 0.82 时，均未有一例样本形成了核心圈，由于未有土地开发混合度大于 0.82 的样本，但存在大量小于 0.63 的样本，因此本书侧重认为，"土地开发混合度大于等于 0.63"是次区域生活圈核心圈形成的必要而非充分条件。当土地开发混合度小于 0.63 时，可以认为核心圈形成的概率非常低；当土地开发混合度大于等于 0.63 时，通过增加该值可以十分显著地提高核心圈形成的概率（图 3-17）。因此，那些土地开发使用类型单一的区域，如武汉的武钢生产区、后湖百步亭大型居住社区、沌口东风大道工业园区、汉口北大市场地区等，其现状土地开发混合度普遍小于 0.60 甚至 0.55，其形成次区域生活圈核心圈的可能性非常低，土地利用及其空间组织亟待优化。

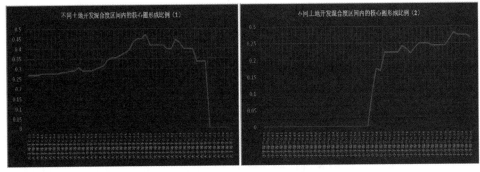

图 3-17　不同土地开发混合度区间内的次区域生活圈核心圈形成比例
（左图为上行区间分析结果，右图为下行区间分析结果）
资料来源：作者自绘

（3）用地规模足量度

土地利用影响次区域生活圈形成的第二个维度是日常生活对应的主要用地的规模足量程度。从建模结果来看，衡量评估该维度的主要影响因子包括3个："配置生活服务用地面积占比""配置就业用地面积占比""配置居住用地面积占比"。用地规模足量度能够显著地影响次区域生活圈的核心圈形成概率，影响效力较强。三组效力的方向均为正，表明增加用地规模足量度能有效提高次区域生活圈核心圈形成的概率（表3-8）。

用地规模足量度影响因子、影响因变量、影响效力及临界指标　　　　表3-8

土地利用维度	对应影响因子	主要影响的因变量	影响效力	效力方向	因变量具备形成可能的临界指标
用地规模足量度	配置生活服务用地面积占比	次区域生活圈核心圈形成概率	一般强烈	正向	大于等于5%
	配置就业用地面积占比				大于等于25%
	配置居住用地面积占比				大于等于28%

资料来源：作者自绘

当次区域生活圈形成核心圈即Y=1时，对应样本的"配置居住用地面积占比"数值区间为27.04% ~ 42%，均值约为36.08%，标准差为4.52。当次区域生活圈未形成核心圈即Y=0时，对应样本的"配置居住用地面积占比"数值区间为0.2% ~ 44.41%，均值约为22.40%，标准差为13.02，数值跨度非常大。

分析显示，当配置居住用地面积占比小于28%或大于42%时，均未有一例样本形成了核心圈，考虑到案例城市中未加入土地开发混合度大于42%的样本，但存在大量小于28%的样本，因此本书侧重认为，"配置居住用地面积占比大于等于28%"是次区域生活圈核心圈形成的必要而非充分条件。当配置居住用地面积占比小于28%时，可以认为核心圈形成的概率非常低；当配置居住用地面积占比大于等于28%时，通过增加该值可以在一定程度上提高核心圈形成的概率（图3-18）。因此，那些现状居住用地配置过于稀少的区域，如武汉的四新地区、白沙洲—武昌南地区、杨春湖地区、机场地区等，其现状配置居住用地占比普遍低于15%甚至10%，大幅降低其形成次区域生活圈核心圈的可能性。

当次区域生活圈形成核心圈即Y=1时，对应样本的"配置生活服务用地面积占比"数值区间为5.33% ~ 19.82%，均值约为12.25%，标准差为4.75。当次区域生活圈未形成核心圈即Y=0时，对应样本的"配置生活服务用地面积占比"数值区间为0.01% ~ 15.68%，均值为4.74%，标准差为4.73。

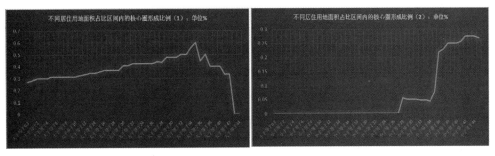

图 3-18　不同居住用地占比区间内的次区域生活圈核心圈形成比例

（左图为上行区间分析结果，右图为下行区间分析结果）

资料来源：作者自绘

分析显示，当配置日常生活服务用地占比小于 5% 时，未有一例样本形成了核心圈，而虽然数据显示当日常服务用地面积占比大于 15% 时，样本形成核心圈比例为 100%，但考虑到该区间样本数量可能对统计结果的影响，因此本书侧重认为，"配置日常服务用地面积占比大于等于 5%"是核心圈形成的必要而非充分条件。当配置日常生活服务用地面积小于 5% 时，可以认为核心圈形成的概率非常低；当配置日常生活服务用地面积大于等于 5% 时，通过增加该值可以较为十分显著地提高核心圈形成的概率（图 3-19）。因此，那些现状日常生活服务用地配置过少的区域，如武汉的后湖百步亭大型居住社区、藏龙岛地区、光谷新中心、黄埔—堤角地区等，其现状日常生活服务用地面积占比普遍低于 3% 甚至 1%，极大地阻碍了其形成次区域生活圈核心圈的可能。

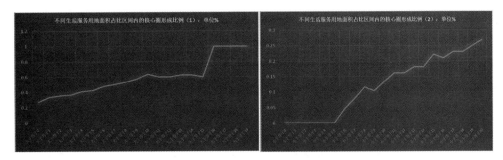

图 3-19　不同日常生活服务用地占比区间内的日常生活圈核心圈形成比例

（左图为上行区间分析结果，右图为下行区间分析结果）

资料来源：作者自绘

当次区域生活圈形成核心圈即 Y=1 时，对应样本的"配置就业用地面积占比"数值区间为 25.08% ~ 56.32%，均值约为 33.57%，标准差为 8.64。当次区域生活圈未形成核心圈即 Y=0 时，对应样本的"配置就业用地面积占比"数值区间为

11.13% ~ 54.79%，均值约为 26.11%，标准差为 10.68，数据分离程度较高。

分析显示，当配置日常生活服务用地占比小于 25% 时，未有一例样本形成了核心圈，而虽然数据显示就业用地面积占比大于等于 54% 时核心圈形成比例为 100%，但考虑到该区间样本数量偏少可能对统计结果的影响，因此本书侧重认为，"配置就业用地面积占比大于等于 25%"是核心圈形成的必要而非充分条件。当配置就业用地面积小于 25% 时，可以认为核心圈形成的概率非常低；当配置就业用地面积大于等于 25% 时，通过增加该值可以较为显著地提高核心圈形成的概率（图 3-20）。因此，那些现状就业用地配置过少的区域，如武汉的汉阳钟家村地区、竹叶山—兴业路地区、青山大道—红钢城地区等就业用地面积占比普遍小于 20%，非常不利于其形成次区域生活圈核心圈的形成。

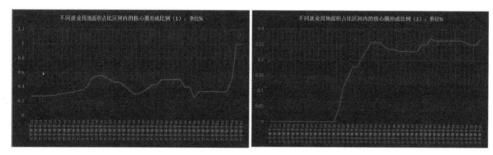

图 3-20　不同就业用地面积占比区间内的次区域生活圈核心圈形成比例

（左图为上行区间分析结果，右图为下行区间分析结果）

资料来源：作者自绘

需要特别指出的是，上述三类用地面积占比指标虽然均因本书样本数量局限而未能对上限指标进行充分验证，但三者指标之间的相互关联性不可忽略。有些情况下，居住用地面积占比过大将有可能压缩就业用地面积占比，反之亦然。当特定区域居住用地面积占比或就业用地面积占比过大时，很可能会间接导致"土地开发混合度"的下降，从而降低日常生活圈核心圈形成的可能。

（4）中心建设完善度

土地利用影响次区域生活圈形成的第三个维度是公共中心建设完善程度。从建模结果来看，衡量评估维度的主要影响因子是"实际形成片区或组团级以上公共中心"。中心建设完善度能够显著地影响次区域生活圈的核心圈形成概率，且影响效力强烈。效力的方向为正，表明提升公共中心建设完善程度能够较为显著地提高次区域生活圈核心圈形成的概率（表 3-9）。

中心建设完善度影响因子、影响因变量、影响效力及临界指标　　　　表3-9

土地利用维度	对应影响因子	主要影响的因变量	影响效力	效力方向	因变量具备形成可能的临界指标
中心建设完善度	实际形成片区或组团级以上公共中心	次区域生活圈核心圈形成概率	较为强烈	正向	等于1（形成较为完善的公共中心）

资料来源：作者自绘

当次区域生活圈形成核心圈即 Y=1 时，对应样本的"实际形成片区或组团级以上公共中心"数值均为 1，即实际形成了公共中心（区）。当次区域生活圈未形成核心圈即 Y=0 时，对应样本的"实际形成片区或组团级以上公共中心"数值包括 1 和 0 两种，其中数值为 1 的比例占到 36.67%，数值为 0 的占比为 63.33%。

分析显示，当"实际形成片区或组团级以上公共中心"为 0 时，未有一例样本形成了核心圈，说明：实际形成片区或组团级以上公共中心是次区域生活圈核心圈形成的必要而不充分条件。本书认为，当特定区域没有能够形成片区或组团级以上公共中心时，可以认为区域形成核心圈的概率非常低。因此，如武汉的后湖—百步亭居住社区、黄埔—堤角地区、藏龙岛地区、徐东—武汉大道地区等现状规划了但尚未形成完善公共中心的区域，以及如武汉的和平大道—奥山世纪城地区、武汉大道—竹叶山地区、东风大道工业园区等至今尚未规划公共中心的区域，均直接抑制了其次区域生活圈核心圈的形成。

（5）路网站点密集度

土地利用影响次区域生活圈形成的第四个维度是轨道交通与公交站点的密集程度。从建模结果来看，衡量评估该维度的主要影响因子包括 2 个："配置轨道交通站点密度""配置公交站点密度"。其中，"配置轨道交通站点密度"能够非常显著地影响次区域生活圈的核心圈形成概率，以及形成长距离通勤走廊的概率，且影响效力非常强烈。效力的方向为正，表明增加轨道交通站点密度能够非常显著地提高次区域生活圈核心圈形成的概率，同时也能够非常显著地提高次区域生活圈形成长距离通勤走廊的概率。"配置公交站点密度"能够显著地影响次区域生活圈的核心圈形成概率、公交导向型通勤走廊长距离延伸概率，以及形成长距离服务触角的概率，影响效力分别为一般强烈和非常强烈。效力的方向均为正，表明增加公交站点密度能够有效地提高次区域生活圈核心圈的形成概率，但却能够非常强烈地提高其形成长距离服务触角和公交导向型通勤走廊的概率（表 3-10）。

路网站点密集度影响因子、影响因变量、影响效力及临界指标　　　表 3-10

土地利用维度	对应影响因子	主要影响的因变量	影响效力	效力方向	具备形成可能的临界指标要求
路网站点密集度	配置轨道交通站点密度	核心圈形成概率	非常强烈	正向	无要求
		形成长距离通勤走廊概率			大于等于 0.3 个 /km²
	配置公交站点密度	核心圈形成概率	一般强烈	正向	大于等于 2 个 /km²
		长距离公交导向型通勤走廊概率	非常强烈		大于等于 3 个 /km²
		长距离服务触角形成概率			大于等于 2 个 /km²

资料来源：作者自绘

当次区域生活圈形成核心圈即 Y=1 时，对应样本的"配置轨道交通站点密度"数值区间为 0 ~ 0.48 个 /km²，均值为 0.25 个 /km²。"配置公交站点密度"数值区间为 2.24 ~ 6.53 个 /km²，均值为 4.07 个 /km²。当次区域生活圈未形成核心圈即 Y=0 时，对应样本的"配置轨道交通站点密度"数值区间为 0 ~ 0.25 个 /km²，均值为 0.06 个 /km²。"配置公交站点密度"数值区间为 0.12 ~ 5.08 个 /km²，均值为 1.81 个 /km²。综合分析后，本书认为，配置公交站点密度大于等于 2 个 /km² 是次区域生活圈核心圈形成的必要而非充分条件。当配置公交站点密度小于 2 个 /km² 时，可以认为核心圈形成的概率非常低；当配置公交站点密度大于等于 2 个 /km² 时，通过增加该值可以在一定程度上提高核心圈形成的概率。因此，那些公交站点配置密度过低的区域，如武汉的新洲阳逻地区、常福新城、后湖—盘龙城地区、四新地区等普遍低于 1 个 /km²，甚至 0.52 个 /km²，某种程度上降低了其形成次区域生活圈核心圈的可能。相对而言，"配置轨道交通站点密度"是次区域生活圈核心圈形成非充分且非必要条件，但是其重要性在于：只要能够在特定区域内配置轨道交通站点，那么其将极大地提高该区域形成核心圈的概率。

当形成长距离通勤走廊的概率为 1 时，对应样本的"配置轨道交通站点密度"数值区间为 0.3 ~ 1.12 个 /km²，均值为 0.63 个 /km²。当次区域生活圈未形成长距离通勤走廊时，对应样本的"配置轨道交通站点密度"数值区间为 0 ~ 1.2 个 /km²，均值为 0.29 个 /km²。综合分析后，本书认为，"配置轨道交通站点密度大于等于 0.3 个 /km²"是次区域生活圈形成较长通勤走廊的必要非充分条件。当"配置轨道交通站点密度小于 0.3 个 /km²"时，可以认为形成长距离通勤走廊的可能性非常低；而当"配置轨道交通站点密度大于等于 0.3 个 /km²"时，通过增加该值可以非常显著地提高长距离通勤走廊形成概率。因此，那些轨道交通站点配置密度过低，如宗关—汉西一路核心圈"北向长丰大道—井南社区方向"、解放大道—建设大道核心圈"北向武汉大道—塔子湖体育中心方向"轨道交通站点密度普遍小于 0.3 个 /km²，上述情况均决定了这些区域很难形成较长的次区域生活圈通勤走廊。

当形成长距离公交导向型通勤走廊概率为 1 时，对应样本的"配置公交站点密度"数值区间为 3.36 ～ 4.42 个 /km²，均值为 4.10 个 /km²。当次区域生活圈未形成长距离公交导向型通勤走廊时，对应样本的"配置公交站点密度"数值区间为 0 ～ 4.09 个 /km²，均值为 2.75 个 /km²。综合分析后，本书认为，配置公交站点密度大于等于 3 个 /km² 是次区域生活圈形成较长公交导向型通勤走廊的必要而非充分条件。当配置公交站点密度小于 3 个 /km² 时，可以认为形成长距离公交导向型通勤走廊的概率非常低；当配置公交站点密度大于等于 3 个 /km² 时，通过增加该值可以非常显著地提高长距离公交通勤走廊形成的概率。因此，那些公交站点配置密度过低的区域，如武汉的街道口—广埠屯核心圈"东北八一路延长线方向"、沌口体育中心核心圈"东南神龙大道方向"公交站点配置密度普遍低于 2 个 /km² 甚至 1 个 /km²，意味着其很难形成较长的公交通勤走廊。

当形成长距离服务触角的概率为 1 时，对应样本的"配置公交站点密度"数值区间为 2.27 ～ 9.90 个 /km²，均值为 4.40 个 /km²。当未形成长距离服务触角时，对应样本的"配置公交站点密度"数值区间为 0 ～ 7.50 个 /km²，均值为 2.75 个 /km²。综合分析后，本书认为，配置公交站点密度大于等于 2 个 /km² 是形成长距离服务触角的必要非充分条件。当配置公交站点密度小于 2 个 /km² 时，可以认为基本不可能形成长距离服务触角；而当其大于等于 2 个 /km² 时，通过增加该值可以非常显著地提高其形成概率。因此，那些公交站点密度配置过低的区域，如武汉光谷鲁巷核心圈"北部鲁磨路—南望山方向"、解放大道—建设大道核心圈"东北市汉口医院方向"公交站点密度普遍低于 1.5 个 /km² 甚至 1 个 /km²，意味着该区域形成较长服务触角的可能性非常低。

3.2.2　机制框架与形成路径阐释

从"次区域生活圈"的结构形态组件来看，"核心圈"是"次区域生活圈"形成的"初始启动装置"，没有"核心圈"，也就不存在"通勤走廊"和"服务触角"。而后者是决定不同"次区域生活圈"功能总量、空间形态差异的关键。因此，"次区域生活圈"的形成，实际上就是"核心圈"与"触角走廊"的形成。影响一个区域的"次区域生活圈"形成，首要是影响"核心圈"的形成，其是决定"次区域生活圈"能否形成的前提。其次是影响"触角走廊"的形成，即形成什么样的"触角走廊"，不同的"触角走廊"影响"日常生活圈"的延展服务地域差异、整体功能规模和结构形态差异。本章节基于土地利用视角,分别针对"核心圈"和"触角走廊"考察其形成的影响因素及作用维度。

(1)解释框架建构及其系统构成

既有文献很少对"次区域生活圈"的形成机理进行直接地解释框架建构,而大多倾向于从居民行为空间形成的角度建立概念模型,且模型特别强调个体的内在主观属性(如收入、教育、职业、社会地位、生命周期)、环境感知和认知意象、行为决策(经验、时间偏好、出行偏好)等影响因素及其心理、生理机制对行为空间的作用[1][2](图3-21,图3-22)。相较之下,从外在的土地利用视角解析"次区域生活圈"(包括居民行为空间)形成机理的研究非常少见,导致我国大城市内部中观次结构实践难以在"空间规划与居民行为"关系上追溯到直接的理论支撑。

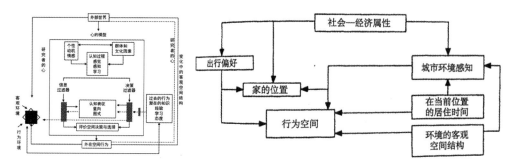

图3-21　个体行为-空间相互作用机理　　　图3-22　霍顿和雷诺兹的行为空间概念模型
　　资料来源:雷金纳德·戈列奇等,2013　　　　　资料来源:雷金纳德·戈列奇等,2013

本书以供需关系平衡机制、时间门槛约束机制和移动速度依赖机制为基础,基于土地利用视角将其与影响"次区域生活圈"形成过程的7个关键影响因子及4个作用领域组合起来,探索建构"次区域生活圈"形成过程的解释框架(图3-23)。

框架模型由3个系统构成:模型输入系统、模型运行系统和模型输出系统。其中,模型输入系统为影响"次区域生活圈"形成的4个土地利用维度——土地开发混合度、用地规模足量度、中心建设完善度和路网站点密集度。模型输出系统的最终结果为"次区域生活圈"形成过程,其包括两个维度——核心圈形成过程、潜在服务范围形成

---

① Burnett. P. Behavioral geography and the philosophy of mind[M]. Spatial Choice and Spatial Behavior, Colubus, OH:Ohio State University Press, 1976:23-50.

② Horton F E, Reynolds D R. An investigation of individual action spaces: a process report[C]. Proceedings of the Association of American Geographers, 1969(1):70-75.

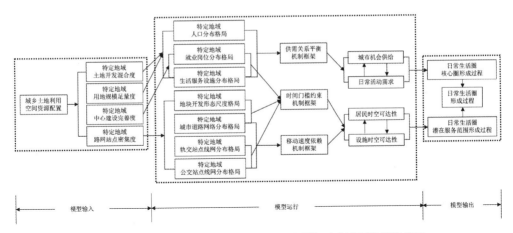

图 3-23 土地利用视角下 "次区域生活圈" 形成过程的框架模型

资料来源：作者自绘

过程。模型运行系统为框架进行逻辑运作的内在原理，遵循三个机制框架——供需关系平衡机制框架、时间门槛约束机制框架和移动速度依赖机制框架。

模型运行系统中的各个机制框架均体现了 "制约" 和 "反制约" 两种内涵。"制约" 内涵对日常生活圈形成过程起负面阻碍作用，"反制约" 内涵对日常生活圈形成过程起正面促进作用。不同的模型输入维度正是遵循着不同的运行机制原理及其作用内涵，进而对应至不同的输出维度，从而组合成一套完整的 "输入—运行—输出" 链条，也即影响 "次区域生活圈" 形成的一种路径。因此，整个框架模型也可以视为 4 个输入维度产生的所有 "次区域生活圈" 形成路径的总和。

（2）武汉市 "次区域生活圈" 形成路径阐释

以武汉市若干实际形成和尚未形成 "次区域生活圈" 核心圈或触角走廊的地域样本为例，运用上述解释框架模型内置的不同 "链条/形成路径"，针对模型输入系统的不同维度阐释这些地域形成或尚未形成 "次区域生活圈" 的土地利用与空间资源配置原因。

①次区域生活圈核心圈形成路径阐释

根据框架模型，次区域生活圈核心圈形成过程主要受供需关系平衡机制框架影响。对应的模型输入维度有 3 个：土地开发混合度、用地规模足量度、中心建设完善度。

当模型输入维度为土地开发混合度且数值过低时，如武钢北部地区、东风大道工业园地区、后湖—盘龙城地区（土地开发混合度分别为 0.52、0.41 和 0.44），即表示该地区内某一类城乡建设用地规模占据绝对分量，如武钢北部地区 M 类工业用地占 "A+B+R+U+M+G+W" 七类建设用地比例达到 66.91%，东风大道工业园地区 M 类工业用地占"A+B+R+U+M+G+W"七类建设用地比例达到77.18%，后湖—盘龙城地区内R类居住用地占"A+B+R+U+M+G+W"七类建设用地比例达到69.72%。前两者意味着地区内居民数量过少，后湖—盘龙城则反映出该地区城市机会过少。根据供需关系平衡机制框架的运行逻辑，武钢北部和东风大道工业园区由于居民数量过少，很难催生或倒逼产生大量城市机会，尤其是公共服务、商业服务和基础设施扶持；后湖—盘龙城由于城市机会过少，一方面抑制了本地居民活动需求，另一方面阻碍了本地市场发育和政府政策隔离。事实也证明：前两个地区现阶段均未孕育出电影院、商场百货与购物中心、大型连锁超市、家具商场与家电商场、体育场馆、图书馆与大型连锁书店等大概率、经常性日常活动所需的场所设施。后湖—盘龙城地区一方面缺乏电影院、图书馆或大型连锁书店、体育场馆、健身房、KTV等场所设施，另一方面也非常缺乏就业岗位。由此，将可能导致城市机会供给和日常活动需求的失配问题——前两个地区出现公共服务、商业服务和基础设施建设的"低需求—无供给"状态，后湖—盘龙城地区则可能同时出现"低供给—低需求"和"低供给—高需求"状态。进而，导致这3个地区的居民要么"放弃日常活动行为"，要么只能依赖"异地供需平衡"，而无论哪一种均将阻碍本地次区域生活圈核心圈的形成。

相似地，当模型输入维度为用地规模足量度且数值过低时，如"光谷新中心地区"内居住用地仅占地区总面积的1.3%，"藏龙岛地区"内生活服务用地仅占地区总面积的0.61%，"杨春湖地区"内就业用地仅占地区总面积的15.49%。即表示该地区内居民规模数量或城市机会规模过少。同样地，根据供需关系平衡机制框架的运行逻辑，"光谷新中心地区"将可能出现本地"低需求—无供给"状态，"藏龙岛地区"将可能出现"低供给—高需求"矛盾，"杨春湖地区"将可能出现"低供给—低需求"状态，从而导致这3个地区的居民必须在"异地供需平衡"和"放弃日常活动行为"中做出选择，进而阻碍本地次区域生活圈核心圈的形成。

当模型输入维度为中心建设完善度且数值为"0"时，如"四新地区""武昌南—白沙洲地区""常福新城地区"等，即表示该地区内尚没有集聚完善的日常生活服务设施或足够数量的就业岗位，表现为供给侧的城市机会规模过少。根据供需关系平衡机制框架的运行逻辑，"四新地区""武昌南—白沙洲地区""常福新城地区"均可能产生本地的"低供给—低需求"或"低供给—高需求"状态，迫使居民实现"异地供需平衡"或"放弃日常活动行为"，从而阻碍次区域生活圈核心圈的形成。

②次区域生活圈触角走廊（潜在服务范围）形成路径阐释

根据框架模型，次区域生活圈潜在服务范围（触角走廊）形成过程受时间门槛约束机制框架和移动速度依赖机制框架双重影响。对应的模型输入维度主要是：路网站点密集度。因为该维度可细分由 5 项指标衡量，因此以下根据若干具体情况进行分别阐释。

当模型输入维度为路网站点密集度且主干道密度数值过低时，如洪山广场扩展通勤圈西南通勤走廊内的主干道密度为 572.74km/km²（临界值为 ≥ 700 km/km²），将可能增加该通勤走廊内出现局部空间拥堵的可能性。局部空间拥堵将加剧居民在"武昌火车站—首义路—紫阳公园区域"出行时的时间低效耗散，从而降低了该地域居民的时空可达性及其潜在路径区域大小，最终将影响该走廊从属的"洪山广场扩展通勤圈"的潜在服务范围——降低其在"西南武昌火车站—首义路—紫阳公园区域"方向上形成长距离通勤走廊的可能性。

当模型输入维度为路网站点密集度且服务触角内的次干道与支路密度数值过低时，如光谷—鲁巷基础生活圈西向服务触角内的次干道与支路密度仅为 565.38km/km²（临界值为 ≥ 1200 km/km²），将可能导致"珞瑜路—马家庄—卓刀泉"区域的居民到达最近公交站点的步行时间和空间距离过大，进而影响该区域居民空间移动过程的平均出行速度，降低了该区域居民的时空可达性及其潜在路径区域大小，最终将影响该服务触角从属的"光谷—鲁巷基础生活圈"的潜在服务范围——降低其"西侧珞瑜路—马家庄—卓刀泉"方向上形成长距离服务触角的可能性。

当模型输入维度为路网站点密集度且走廊内的公交站点密度数值过低时，如沌口—体育中心扩展通勤圈西向通勤走廊内的公交站点密度仅为 1.97 个 /km²（临界值为 ≥ 3 个 /km²），一方面将可能降低"后官湖—博艺路"区域居民选择公交出行方式的概率，另一方面将可能增加"后官湖—博艺路"区域居民到达最近公交站点的步行时间和空间距离，此外还可能降低该区域居民进行公交换乘的便捷程度。进而，将可能降低居民空间移动过程的平均出行速度，同时增加出行过程中的部分强制支付时间，导致该区域居民时空可达性和潜在路径区域大小萎缩，最终将影响该通勤走廊从属的"沌口—体育中心扩展通勤圈"的潜在服务范围——降低其在"西侧后官湖—博艺路"方向上形成长距离通勤走廊的可能性。

当模型输入维度为路网站点密集度且服务触角内的公交站点密度数值过低时，如建设大道—解放公园基础生活圈北向触角内的公交站点密度仅为 1.52 个 /km²（临界值为 ≥ 2 个 /km²），一方面将可能降低"竹叶山—塔子湖"区域居民选择公交出行方式的概率，另一方面将可能增加"竹叶山—塔子湖"区域居民到达最近公交站点的步行时间和空间距离，此外还可能降低该区域居民进行公交换乘的便捷程度。进而，将可能降低居民空间移动过程的平均出行速度，同时增加出行过程中的部分强制支付时间，导致该区域居民时空可达性和潜在路径区域大小萎缩，最终将影响该服务触角从属的"建设大道—解放公园基础生活圈"的潜在服务范围——降低其在"北向竹叶山—塔子湖"方向上形成长距离服务触角的可能性。

当模型输入维度为路网站点密集度且走廊内的轨道交通站点密度数值过低时，如汉西一路—宗关扩展通勤圈南向通勤走廊内的轨道交通站点密度仅为 0.27 个 /km²，一方面将可能降低"江汉二桥—王家湾"区域居民选择轨道交通出行方式的概率，另一方面将可能增加"江汉二桥—王家湾"区域居民到达最近轨道交通站点的步行时间和空间距离，此外还可能降低该区域居民进行"轨道交通—公交"换乘的便捷程度。进而，将可能降低居民空间移动过程的平均出行速度，同时增加出行过程中的部分强制支付时间，导致该区域居民时空可达性和潜在路径区域大小萎缩，最终将影响该通勤走廊从属的"汉西一路—宗关扩展通勤圈"的潜在服务范围——降低其在"南向江汉二桥—王家湾"方向上形成长距离通勤走廊的可能性。

当模型输入维度为路网站点密集度且走廊内的大型地块配置密度数值过高时，如建设大道—解放公园扩展通勤圈北向通勤走廊内的大型地块配置密度高达 1.56 个 /km²，将可能大幅降低"竹叶山—塔子湖"区域城市道路网络密度，尤其是次干道与支路密度，进而可能增加该区域出现局部空间拥堵的可能性，增加该区域的居民到达最近公交站点的步行时间和空间距离，限制"竹叶山—塔子湖"区域居民空间移动过程的平均出行速度，降低该区域居民的时空可达性及其潜在路径区域大小，最终将影响该服务触角从属的"建设大道—解放公园扩展通勤圈"的潜在服务范围——降低其"北向竹叶山—塔子湖"方向上形成长距离通勤走廊的可能性。

第4章

大城市"次区域生活圈"建构标准

4.1　大城市"次区域生活圈"衡量指标及参考阈值范围

　　从城市规划和城市发展若干经典理论中探寻一以贯之的内涵之一："次区域就地平衡自足"，以此作为提炼当代都市区"次区域生活圈"建构原则的重要思想来源。

　　前章实证分析已然证实，"日常生活圈"是当代大城市内部的一种典型的功能次区域。这种功能次区域具有可识别、类型化的结构形态，承载了相当规模的人口、就业岗位和场所设施，与居住区、社区、都市区、主城区等概念皆不相同。然而，从城市规划若干经典理论的历史延续脉络来看，这种"功能次区域"并不是新鲜事物，相反地，其一直贯穿于城市规划相关理论和局部地域功能空间组织思想的不同阶段，适应着不同阶段的经济社会发展环境、居民行为方式和城市空间组织需求。不同阶段的"功能次区域"虽然在实体上有所差异，但均体现了相似的内涵——即对"就地平衡自足状态"的不懈追求[①]。

　　早在空想社会主义的乌托邦岛、新协和村、法郎吉中就已经体现出类似的"自给自足"思想。例如，Thomas More 在《乌托邦》中提到：乌托邦岛由 54 个城组成，每个城相对独立、人口规模有严格的限制，城市内部设有市场、医院、公共食堂，全体公民的居住行为和各项工作组织均可在城市中完成[②]。Owen 在"新协和村（Village of New Harmony）"方案中提到：这是一个占地 800 ~ 1500 英亩（约 3.2 ~ 6.1km²）、人口规模在 800 ~ 1200 人的公社。公社内部分布有食堂、学校、幼儿园、会议厅、教堂、公共厨房、医院、广场等公共建筑，四周还分布有住宅、招待所、工厂、食品加工厂和农田牧场。Charles Fourier 在"法郎吉"（Phalanstery）方案中提到，这是理想和谐社会的基层社会组织单元，具有有限的人口规模（约 1620 人）。法郎吉是生产单位和

---

① 侯丽. 理想社会与理想空间——探寻近代中国空想社会主义思想中的空间概念 [J]. 城市规划学刊, 2010（4）: 104-110.
② 秦红岭. 理想主义与人本主义: 近现代西方城市规划理论的价值诉求 [J]. 现代城市研究, 2009（11）: 36-41.

生活单位的复合体，能够提供全体成员社会生活的全部功能，内部分布有学校、实验室、公共浴池、公园、图书馆、邮局、气象台等功能场所[①]。无论是乌托邦岛，还是新协和村和法郎吉，其空间组织的要义在于：其赋予功能空间某种社会思想，即在一个相对有限且稳定的地域范围内满足居民日常生活，促进经济社会平衡改良。

第一次系统性的表达出"次区域自足平衡"思想还是"田园城市"理论，霍华德（E·Howard）在其论述中明确指出：田园城市是构成社会城市城镇集群（Urban Agglomeration）的局部[②]；是为健康、舒适生活以及工作而设计的城市，以"平均、平等和自给自足"为主旨；其规模足以提供丰富的社会生活以保障自我滋养（Self-sustaining）[③]，但不应超过这一程度。笔者认为，上述观点正是间接表达了其对田园城市"生活满足度""功能空间有限性"和"次区域平衡单元"的内涵阐释。一方面，"田园城市"是整个"社会城市"组群体系的基本空间结构组件[④]，一个社会城市有 10 个左右的田园城市和中心城区构成，田园城市是整个社会城市大网络的子系统[⑤]。从"城市—乡村磁铁"和田园城市的图解中，我们能清晰地看到多样化的、覆盖居民日常生活需求的众多功能设施——敞亮的住宅、田野与中央公园、市政中心、法院、剧院、图书馆、展览馆、画廊、商场、牧牛场、制砖厂、服饰厂、家具厂、印刷厂、皮靴厂、果酱厂、农学院、学校、工业仓库、农户用地等[⑥]。每个田园城市为"城乡大众居民"提供定居与就业之地，且满足购物、休闲等日常生活需要的机遇[⑦⑧]。通过在主要就业地周边增加住房供给，促进在此工作的居民同时在此居住，使得充裕的工作岗位、学校、商店、公园都在步行可达范围之内[⑨]。另一方面，田园城市反对绝对集中与无限膨胀，每个田园城市的人口定义约 3 万人、总用地规模约 24km² （城市用地 4km²，农村用地 20km²），具有高密度的人口集聚特征[⑩⑪]（田园城市城市建设用地的人口密度可达 7901 人 /km²），"超过该规模即需要另建一个同样的田园城市"以此反映出田园城市的可复制性与可生长性。从这种意义上说，田园城市是在当时社会经济环境下设想的一

① 张沛，张中华，孙海军.城乡一体化研究的国际进展及典型国家发展经验 [J].国际城市规划，2014，29（1）：42-49.
② 金经元.我们如何理解"田园城市" [J].北京城市学院学报，2007（4）：1-12.
③ 柴锡贤.田园城市理论的创新 [J].城市规划汇刊，1998（6）：8-11.
④ 尹潘，王孟永.重回"三磁体"——百年田园城市的可持续发展之路 [J].城市发展研究，2015，22（8）：1-6.
⑤ 吴志明.通往社会城市之路——霍华德的构想与中国城市的未来 [J].城市发展研究，2010，17（3）：11-16.
⑥ 张晓娟.卫星城还是社会城市？——对霍华德田园城市思想的误读 [J].城市，2016（2）：36-41.
⑦ 费移山，王建国.明日的田园城市——一个世纪的追求 [J].规划师，2002，18（2）：88-90.
⑧ 黄光宇.田园城市、绿心城市、生态城市 [J].重庆建筑工程学院学报，1992，14（3）：63-71.
⑨ 黄怡.从田园城市到可持续的明日社会城市——读霍尔（Peter Hall）与沃德（Colin Ward）的《社会城市》[J].城市规划学刊，2009（4）：113-116.
⑩ 孙施文.田园城市思想及其传承 [J].时代建筑，2011（5）：18-23.
⑪ 金经元.再谈霍华德的明日的田园城市 [J].国外城市规划，1996（4）：31-36.

种新型社会系统，其大城市（如伦敦）各活动系统（居住、工厂、绿地、休闲、学校等）分解并结构性重组整合，使得每一个田园城市均具有功能完整、功能混合、独立自足、有机平衡、职住接近、步行可达和动态成长等特点。某种程度上，"田园城市" 就是当时经济社会环境下 "城市组群体系" 内部的一种 "功能自足平衡的次区域"。该思想被后来的 "新城运动" "新城市主义" 等理论延续并拓展。

1933 年，Walter Christaller 中心地理论（Central Place Theory）是 "次区域就地平衡自足" 思想与经济地域运行机制的结合[①]，着重论述了中心地引导下的平衡态形成过程。本书认为其延续该思想的两个关键领域在于：①论述了城市内部服务中心及其市场区的亚级结构客观存在；②阐述了不同中心地市场区内的平衡自足机制。对于前者，克里斯塔勒从市场最优、交通最优和行政最优三个原则角度分别揭示了一个中心地可能的服务地域层次体系[②]，尽管后人学者对其理论假设多有批判，但不可否认 Walter Christaller 至少论述了一个事实：即市场区是一个城市内部的地域细胞，城市整体市场系统建立在地域细胞及其组合的基础上[③]，如城市整体一级主市场区可由若干二级亚市场区构成，亚市场区之下又可能嵌套等级更低的三级次市场区等。对于后者，Walter Christaller 指出中心地为其市场区内的居民提供其生产生活所需的服务职能，不同中心地供应的商品和服务类型是不同的，如较大的中心地提供高级商品和生产性服务，较小的中心地提供普通商品和非生产性服务[④]。不同等级的中心地不同尺度的、相对稳定的最大市场区边界，以保证不同中心地内的服务种类、商品数量和相应的市场区范围与 "门槛人口"（Threshold Population）及其需求相平衡[⑤]。

1943 年，有机疏散理论是 "次区域就地平衡自足" 思想的又一次系统性阐释。本书认为其反映该思想的两个关键领域在于：①城市中心区域功能的分解与疏散；②重组构建基于 "日常性活动" 的功能性集中单元。对于前者，Elieel Saarinen 一方面怀有对当时赫尔辛基郊区正在扩散的单一功能卫星城镇的反思，另一方面基于其对大城市 "生命有机体" 内部机能运行规律的理解，认为中心区集聚了过多类型、过多数量的城市功能负担[⑥]，已经严重地扰乱到有机体的运行秩序，因此必须遵循 "细胞裂变" 规律实施功能疏解（图 4-1）。对于后者，Saarinen 首先将城市活动根据居民日常生活的需求

① 王士君，冯章献，张石磊．经济地域系统理论视角下的中心地及其扩散域 [J]．地理科学，2010，30（6）：803-809.
② T.R. 威利姆斯，张文合．中心地理论 [J]．地理译报，1988（3）：1-5.
③ 杨吾扬，蔡渝平．中地论及其在城市和区域规划中的应用 [J]．城市规划，1985（5）：7-12.
④ 张大卫．克里斯塔勒与中心地理论 [J]．人文地理，1989（4）：68-72.
⑤ 杨吾扬，蔡渝平．中地论及其在城市和区域规划中的应用 [J]．城市规划，1985（5）：7-12.
⑥ 朱喜钢．城市空间有机集中规律探索 [J]．城市规划汇刊，2000（3）：47-51，80.

频率分为"日常活动"和"偶然活动"，并认为城市中心区域的混乱、无序的根本原因是个人日常活动场所和偶然活动场所的杂乱分布。由此提出将大众共同需要的、功能相似的、频繁使用的日常性活动场所进行分区集中，以此固化社会生活并吸引人口与用地集聚①。进而再将不同分区的"人口—功能场所细胞"进行有机分散，使其从拥挤的中心区跳脱出去，形成一种相对独立的、内部工作和居住就近安排、兼具生活服务功能、通过步行完成活动出行、整体交通量最低的功能集中地区。应该说，这种功能集中单元就是当时经济社会环境下的一种典型的功能次区域。

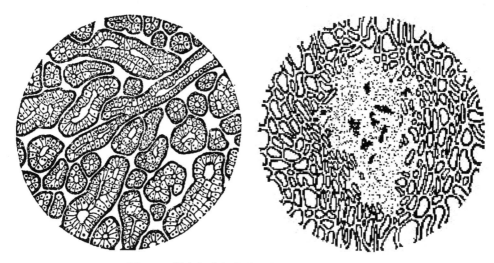

图 4-1 健康细胞与衰败细胞内部结构构造差异

资料来源：Elieel Saarinen，1943

"二战"之后，英国、法国和北欧等地区率先开始"新城运动"（New Town），总体上进一步发扬了上述"次区域就地平衡自足"思想。《不列颠百科全书》认为"新城"的主要作用是在大城市外部塑造同时容纳大规模人口、满足工作生活需求、平衡且相对独立自足的社会，通过内部布局住宅、文化、休憩和商业中心、医院和产业，以提供居住、就业、生活服务等一系列功能（Reith 委员会）②。根据新城运动，尤其是后期各国实践提炼出的新城建设理论着重强调了独立性、步行可达性、人口和就业岗位的平衡、就业岗位与社会设施的平衡③、土地利用多样性④（虽然很多没有能够实现）。新

① 何舒文.分散主义：城市蔓延的原罪？——论分散主义思想史 [J].规划师，2008，24（11）：97-100.
② 迈克尔·布鲁顿，希拉·布鲁顿，于立.英国新城发展与建设 [J].城市规划，2003（12）：78-81.
③ 张捷，赵民.新城运动的演进及现实意义——重读 Peter Hall 的《新城——英国的经验》[J].国外城市规划，2002（5）：46-49.
④ 肖亦卓.规划与现实：国外新城运动经验研究 [J].北京规划建设，2005（2）：135-138.

城与霍华德先生的"田园城市"在规模尺度上差别巨大，且有学者认为其最终的结果背离了"社会城市"思想的初衷，但不可否认的是其大量普及建设的初衷试图传承"在一个相对独立的区域内提供满足居民日常生活所需，从而疏解大城市功能、缓解大城市病"这一理想目标，因此可以说，"二战"之后的"新城"尺度是在大城市蓬勃发展情况下的第一批非常典型的功能次区域。虽然新城运动往往开展于既有建成区的外围或郊区，有时距离中心城市非常遥远，但其仍然是大城市整体系统的局部子系统，使得"次区域平衡自足"思想对当代都市区建设中的新城与新区开发依然具有借鉴意义。值得一提的是，在庞大的新城运动中，西欧各国均积极地开展相关实践，先后孕育出斯德哥尔摩郊区依托地铁站点设计的"B"级或"C"级中心服务区，或荷兰 1966年第二次物质环境规划报告中的"有集中的分散"理念[①]——相对独立的城市单元通过主要交通路线联系起来，从而进一步促进了"次区域平衡自足"思想的传播。

此外，早在 1936 年，H. Louts 就已提出"边缘城市"概念，后来 Joal Garreau 结合美国郊区化中后期出现的大城市地区形态多核心与网络化发展态势，在《Edge city：life on the new frontier》一书中将这一思想做了系统性论述。总体上，边缘城市是诞生于郊区的一种兼具商业、就业与居住职能的较完善的综合功能中心[②]，是美国郊区化发展"第三次浪潮"中的典型产物。一个边缘城市内部可能布局有区域零售中心（如Mall）和就业中心、工业园区（Industrial Park）、混合办公（Office Complex）、居住区（Residential Community）、休闲娱乐设施（Recreational Facilities）等。应该说，边缘城市是信息化和全球化背景下，由于人口、商业、经济产业部门、大众零售市场外迁化、零散化（Segmented Market）、区域化而在郊区产生的一种新型次区域，它具有一定的功能自足特征，且仍然是整个大城市地区功能空间组织的重要子系统，部分学者认为这种次区域在我国也在快速地孕育与萌芽[③④]。

"区域城市"（Regional City）思想很早就已经诞生，但系统性的论述来源于经典著作《The Regional City：Planning for the End of Sprawl》。Calthorpe 与 Fulton 在"区域的构件"一节中明确指出设计区域、城镇的 4 个核心元素——中心、区、保护地和走廊，这一观点也被后来的《新城市规划宪章》部分采用。其中，混合使用中心往往承担商业中心职能，服务于某个"次区域"（Calthorpe 在著作中明确地使用了这个词）。此外，

①　彼得·霍尔. 城市和区域规划 [M]. 邹德慈，陈熳莎，李浩，译. 北京：中国建筑工业出版社，2002.

②　Joel G.Edge city：life on the new frontier[M]. New York：Doubleday，1991.

③　程慧，刘玉亭，何深静. 开发区导向的中国特色"边缘城市"的发展 [J]. 城市规划学刊，2012（6）：50-57.

④　李炜，吴缚龙，尼克·费尔普斯. 中国特色的"边缘城市"发展：解析上海与北京城市区域向多中心结构的转型 [J]. 国际城市规划，2008，23（4）：2-6.

Calthorpe 在接受采访时曾表示，当为一个数百万甚至千万级人口规模进行规划设计时，很可能要面临将这个巨大的"大都市社区"分解成一系列基于人的行为尺度的、土地混合使用的、协调工作与居住的、促进娱乐与公共服务和谐发展的城镇与街坊，居民日常生活的环境并不是这个都市，而是最贴近他们的城镇或街坊[①]。应该说，"区域—城镇—街坊"三个层次的观点充分表达出 Calthorpe 对构建都市区内部功能单元的意识，并且对这一次区域的尺度也有明确的态度。此外，"区域城市"理论在内部功能单元问题上与田园城市和有机疏散理论均有所差异的地方在于：其更多地倾向于修补和完善既有建成环境，而非另辟新地或在更大的范围内实施功能空间疏解。

在"区域城市"思想的引导下，Calthorpe 与其他新城市主义协会（CUN）成员系统性地创立了新城市主义理论及方法，Peter Calthorpe 概括其内涵为两点：一是可步行社区（Walkable Community）及社区的步行尺度范围。二是多样化和自足性，指新城市主义社区在工作岗位、住宅、商业网络、市民社会活动场所、自然环境、年龄与收入水平上的多元化和平衡化特征[②]。从这个意义上来说，新城市主义仍然延续了"功能平衡自足"要义，新城市主义形态适用地域也非常灵活，涵盖了城市中心、小城镇与邻里单元等不同空间层次。基于上述内涵，结合当时铁路与轨道交通的大量普及，新城市主义提出了一种新型的大都市区空间组织模式——TOD（Transit-Oriented Development）。可以说，基于 TOD 的发展单元（城市型 TOD、邻里型 TOD 和次级地区 Secondary Area）是当时美国大都市区内部的一种功能次区域类型，与 1960 年代西欧部分国家如斯德哥尔摩规划建设的基于地铁站点的"B"级或"C"级中心服务地区非常类似[③]。这种次区域以区域性公交站点为核心，支持步行、自行车和公交出行，内部布局有居民日常生活圈所需的住宅用地、公共配套服务用地、就业岗位、商业服务设施等，使之能够成为一个相对独立稳定的复合功能地区[④]。

英国与中国香港的次区域规划（Sub-Regional Planning）思想，英国大都会地区一体化发展规划中的地方规划就是典型的次区域规划，尤其关注的是区域内的城市中心建设、交通运输发展、就业与住房问题、休闲设施与开敞空间等内容。香港次区域规划也突出解决关键问题——交通基础设施、景观与自然保育、土地用途大纲、康乐与

① 叶齐茂. 新城市主义对解决中国城市发展问题的启迪——对新城市主义创始人 Peter Calthorpe 的电话采访 [J]. 国际城市规划，2004，19（2）：37-40.
② 叶齐茂. 新城市主义对解决中国城市发展问题的启迪——对新城市主义创始人 Peter Calthorpe 的电话采访 [J]. 国际城市规划，2004，19（2）：37-40.
③ 彼得·霍尔. 城市和区域规划 [M]. 邹德慈，陈熳莎，李浩，译. 北京：中国建筑工业出版社，2002.
④ 戴晓晖. 新城市主义的区域发展模式——Peter Calthorpe 的《下一代美国大都市区地区：生态、社区和美国之梦》读后感 [J]. 城市规划汇刊，2000（5）：77-80.

旅游策略等。我国大陆的深圳、天津等地也在积极试行次区域规划[1]（虽然其不具备法定地位），但形式上更为全面复杂，类似"小总规"。应该说，上述国家和城市地区开展的次区域规划与本书所定义的"次区域"在范围尺度上均存在较大差异，但英国与中国香港在规划上体现出的平衡自足思想却与本书主旨具有一致性。

20 世纪末信息城市席卷全球以来，相关的思想仍在传播，最典型的如"信息城市"理念对城市内部分区的倡导。有学者认为，在信息城市的带动下城市将解体成若干个城市单元，每个单元就是一个相对独立的基本工作、生活与服务圈，内置综合服务中心、商业娱乐中心、就业中心和住宅，与现有居住区的最大差别在其多数人可以实现就近上班，一个城市单元的范围被认为控制在电动车尺度内[2]。本书认为，即便在当代信息网络高度发达的社会中，这种次区域自足平衡思想仍能够得以延续，不得不说其具有强大的时代适应性和传承价值。

总之，"功能次区域"及其"就地平衡自足"是城市规划理论思想一以贯之的重要内涵。某种程度上，当代都市区"次区域生活圈"延续了"田园城市""中心地""有机疏散""新城运动""边缘城市""区域城市"及"新城市主义"等理论的某些思想内涵，是当代新经济社会环境下城市内部孕育的一种新型"次区域"，是对经典理论中的"就地平衡自足次区域"思想的变体和继承。

4.1.1　建构原则与指标拟选

基于"次区域就地平衡自足"思想，进一步从"次区域生活圈"形成的 3 个机制框架和"次区域生活圈"现状功能空间特征推演出"次区域生活圈"建构的三大原则。

（1）职住平衡化

①原则内涵

本节所谓"次区域生活圈"功能设施配置的原则即应该遵循的普适性规则和努力达到的理想状态导向。前者提炼自"供需关系平衡机制框架"的"反制约"内涵——促进本地供给—需求平衡；后者一方面来源于这种内涵带来的外在功能组织形式——次区域生活圈"供需平衡状态"，另一方面建立在对"次区域生活圈"现状功能类型及规模供给特征的提炼，包括人口规模密度特征与就业岗位规模密度特征、日常活动场所类型及规模密度特征、公共中心职能类型特征等。由此，本书将这种促进人口规模

---

[1] 王学斌 . 关于城市次区域规划的理论研究与实践——以天津市城市次区域规划为例 [C]. 规划 50 年——2006 中国城市规划年会论文集：城市总体规划，2006：364-366.

[2] 苑剑英 . 信息城市的物质形态 [J]. 城市规划汇刊，1997（3）：40-42.

密度、就业岗位规模密度在本地形成近似"供给—需求平衡"状态的原则概括为："职住平衡化"原则。

由于"次区域生活圈"是空间行为与行为空间的组合体，因此"职住平衡化"原则同时彰显了居民日常活动的行为内涵和"次区域生活圈"城市机会的服务内涵。

从居民日常活动的行为内涵来看，"职住平衡化"意味着常住在特定"次区域生活圈"内的大量就业居民，有机会在特定的时间门槛约束下，依赖步行、公交车或轨道交通在"本地"寻找到数量相近的就业岗位，实现"近地上岗"，减少了因本地就业岗位不够而导致的强制性远距离通勤行为，从而使得居民有可能花费更少的时间、在有限的地域范围内、以绿色出行的方式完成日常就业活动。

从"次区域生活圈"城市机会的服务内涵来看，"职住平衡化"反映的是：一方面，"次区域生活圈"本地提供的岗位在数量上能够满足本地就业居民的工作选择，从而形成一个就业机会较为充足的潜在就业服务范围。另一方面，"次区域生活圈"提供的就业机会能够在本地找到数量相近的求职居民，从而使得本地就业市场有机会依赖本地就业居民而实现良性可持续运转，从而有可能形成一个数量上相对自足的稳定且独立的近似职住平衡单元。

②指标拟选

本节根据第四章次区域生活圈功能空间的实证分析结论和相关文献案例共识阐述"职住平衡化"原则的衡量指标及其参考值区间。

根据相关文献研究、规划实践案例（如《2030年首尔城市基本规划》），国内外关于职住平衡化的直接衡量指标主要有两种：一种是通过"职住比"来衡量职住关系的数量平衡度（Balance）[1][2]，另一种是通过"独立指数（Independence Index）"来衡量职住关系的"自足性（Self-contained）和质量平衡度"[3][4]。前者的缺点是不能精准地揭示特定区域的"实质性"平衡程度[5]，通常被认为反映的是"名义性"平衡状态，优点是其能通过较为易得的数据和较为便捷的计算方法直观地反映出该区域的人口—岗位关系走向良好均衡态的潜在可能性（Potential Possibility）[6]；后者的优点是能更为真实

① Cervero, R Jobs. Housing balance as public policy[J].Urban Land,1991(10):4-10.
② Giuliano G. Is jobs housing balance a transportation issue? [J].Transportation Research Record, 1991(1305):305-312.
③ Thomas R. London's New Towns: A Study of Self-contained and Balanced Communities[M].London: PEP, 1969.
④ Cervero R. Jobs-Housing Balance Revisited[J].Journal of the American Planning Association, 1996（62）：492-511.
⑤ 郑思齐，徐杨菲，张晓楠，等."职住平衡指数"的构建与空间差异性研究：以北京市为例 [J]. 清华大学学报（自然科学版），2015，55（4）：475-483.
⑥ 孙斌栋，李南菲，宋杰洁，等.职住平衡对通勤交通的影响分析——对一个传统城市规划理念的实证检验 [J]. 城市规划学刊，2010（6）：55-60.

地反映特定区域内常住居民在本地就业的实质性平衡程度，能更加精确地揭示出特定地区就业岗位配置与本地就业居民需求的匹配性，缺点是数据采集难度较大，对区域范围的限制较高，模型本身内置了很多假设前提，对模型的预测精准性提出了较高的要求[①]。

本书聚焦于"次区域生活圈"的"数量平衡度"，考察特定区域的人口—岗位关系走向良好均衡态的潜在可能性。国际上，衡量"数量平衡度"的一般计算方法采用特定区域内的就业岗位数量与家庭数量之比，公式为：$B_i=N_{ji}/N_{fi}$。其中，B_i 表示区域 i 的职住比率，N_{ji} 表示区域 i 的就业岗位数量，N_{fi} 表示区域 i 的家庭数量。职住比的参考值区间，大量文献和国际通用标准是"0.8 ~ 1.2"，如《2030 年首尔城市基本规划》认为雇员数 / 家庭数的合理值应达到 0.9。然而，上述对"数量平衡度"的计算方法和参考值区间均不能较好地适应我国大城市的实际情况和研究数据采集特点。一方面，国际通用的"职住比"参考区间建立在美国等西方发达国家多数家庭只有一名职工的前提下，这与我国城镇及农村居民家庭的户均就业人数现状不符。另一方面，大量西方文献中的"职住比"的定义及其计算方法中普遍采用"家庭数量"数据，而这一数据在我国大城市内部的特定次区域中难以统计。因此，为了能够更好地便于研究者利用有限的公开数据对我国大城市特定"次区域生活圈"进行职住平衡化的量度，本书拟修正传统的"职住比"定义、计算方法和参考值区间。

首先，本书新定义"次区域生活圈职住比率"（JR 比）为就业岗位（Jobs）与常住人口（Residential）的比率。其计算方法为：$JRs_i=NJs_i/NRs_i$。其中，JRs_i 表示次区域生活圈 i 的职住比率，NJs_i 表示次区域生活圈 i 的就业岗位数量，NRs_i 表示日常生活圈 i 的常住人口数量。其次，由于 JR 比与传统的平衡度 B 之间存在"常住人口"与"家庭数量"、不同国家"城市家庭户均就业人数"等差异，本书根据我国现阶段各大城市家庭的平均就业人数以及常住人口与家庭数量的关系对该比率的参考值区间进行修正[②]。修正的方法为：在国际通用标准"0.8 ~ 1.2"的基础上，乘以大城市家庭的户均就业人数，再除以大城市家庭的户均常住人口，实际上也就是近似地乘以大城市"就业人口占常住人口"的比重。某城市特定年限的就业人口数据虽然难以直接获得，但可以采用当年的全社会从业人员数量近似代替。这种代替所导致的误差在于忽视了部分大城市存在的城际间通勤（如苏州到上海，廊坊到北京），由此可能导致实际的"就

业人口占常住人口比重"比表格中的数据要低，但笔者认为其不影响对不同大城市横向比较的判断。

（2）公共服务本地化

① 原则内涵

根据"供需关系平衡机制框架"的"反制约"内涵——促进本地供给—需求平衡和来源于这种内涵带来的外在功能组织形式——次区域生活圈"供需平衡状态"，以及对"次区域生活圈"现状功能类型及规模供给特征的提炼，包括日常活动场所类型及规模密度特征、公共中心职能类型特征。本书将这种促进日常活动场所类型及其规模密度、公共中心职能类型在本地形成"供给—需求平衡"状态的原则概括为"公共服务本地化"原则，公共服务本地化对应"次区域生活圈"的"基础生活圈"地域范围。

由于"次区域生活圈"是空间行为与行为空间的组合体，因此"公共服务本地化"原则同时彰显了居民日常活动的行为内涵和"次区域生活圈"城市机会的服务内涵。

从居民日常活动的行为内涵来看，"公共服务本地化"意味着常住在"次区域生活圈"内基础生活圈的大量居民，有机会在特定的时间门槛约束下，依赖步行、公交车或轨道交通在"本地"寻找到日常社区外大概率、经常性活动所需的一切场所设施，实现"近地享受城市服务"，减少了因本地缺少一项或多项城市服务而导致的强制性远距离出行行为、跨越生活圈出行或放弃某项活动需求的行为，从而使得居民有可能花费更少的时间、在有限的地域范围内、以绿色出行的方式完成社区外的商业购物、康体运动、娱乐休闲等日常活动。

从"次区域生活圈"城市机会的服务内涵来看，"公共服务本地化"反映的是：一方面，"次区域生活圈"内的基础生活圈提供的购物消费场所、休闲娱乐设施在类型和数量两个方面均能够满足本地居民的日常活动选择，从而形成一个生活服务机会较为充分的潜在服务范围。另一方面，"次区域生活圈"内的基础生活圈提供的购物消费场所、休闲娱乐设施能够在本地找到足够数量的常住居民，使得本地生活服务市场有机会依赖本地常住居民实现良性可持续运转，从而有可能形成一个相对自足的稳定且独立的居住—生活服务单元，类似于自主城市（Autonomous City）。

根据第四章实证分析结论和第五章次区域生活圈形成机制，公共服务本地化原则主要针对3类（商业购物类、康体运动类、娱乐休闲类）共12项社区外的大概率、经常性日常活动场所设施类型——大型连锁超市、商场百货、购物中心、家电商城或连锁专卖、家具商城或家居广场、体育场馆、公园绿地、健身房、广场空地、公共图书馆或大型书城（连锁书店）、电影院和KTV。

②指标拟选

根据第四章次区域生活圈的功能发展的实证分析结论、第五章次区域生活圈形成的供需关系平衡机制以及影响领域中的用地规模足量度和中心建设完善度内涵阐述"公共服务本地化"原则的衡量指标。

衡量 12 项日常活动场所设施的"本地化"水平的直观指标可以分为两大类：一是类型指标，二是数量指标。其中，类型指标是刚性指标，即日常生活圈必须具备 12 项日常活动场所设施。数量指标是弹性指标，本节重点在于研究这种弹性指标的合理阈值范围。由于不同次区域生活圈服务人口、地域范围差异，因此数量指标中的场所设施绝对数量可能相差较大，本节选择相对数量——人均数量和地均数量作为 12 项衡量日常活动场所设施"本地化"水平的指标。

人均数量和地均数量的计算方法为某一项日常活动场所设施的绝对数量除以其所在基础生活圈的常住人口规模及地域面积，公式为：$Pci=Ni/Si$，$Pai=Ni/Ai$。其中，Pci表示特定日常活动场所设施的人均数量（Per Capita），Ni表示场所设施的绝对数量（Number），Si表示基础生活圈的常住人口规模（Size of Population）。Pai表示特定日常活动场所设施的地均数量（Per Area），Ai表示基础生活圈的地域面积。

为了取得具有普适性意义的日常活动场所设施人均数量和地均数量的参考值区间，本节根据下列研究结论、资料和文献综合界定指标参考值，包括：

①武汉市已形成的 14 个较完善基础生活圈的相关指标值区间；

②文献资料中提到的关于某项指标的取值建议；

③规划实践案例中采用的某项指标的取值区间；

④各类行业规范或实施条例中关于某项指标的取值建议。

需要特别指出的是，由于"次区域生活圈"是介于"全域生活圈"和"社区生活圈"之间的一种都市区内部次区域。因此，本节在参考相关文献或案例时重点面向"区级""片区""新城""新区"等尺度，虽然也部分地参考了居住区相关设计规范，但本质上有所差异。

（3）空间集聚化

①原则内涵

本节所谓"次区域生活圈"空间组织的原则即应该遵循的普适性规则和努力达到的理想状态导向。前者来自"时间门槛约束机制框架"和"移动速度依赖机制框架"的"反制约"内涵——提高居民和设施的时空可达性；后者一方面来源于这种内涵带来的外在功能组织形式——日常生活圈"时空可达状态"，另一方面建立在对典型"次区域生活圈"现状功能空间格局和空间关键要素的提炼,包括人口与就业岗位密度格局、日常活动场所密度格局、居住与就业用地格局、生活服务与道路交通用地格局。由此,本书将这种促进各类功能空间和空间关键要素形成"时空可达"状态的原则概括为"空间集聚化"原则。

从空间行为与行为空间辩证一体的角度来看,"空间集聚化"原则同时彰显了居民日常活动行为的可达性内涵、"次区域生活圈"结构形态内涵、功能空间格局内涵,以及支撑前三者的"次区域生活圈"空间关键要素的土地利用组织内涵。

其中,从居民日常活动行为的时空可达性内涵来看,"空间集聚化"意味着常住在特定"次区域生活圈"内的大量居民,其完成日常活动所产生的群体空间行为应具有集聚效应和时空压缩效应,一则表明其并非是随机行为或匀质分散行为状态,二来表明其行为时间和空间并非无限扩大。这种行为的集聚效应可以反映在活动场所选择的集聚、出行方式与出行路径的集聚,出行时间距离相对接近等方面,从而使得次区域生活圈成为具有相近时空可达性的一组空间行为的集合。

从"次区域生活圈"自身结构形态内涵来看,其"空间集聚化"意味着"次区域生活圈"的形态曲线边界不应无限度地远离、外拓,尤其表现为通勤走廊的路径长度应有所限制。这种限制建立在国内外公认的居民日常活动出行的理想时间门槛之上,如普遍认同的理想通勤时间应在40分钟以内等。"次区域生活圈"结构形态的集聚化应呼应居民日常活动行为空间集聚化内涵。

从功能空间格局内涵来看,"空间集聚化"意味着:一方面,功能设施和就业岗位的单位用地应达到一定密集程度,以满足本地常住居民日常活动所需。人口密度需达到一定标准,以支撑本地公共服务系统和就业市场的良性运转。另一方面,功能设施、人口和就业岗位的分布格局应呈现非均衡内聚极化特征,而非随机分布或匀质松散。日常活动场所设施的集中与就业岗位的集聚应呼应居民日常活动行为的集聚效应。

空间关键要素的用地组织内涵支撑居民行为时空可达性内涵、功能空间格局内涵和结构形态内涵,其"空间集聚化"意味着:为实现居民行为的集聚效应以及功能设施和就业岗位的空间集聚化,其物质空间载体——空间关键要素的用地组织应具有特定标准:一是如相关用地规模需要达到一定标准,以促进人口、就业岗位和功能设施的数量密集化;二是如相关用地要素的空间分布应形成某种紧凑格局,以支撑人口、就业岗位和功能设施形成内聚极化格局;三是如土地利用混合、公共中心建设、轨道交通和公交站点密度等需达到一定标准,以提升次区域生活圈核心圈结构形态的形成概率,进而孕育紧凑次区域;四是如城市道路及公共交通线网站点应形成某种密度格局或有序的结构体系，以支撑人口、公共服务设施和就业岗位在次区域生活圈核心圈内的分布格局，或支撑通勤走廊和通勤飞地的结构形态。

②指标拟选

根据第四章次区域生活圈的功能发展的实证分析结论、第五章次区域生活圈形成的时空可达性机制，从空间结构形态、功能空间格局、空间关键要素的土地利用组织3 个内涵维度阐述"空间集聚化"原则的衡量指标。

首先，从居民日常通勤的理想时间门槛角度出发，本书拟选衡量空间结构形态"集聚化"程度的指标：扩展通勤圈形态曲线边界任意点距离中心的时间距离。

其次，从功能要素密集程度与分布格局角度出发，结合既有实证分析结论，本书拟选衡量功能空间格局"集聚化"程度的指标：①日常活动场所设施密度（6.2 已论，本章节不再赘述）；②核心圈 500m 内就业岗位密度；③核心圈就业岗位密度；④通勤走廊轨交站点周边 500m 就业岗位密度；⑤通勤走廊内就业岗位密度；⑥核心圈内常住人口密度（由于核心圈常住人口分布呈现显著的 Clustered 状态）；⑦通勤走廊内常住人口密度。

再者，选择衡量空间关键要素的土地利用组织的"集聚化"程度的指标为：①核心圈居住用地面积占比；②通勤走廊居住用地面积占比；③核心圈生活服务用地面积占比；④核心圈就业用地面积占比；⑤通勤走廊就业用地面积占比；⑥核心圈 1000m 外居住用地面积占比；⑦通勤走廊轨交站点 800m 内居住用地面积占比；⑧核心圈 500m 内就业用地面积占比；⑨核心圈 500 ~ 1000m 内就业用地面积占比；⑩通勤走廊轨交站点周边 1000m 内就业用地面积占比；⑪核心圈 500m 内生活服务用地面积占比；⑫核心圈 500m 内城市道路用地面积占比；⑬核心圈 500 ~ 1000m 内城市道路用地面积占比；⑭通勤走廊交通性主干道轴线数量；⑮核心圈土地利用混合度；⑯核心圈完善公共中心数量；⑰核心圈公交站点密度。

4.1.2 指标测度与阈值综合

（1）职住平衡化指标测度与阈值综合

为了取得具有普适性意义的"次区域生活圈职住比率"参考值区间，本书对北京、上海、广州、南京、成都、沈阳、苏州、长沙、郑州、西安、武汉等十余个国内主要大城市的"就业人口占常住人口比重"展开测算，相关数据来自《北京统计年鉴 2015》《上海统计年鉴 2015》《西安统计年鉴 2014》《成都统计年鉴 2015》《南京统计年鉴 2015》《沈阳统计年鉴 2015》《长沙统计年鉴 2015》《郑州统计年鉴 2014》《苏州统计

年鉴 2015》《广州统计年鉴 2015》《武汉统计年鉴 2015》等。考虑到城镇就业人口与
农村就业人口在各自常住人口数量中的比重可能存在差异，研究有意进行了区分。从
测算的结果来看，"就业人口占常住人口比重"具有规律性，无论是总体比重，还是区
分了城镇和农村，所选城市的该值基本上集中分布在"0.5 ~ 0.7"区间（表 4-1）。

因此，本书认为，作为衡量"次区域生活圈""职住平衡化"原则的标准——"次
区域生活圈职住比率"（JR 比）的参考值区间应在"0.40 ~ 0.84"之间（表 4-2）。若
特定"次区域生活圈"的就业岗位数量与常住人口数量的比例大于 0.84 或小于 0.40，
则可认为该"次区域生活圈"的职住平衡化程度不太合理，应该进行优化调整。另一
方面，若城市特定地域的就业岗位数量与常住人口数量的比例大于等于 0.4 且小于等
于 0.84，则可认为该地域范围符合建构"次区域生活圈"的职住平衡化原则。

我国北京、上海等 11 个主要大城市就业人口占常住人口比重测算表　　表 4-1

	常住人口（万人）	从业人员总数（万人）	从业/常住	城镇人口总量（万人）	城镇家庭户均人口（人）	城镇从业人员数量（万人）	城镇户均就业人数（人）	城镇从业/城镇常住	农业人口总量（万人）	农村家庭户均人口（人）	农村从业人员数量（万人）	农村户均就业人数（人）	农村从业/农村常住
北京	2151.60	1125.22	0.52	1859.00	2.6	929.50	1.30	0.50	292.60	2.99	195.72	2.00	0.67
上海	2425.68	1365.63	0.56	2154.12	2.7	1197.18	1.50	0.56	271.56	2.76	168.45	1.71	0.62
成都	1442.8	820.68	0.57	1015.73	2.89	530.19	1.51	0.52	427.07	3.42	290.49	2.33	0.68
广州	1308.05	784.84	0.60	783.62	2.92	457.59	1.71	0.58	524.43	3.86	327.25	2.41	0.62
南京	821.61	488.90	0.60	628.09	2.83	364.69	1.65	0.58	203.52	3.15	119.21	1.85	0.59
西安	858.81※	520.71	0.62	618.77	2.73	358.04	1.58	0.58	240.04	4.09	162.67	2.77	0.68
沈阳	828.70	432.00	0.52	666.30	2.64	331.23	1.31	0.50	162.40	3.41	100.77	2.12	0.62
苏州	1060.40	650.58	0.61	784.17	2.95	475.82	1.79	0.61	276.23	3.70	174.76	2.34	0.63
长沙	731.15	430.57	0.63	528.91	2.98	299.30	1.69	0.55	202.24	3.65	131.27	2.37	0.65
郑州	919.12※	536.79	0.58	616.55	2.86	347.08	1.61	0.56	302.57	3.78	189.71	2.37	0.63
武汉	1033.80	589.61	0.57	781.05	2.64	443.78	1.50	0.57	252.75	2.74	145.83	1.58	0.58

注：相关数据年份主要为 2014 年，※ 西安部分为 2013 年数据。

资料来源：作者自绘

"次区域生活圈"职住平衡化标准的衡量指标及其参考值区间　　表 4-2

次区域生活圈建构原则	职住平衡化标准			
	衡量指标	参考值区间	指标计算方法	参数说明
职住平衡化	次区域生活圈职住比率（JR 比）	0.40~0.84	JRs$_i$=NJs$_i$/NRs$_i$	JRs$_i$ 表示次区域生活圈 i 的职住比率 NJs$_i$ 表示次区域生活圈 i 的岗位数量 NRs$_i$ 表示次区域生活圈 i 的常住人口数量

资料来源：作者自绘

（2）公共服务本地化指标测度与阈值综合

首先，本节对武汉市已形成的 14 个较完善基础生活圈的各类日常活动场所设施进行指标测度，基于 ArcGIS10.2 工作平台分别测量其人均数量和地均数量，进而归纳每一种场所设施的指标取值区间（表 4-3、表 4-4）。

武汉都市发展区 14 个基础生活圈各类日常活动场所设施的人均数量测算　　表 4-3

基础生活圈名称	人均密度（个 / 万人）											
	大型超市仓储	商场百货	购物中心	家电商城或连锁专卖	家具商城或家居广场	体育场馆（未含大学操场）	公园绿地面积（km²/万人）	健身房或健身中心	广场空地面积（km²/万人）	公共图书馆或大型书城（连锁书店）	电影院	KTV
光谷—鲁巷基础生活圈	0.24	0.34	0.09	0.37	0.12	1.04	0.01	1.22	0.002	0.15	0.18	1.22
街道口—广埠屯基础生活圈	0.24	0.53	0.10	0.29	0.10	1.27	0.02	0.62	0.002	0.12	0.10	1.06
首义基础生活圈	0.23	0.34	0.05	0.30	0.07	0.37	0.04	0.53	0.001	0.07	0.11	1.37
洪山广场基础生活圈	0.19	0.33	0.08	0.33	0.08	0.86	0.01	0.67	0.003	0.14	0.11	1.48
汉街—中央文化区基础生活圈	0.19	0.35	0.06	0.22	0.10	0.95	0.02	0.60	0.003	0.13	0.06	0.51
王家湾基础生活圈	0.24	0.17	0.03	0.35	0.10	0.55	0.02	0.59	0.001	0.10	0.14	1.97
汉西一路—宗关基础生活圈	0.18	0.15	0.04	0.26	0.11	0.48	0.01	0.40	0.001	0.07	0.07	0.55
建设大道—西北湖基础生活圈	0.22	0.52	0.11	0.38	0.25	0.87	0.04	0.93	0.002	0.14	0.16	0.98

续表

基础生活圈名称	人均密度（个/万人）											
	大型超市仓储	商场百货	购物中心	家电商城或连锁专卖	家具商城或家居广场	体育场馆（未含大学操场）	公园绿地面积（km²/万人）	健身房或健身中心	广场空地面积（km²/万人）	公共图书馆或大型书城（连锁书店）	电影院	KTV
建设大道—解放公园基础生活圈	0.21	0.14	0.02	0.28	0.14	0.35	0.02	0.55	0.001	0.07	0.07	0.55
江汉路—友谊大道基础生活圈	0.18	0.79	0.10	0.31	0.08	0.53	0.01	0.76	0.002	0.05	0.15	1.07
武广基础生活圈	0.24	0.81	0.10	0.31	0.13	0.87	0.02	0.76	0.003	0.08	0.16	1.10
汉口站—王家墩基础生活圈	0.18	0.24	0.03	0.33	0.18	0.72	0.03	0.54	0.003	0.06	0.06	0.51
钟家村基础生活圈	0.26	0.45	0.03	0.29	0.10	0.39	0.05	0.42	0.001	0.10	0.06	0.45
徐东基础生活圈	0.27	0.23	0.03	0.40	0.17	1.27	0.02	0.77	0.001	0.10	0.17	1.00
现状区间分布	0.18～0.27	0.14～0.81	0.03～0.11	0.22～0.40	0.07～0.24	0.35～1.27	0.01～0.05	0.42～1.22	0.001～0.003	0.05～0.15	0.06～0.24	0.51～1.48

资料来源：作者自绘

武汉都市发展区 14 个基础生活圈各类日常活动场所设施的地均数量测算　　表 4-4

基础生活圈名称	地均密度（个/km²）											
	大型超市仓储	商场百货	购物中心	家电商城或连锁专卖	家具商城或家居广场	体育场馆（未含大学操场）	公园绿地面积占比（%）	健身房	广场空地面积占比（%）	公共图书馆或大型书城（连锁书店）	电影院	KTV
光谷—鲁巷基础生活圈	0.41	0.50	0.18	0.55	0.23	1.82	2%	1.32	0.2%	0.14	0.27	1.91
街道口—广埠屯基础生活圈	0.40	0.88	0.16	0.48	0.16	2.12	3%	1.04	0.3%	0.20	0.16	1.76
首义基础生活圈	0.52	0.78	0.10	0.68	0.16	0.83	9%	1.20	0.2%	0.16	0.26	3.12
洪山广场基础生活圈	0.45	0.77	0.19	0.77	0.19	1.98	2%	1.54	0.6%	0.32	0.26	3.39

续表

基础生活圈名称	地均密度（个 /km²）											
	大型超市仓储	商场百货	购物中心	家电商城或连锁专卖	家具商城或家居广场	体育场馆（未含大学操场）	公园绿地面积占比（%）	健身房	广场空地面积占比（%）	公共图书馆或大型书城（连锁书店）	电影院	KTV
汉街—中央文化区基础生活圈	0.45	0.82	0.15	0.52	0.22	2.23	4%	1.41	0.7%	0.30	0.15	1.19
王家湾基础生活圈	0.35	0.25	0.05	0.50	0.15	0.80	2%	0.85	0.2%	0.15	0.20	2.84
汉西一路—宗关基础生活圈	0.33	0.26	0.07	0.46	0.20	0.86	2%	0.72	0.2%	0.13	0.13	0.99
建设大道—西北湖基础生活圈	0.46	1.10	0.23	0.81	0.52	1.86	8%	1.97	0.5%	0.29	0.35	2.09
建设大道—解放公园基础生活圈	0.58	0.38	0.06	0.77	0.38	0.96	5%	1.54	0.3%	0.19	0.19	1.54
江汉路—友谊大道基础生活圈	0.57	2.54	0.33	0.98	0.25	1.72	2%	2.46	0.7%	0.16	0.49	3.45
武广基础生活圈	0.65	2.52	0.41	0.98	0.33	2.77	5%	4.07	0.8%	0.41	0.65	3.25
汉口站—王家墩基础生活圈	0.30	0.40	0.05	0.55	0.30	1.20	4%	0.90	0.5%	0.10	0.10	0.85
钟家村基础生活圈	0.52	0.91	0.06	0.58	0.19	0.78	10%	0.84	0.2%	0.19	0.13	0.91
徐东基础生活圈	0.39	0.34	0.05	0.58	0.24	1.83	3%	1.11	0.1%	0.14	0.24	1.45
现状区间分布	0.33 ~ 0.74	0.25 ~ 2.55	0.05 ~ 0.33	0.46 ~ 0.99	0.16 ~ 0.52	0.78 ~ 2.71	2% ~ 10%	0.72 ~ 2.46	0.2% ~ 0.8%	0.13 ~ 0.32	0.13 ~ 0.49	0.91 ~ 3.45

资料来源：作者自绘

其次，专门针对某项场所设施，分别从文献资料、规划案例、行业规范三个角度汲取其人均数量和地均数量的经验值与建议值。

其中，有关大型连锁超市、商场百货、购物中心的结论包括：大型连锁超市之间的

"区位避免"机制导致和同行竞争对手的空间直线距离通常至少在 1000m 甚至 2000m 以上 [1];部分实证分析显示,南京大型超市的服务半径大于或等于 1.5km,服务人口至少为 15 万人/家[2];长春市 2011 年每个大型超市现状服务的平均人口规模为 9.85 万人[3]。有学者根据美国 ICSC 购物中心分类方案和我国当前居民购物行为特点,建议将中国典型购物中心分为邻里中心、社区中心、地区中心和超级地区中心。其中,地区中心主要商圈范围是 5 ~ 10km[4];相关数据显示:2014 年深圳每 3 万人拥有一个大型商场。而西安市建设较为成熟的行政区内的每个大型超市服务 6 万 ~ 8 万人,大型超市密度为 0.2 ~ 0.5 个/km²[5];商业巨头万达也曾表示:中国每百万人平均可以支撑 6 个购物中心建设;新加坡次区域服务人口规模约 20 万 ~ 40 万人,服务半径为 2 ~ 3km,每个次区域建有次区域中心。新镇中心要求配备 12 个基本行业业态,包括大型超市、商场、图书馆、电影院等,服务 15 万 ~ 30 万人,服务半径 1.3 ~ 1.5[6];《武汉市商业设施空间布局规划(2011—2020)年》面向新城和新区,服务于 50 万 ~ 100 万人口,建设地区商业中心,主要依托的是大型购物中心和商场百货;服务于 15 万 ~ 25 万人口,建设组团商业中心,主要依托的是大型超市或仓储卖场、专卖专业店。《武汉都市发展区"1+6"空间发展战略实施规划》提出:新城中心服务 50 万人口以上,配置一个商业综合体、一个图书馆、一个体育中心等;《城市公共设施规划规范》(GB 50442—2008)指出:200 万人口以上的超特大城市应在每个区至少配置区级商业中心一处。超特大城市每 20 万人至少需配置一个大型商场、一个大型超市;《零售业态分类》(GB/T 18106—2004)标准提出:大型超市辐射半径应在 2km 左右,仓储式会员店服务半径 5km 左右,市区购物中心商圈半径 10 ~ 20km 之间。

有关公共图书馆和大型书店书城的结论包括:图书馆的有效覆盖面积是一个以"生活动线"为主轴的卵形区域,中型或分区图书馆的服务半径约在 2 ~ 3.5km 之间[7]。笔者基于 Google、百度、高德等互联网地图服务平台测量北京市二环至五环之间、上海内环以外、广州内环以外的新华书店平均间隔,发现其距离均在 1.5 ~ 3km 之间;《英国公共图书馆服务标准》要求自 2001 年起,大城市地区内 100% 的家庭住户应距离固

① 陶伟,林敏慧,刘开萌.城市大型连锁超市的空间布局模式探析——以广州"好又多"连锁超市为例 [J].中山大学学报(自然科学版),2006,45(2):97-100.
② 嵇昊威,赵媛.南京市城市大型超级市场空间分布研究 [J].经济地理,2010,30(5):756–760.
③ 程林,王法辉,修春亮.基于 GIS 的长春市中心城区大型超市服务区分析 [J].经济地理,2014,34(4):54-58.
④ 俞稚玉.修订中国购物中心的定义与分类的建议 [J].上海商业,2007(7):30-35.
⑤ 董彦景.西安城市大型超市与人口空间分布关联分析 [D].西安:西北大学,2012.
⑥ 任赵旦,王登嵘.新加坡城市商业中心的规划布局与启示 [J].现代城市研究,2014(9):39-47.
⑦ 黄文镝,廖小梅,刘磊.论区域图书馆区位设置与规划 [J].图书与情报,2009(6):8-13.

定图书馆约 3km 之内 [①];《公共图书馆建设用地指标》中规定: 公共图书馆根据服务人口数量分为大型馆、中型馆和小型馆。服务人口在 150 万人以上的城市和地区,除应设置 1 ~ 2 处相应规模的大型馆外,还应满足每 50 万人设置一处中型馆,服务半径2.5 ~ 6.5km;《重庆市城乡公共服务设施规划标准》(2014)将城乡公共服务设施分为三级,其中,区级规划服务人口规模大于 15 万人。人口为 20 万 ~ 50 万人时,区级公共文化设施配置一处区级中型公共图书馆 [②];武汉"读书之城"建设规划认为,大城市的每个分区至少应建设一个大型书店或书城(如建筑面积在 2000m² 以上的新华书店);深圳、青岛、杭州等大城市在文化娱乐设施布局中均设置了"区级",区级主要对应于城市分区规划中的各个分区单元,服务人口规模一般为 40 ~ 50 万人,区级配置的与本书有关的设施包括: 公共图书馆、新华书店、影剧院 [③]。

　　有关体育场馆与健身房(健身中心)的结论包括: 美国平均每 8 个人就有一个人健身,平均 1 万人即拥有 1 家健身俱乐部;健身房具有一定的服务半径,通常 1 ~ 2km(10 ~ 20 分钟步行)以内的居民能够支撑 1 个健身中心的稳定客源;深圳、青岛、杭州等大城市在体育设施布局中均设置了"区级"层次,区级主要对应于城市分区规划中的各个分区单元,服务人口规模一般为 40 万 ~ 50 万人,区级配置的共有设施主要包括: 综合体育中心(内含标准运动场、游泳馆、体育馆等)、全民健身中心;广州黄埔区和白云区、南京江宁区等区级单元均配置有独立的体育中心(30 万 ~ 100 万人);《重庆市城乡公共服务设施规划标准》(2014)将城乡公共服务设施分为三级,其中,区级规划服务人口规模大于 15 万人。服务人口为 15 万 ~ 50 万人时,区级公共体育设施配置"一场两馆一中心"——体育场、体育馆、游泳馆和全民健身活动中心;《城市公共设施规划规范》(GB 50442—2008)规定: 超特大城市应在每个区配置至少一处区级体育中心;发改委和住建部发布的《公共体育场馆建设标准》规定: 50 万以上人口的特大城市内部应设置若干市一级别的体育场;国家体育总局发布的《国家公共体育设施基本配置标准》规定: 县(市、区)应建设一个田径场、一个综合体育中心(包括体育馆、全民健身活动中心、游泳池)。街道级别基本配置为一个室内体育场地为主的中型全民健身活动中心,内含健身房、篮球场、羽毛球场、乒乓球室等。

　　有关电影院与 KTV 的结论包括: 院线盈利和招商的一般规律显示,电影院选址通

---

① DepartmentforCulture, Media and Sport.Comprehensive,Efficient and Modern Public Libraries-Standards and Assessment [EB/OL] .2007-04.[2008-01-02] .http://www.culture.gov.uk/images/publications/libraries archives for all assessment.pdf..

② 万终盛 . 重庆都市区公共服务设施指标体系研究 [D]. 重庆: 重庆大学,2008.

③ 王鹏 . 大连新城公共设施规划研究 [D]. 大连: 大连理工大学,2011.

常考虑距离项目 1.5km 内无同等级业态为佳，且在 1.5km 内常住人口至少应达 10 万人，距离项目 2km 内常住人口应达到约 15 万人，距离项目 3km 周边常住人口规模应达到 20 万人以上；行业数据表明：10 万人口基本可以支撑一个影城的发展；关于 KTV 人均数量和地均数量的案例主要以网络报道形式出现，随着互联网的不断发展，我国各大城市 KTV 市场逐渐饱和，部分城市的 KTV 门店数量已经逼近甚至超越上限。比如内蒙古乌兰察布市 2014 年依托 30 余万常住人口支撑 70 余家 KTV，已出现市场饱和和行业亏损状态，2015 年已陆续关闭 20 余家。海口市龙华区也遇到类似情况，全区 2015 年 50 余万人口，KTV 数量从 2014 年的 60 余家大幅减少至 50 家左右。西安市主要城区 2014 年常住人口 600 余万人，KTV 数量近 700 家（来源于大众点评数据），市场已经饱和，2014 年已关闭或转让 30 家 KTV 门店，KTV 营业额降幅达 50%。厦门市 2014 年岛内思明区与湖里区常住人口近 200 万人，KTV 数量达到 228 家，大量报道显示岛内市场已经饱和。由此分析，现阶段 KTV 实际的市场服务份额可能尚不足每万人 1 家。

有关公园绿地与广场的结论包括：国内部分新城规划，如北京《昌平新城规划（2005—2020 年）》中提出人均公园绿地 16 m² 的建设目标。并以 2 ~ 3km 为服务半径规划了若干综合公园；《城市用地分类与规划建设用地标准》（GB 50137—2011）规定：城市人均公园绿地面积不小于 8.0m²，同时规定绿地和广场用地面积占建设用地比例为 10% ~ 15%，但"绿地"并没有限定为"公园绿地"；《2015 年中国国土绿化状况公报》显示，2015 年全国城市人均公园绿地面积平均达到 13.16m²；《城市道路交通规划设计规范》（GB 50220—95）规定：城市人均广场用地面积宜为 0.13 ~ 0.40 m²/人，区级广场每处宜 1 ~ 3hm²。然而，《城市用地分类与规划建设用地标准》中的人均公园绿地指标涵盖了非建成区以外的大量用地，其人均 8.0m² 的指标在日常生活圈有限范围内难以达到。

此外，随着近年来家居商场数量和品牌的多样化，加上网络云端购物的逐步普及，国内外家居实体店消费辐射半径均有逐渐缩小的趋势。国内众多品牌家具销售平台在加大网络平台销售的同时，开始转型进行实体店布局调整，核心是贴近市场。如居然之家未来家具卖场的实体店辐射商圈半径从传统的 30km 以上甚至跨省缩小至城市分区 7 ~ 10km。除了部分国际特大品牌（如宜家家居）外，多数家具卖场开始适应"5km 消费的新装修观念"。家电商城选址的一般原则是：3km 半径区域内人口规模在 10 万 ~ 30 万之间，与城市主要商圈结合，部分家电专卖店已逐步定位于周边 2km 核心客户市场。

在此基础上，本书以武汉市现状形成的较完善基础生活圈场所设施的人均和地均数量为基础,参考相关结论进行局部扩充及修正。进而综合确定衡量"公共服务本地化"原则的场所设施的人均密度和地均密度指标参考值区间，如表 4-5 所示：

次区域生活圈"公共服务本地化"原则的衡量指标及其参考值区间建议 　　表 4-5

需具备的场所设施类型	地均密度参考值建议	人均密度参考值建议
大型超市仓储	0.21 ~ 0.74	0.07 ~ 0.27
商场百货	0.25 ~ 2.55	0.17 ~ 0.81
购物中心	0.04 ~ 0.33	0.03 ~ 0.11
家电商城或连锁专卖	0.16 ~ 0.99	0.07 ~ 0.40
家具商城或家居广场	0.04 ~ 0.52	0.03 ~ 0.18
体育运动场馆 （未含大学操场）	0.78 ~ 2.71 （内含至少一个中型健身活动中心）	0.35 ~ 1.27 （内含至少一个中型健身活动中心）
公园绿地	2% ~ 10%	0.02 ~ 0.05
健身房或健身中心	0.32 ~ 2.46	0.42 ~ 1.22
广场空地	0.2% ~ 0.8%	0.01 ~ 0.04
公共图书馆或大型书城 （连锁书店）	0.08 ~ 0.32 （内含至少一个中型公共图书馆）	0.03 ~ 0.15 （内含至少一个中型公共图书馆）
电影院	0.13 ~ 0.49	0.06 ~ 0.18
KTV	0.91 ~ 3.45	0.51 ~ 1.48

资料来源：作者自绘

（3）空间集聚化指标测度与阈值综合

指标参考值区间采取 4 种方法相互校核后综合确定：①武汉市都市发展区已经形成的 14 组较完善次区域生活圈的现状值；②国内外大量文献资料中对相关指标的建议值；③规划实践案例中相关指标的目标值；④现状行业规范或技术标准要求。其中，"日常活动场所设施密度""通勤走廊交通性主干道轴线数量""核心圈土地利用混合度""核心圈完善公共中心数量""核心圈轨道交通站点密度""核心圈公交站点密度"等指标参考值已于前文阐述，本节不再重复。

对于"扩展通勤圈形态曲线边界任意点距离中心的时间距离"指标参考值，本书主要考量的是理想通勤时间。对于这一指标的参考值区间有资料显示，日本上班族认为"30 分钟以内"是较为理想的通勤时间[①]；加拿大学者研究认为，是否超过 35 分钟

---

① 日本上班族理想的通勤时间是"30 分钟以内"[EB/OL][2016-04-19]. http://culture.japan-i.jp/chs/article/mynavi_news/2013/0403_commutetime.html

可能是居民是否排斥工作的重要影响因素①；上海市在其"十二五"规划中曾提出将中心城区市民平均通勤时间控制在 40 分钟以内；武汉市在《武汉市综合交通体系规划修编（2016—2030 年）》中提出将主城区平均通勤时间控制在 40 分钟以内；佛山市提出全市 85% 的居民通勤时间不超过 45 分钟，主城区不超过 40 分钟的目标；新快报对广州市天河区和越秀区部分上班白领的访问显示"30 分钟以内"是可承受的通勤时间范围②；国内有学者对上海市近郊区居民抽样调查数据显示，居民可容忍平均通勤时间为 1 小时，认为合理通勤时间平均值为 31 分钟③；还有学者对昆明中心城区上班族的抽样调查显示，居民通勤时间支付意愿主要集中在 30 分钟以内④。总体上，本书认为"通勤 40 分钟"是中国大城市居民普遍可以接受的时间门槛。

对于"核心圈 500m 内就业岗位密度""核心圈内就业岗位密度""通勤走廊轨交站点周边 500m 就业岗位密度""通勤走廊内就业岗位密度"指标参考值，由于行业内部缺乏关于就业岗位密度的规范标准，因此本书主要考量的是武汉市既有 14 组较完善次区域生活圈现状值、国内外大城市内部就业主次中心识别（或一级中心和二级中心）标准或就业中心处的岗位密度水平。其中，纽约、芝加哥、多伦多、西雅图、波特兰、洛杉矶、华盛顿、墨尔本、温哥华、渥太华等美澳大城市以及法兰克福、布鲁塞尔、巴黎、伦敦等欧洲大城市，甚至新加坡与首尔等亚洲城市 1990 年中心商务区的就业密度即已达到 3 ~ 23 万人 /km² 之高⑤。学者认为的国内外大城市内部就业主次中心识别的标准：上海中心城区主要就业中心的就业密度应在 1.41 ~ 2.42 万人 /km²⑥。北京 2004年 CBD 区域就业岗位密度应约为 4 ~ 5 万个 /km²⑦，高密度就业中心岗位密度应大于 0.8 万个 /km²，次级就业中心岗位密度应大于 0.5 万个 /km²⑧。广州就业主次中心密度区间应分别为 2 万人 /km² 以上和 0.5 ~ 2 万人 /km²。洛杉矶地区就业次中心门槛应为 1.5 万人 /km²，芝加哥则为 3 万人 /km²⑨。也有学者在实证中选择 3 万人 /km² 作为就业主中

① 专家：工作通勤时间长致工作压力骤增 [EB/OL][2016-04-19]. http://jiangsu.sina.com.cn/news/s/2015-05-29/detail-icpkqeaz5970201.shtml
② 花多长时间通勤影响幸福 [EB/OL][2016-04-19]. http://news.xkb.com.cn/guangzhou/2014/1202/363175.html
③ 干迪，王德，朱玮.上海市近郊大型社区居民的通勤特征——以宝山区顾村为例 [J].地理研究，2015，34（8）：1481-1491.
④ 何明卫，赵胜川，何民.基于出行者认知的理想通勤时间研究 [J].交通运输系统工程与信息，2015，15（4）：161-165.
⑤ 丁成日.中国城市的人口密度高吗？[J].城市规划，2004，28（8）：43-48.
⑥ 丁亮，钮心毅，宋小冬.上海中心城就业中心体系测度——基于手机信令数据的研究 [J].地理学报，2016，71（3）：484-499.
⑦ 赵晖，杨开忠，魏海涛，等.北京城市职住空间重构及其通勤模式演化研究 [J].城市规划，2013，37（8）：33-39.
⑧ 刘碧寒，沈凡卜.北京都市区就业—居住空间结构及特征研究 [J].人文地理，2011（4）：40-47.
⑨ 蒋丽，吴缚龙.广州市就业次中心和多中心城市研究 [J].城市规划学刊，2009（3）：75-81.

心密度门槛，选择 1.6 ~ 3 万人 /km² 作为就业次中心密度门槛[①]。有学者归纳中国城市就业密度的理论最优临界水平为 0.90 ~ 0.91 万人 /km²，但这一值明显是覆盖了多数乡村地区后的平均值，难以反映次区域生活圈核心圈的就业岗位密度目标[②]。武汉次区域生活圈实证分析显示：14 个次区域生活圈核心圈 500m 内就业岗位密度在 1.3 ~ 4.5 万个 /km² 区间，核心圈平均就业岗位密度在 0.5 ~ 1.5 万个 /km² 区间，通勤走廊轨道交通站点 500m 就业岗位密度在 0.5 ~ 1.3 万个 /km² 区间，通勤走廊总体就业岗位密度在 0.5 ~ 1.0 万个 /km² 区间（表 4-6）。基于此，本书参照城市主次就业中心岗位密度下限，结合现状实证结论综合确定指标参考值区间如下：核心圈 500m 内就业岗位密度参考值区间 1.5 ~ 5 万个 /km²，核心圈平均就业岗位密度参考值区间 0.5 ~ 1.5 万个 /km²，通勤走廊轨交站点周边 500m 就业岗位密度参考值区间 0.5 ~ 1.5 万个 /km²，通勤走廊平均就业岗位密度参考值区间 0.5 ~ 1.0 万个 /km²。

武汉都市发展区 14 个较完善次区域生活圈不同地域范围的就业岗位密度　　表 4-6

次区域生活圈名称	核心圈 500m 岗位密度（总用地面积）	核心圈岗位密度	通勤走廊轨交站点 500m 岗位密度	通勤走廊岗位密度
街道口—广埠屯次区域生活圈	1.50 万个 /km²	0.95 万个 /km²	1.22 万个 /km²	0.86 万个 /km²
首义次区域生活圈	1.31 万个 /km²	0.73 万个 /km²	0.84 万个 /km²	0.65 万个 /km²
汉街—中央文化区次区域生活圈	1.54 万个 /km²	0.73 万个 /km²	0.76 万个 /km²	0.58 万个 /km²
汉西一路—宗关次区域生活圈	1.39 万个 /km²	0.67 万个 /km²	0.82 万个 /km²	0.66 万个 /km²
建设大道—西北湖次区域生活圈	1.47 万个 /km²	1.02 万个 /km²	1.28 万个 /km²	0.67 万个 /km²
建设大道—解放公园次区域生活圈	1.62 万个 /km²	0.75 万个 /km²	0.61 万个 /km²	0.76 万个 /km²
江汉路—友谊大道次区域生活圈	1.56 万个 /km²	0.86 万个 /km²	0.86 万个 /km²	0.74 万个 /km²
王家湾次区域生活圈	1.70 万个 /km²	0.52 万个 /km²	0.53 万个 /km²	0.32 万个 /km²
钟家村次区域生活圈	0.88 万个 /km²	0.42 万个 /km²	0.74 万个 /km²	0.48 万个 /km²
徐东次区域生活圈	1.43 万个 /km²	0.49 万个 /km²	0.49 万个 /km²	0.53 万个 /km²

① 曾海宏，孟晓晨，李贵才 . 深圳市就业空间结构及其演变（2001-2004）[J]. 人文地理，2010（3）：34-40.
② 韩峰，柯善咨 . 城市就业密度、市场规模与劳动生产率——对中国地级及以上城市面板数据的实证分析 [J]. 城市与环境研究，2015（1）：51-70.

续表

次区域生活圈名称	核心圈 500m 岗位密度（总用地面积）	核心圈岗位密度	通勤走廊轨交站点 500m 岗位密度	通勤走廊岗位密度
王家墩—汉口火车站次区域生活圈	1.43 万个 /km²	0.87 万个 /km²	0.95 万个 /km²	0.56 万个 /km²
武广次区域生活圈	4.57 万个 /km²	1.37 万个 /km²	0.89 万个 /km²	0.70 万个 /km²
洪山广场次区域生活圈	3.39 万个 /km²	1.13 万个 /km²	0.95 万个 /km²	0.83 万个 /km²
光谷次区域生活圈	2.38 万个 /km²	0.87 万个 /km²	1.22 万个 /km²	0.99 万个 /km²
既有次区域生活圈数据区间分布	1.3 ~ 4.5 万个 /km²	0.5 ~ 1.5 万个 /km²	0.5 ~ 1.3 万个 /km²	0.5 ~ 1.0 万个 /km²

资料来源：作者自绘

对于"核心圈内常住人口密度""通勤走廊内常住人口密度"指标参考值，事实证明：过低或过高的人口密度均不利于城市发展。一方面，现阶段国内外主城、大城市中心城（主城区）人口密度均在 1.0 ~ 3.6 万人 /km² 之间[1]。另一方面，大量文献涉及对最优城市人口密度的研究，如有国内学者研究认为最优城市人口密度约为 1.3 万人 /km²[2]；《武汉市建设国家中心城市人口适度规模调控研究报告》认为，核心区人口密度在 2 ~ 2.5 万人 /km² 之间时，有利于保持中心功能繁荣又不至于过度拥挤。而中心城区平均人口密度则宜在 1 ~ 1.5 万人 /km² 左右，以保持一个相对良好的居住环境。再者，我国城市规划与建设用地分类标准确立的规划人均城市建设用地规模总体在 65 ~ 115m²/ 人之间，意味着城市建设用地人口密度标准为 0.87 ~ 1.54 万人 /km²，而规划行业实践中则普遍将 1 万人 /km² 认为是较为合理的建设用地人口密度参考值。实践方面，国外大城市如巴黎近年来积极推进人口向外疏解，成功地将核心区人口密度降至 2 万人 /km² 的合理区间。此外，对武汉市现状 14 个较完善次区域生活圈不同地域范围内的常住人口密度测算显示：核心圈常住人口密度普遍在 1.5 ~ 3.8 万人 /km² 之间，而通勤走廊（包括飞地）常住人口密度则普遍在 0.7 ~ 2.0 万人 /km² 之间（表 4-7）。最终，综合上述研究成果综合界定次区域生活圈较为合理的人口密度参考值区间：①核心圈常住人口密度宜在 1.5 ~ 3.0 万人 /km² 之间；②通勤走廊（包括飞地）常住人口平均密度宜在 1.0 ~ 2.0 万人 /km² 之间。

---

① 林小如 . 反脆性大城市地域结构的目标、准则和理论模式 [D]. 武汉：华中科技大学，2015.
② 苏红键，魏后凯 . 密度效应、最优城市人口密度与集约型城镇化 [J]. 中国工业经济，2013（10）：5-17.

武汉都市发展区 14 个较完善次区域生活圈现状人口密度区间　　　　表 4-7

次区域生活圈名称	核心圈常住人口密度	通勤走廊＋通勤飞地常住人口密度
街道口—广埠屯次区域生活圈	2.69 万人 /km²	1.63 万人 /km²
首义次区域生活圈	2.20 万人 /km²	1.94 万人 /km²
汉街—中央文化区次区域生活圈	2.38 万人 /km²	1.37 万人 /km²
汉西一路—宗关次区域生活圈	1.62 万人 /km²	1.43 万人 /km²
建设大道—西北湖次区域生活圈	2.07 万人 /km²	1.84 万人 /km²
建设大道—解放公园次区域生活圈	2.88 万人 /km²	1.53 万人 /km²
江汉路—友谊大道次区域生活圈	3.45 万人 /km²	1.95 万人 /km²
王家湾次区域生活圈	1.53 万人 /km²	0.86 万人 /km²
钟家村次区域生活圈	1.65 万人 /km²	1.29 万人 /km²
徐东次区域生活圈	1.89 万人 /km²	1.81 万人 /km²
王家墩—汉口火车站次区域生活圈	1.92 万人 /km²	0.72 万人 /km²
武广次区域生活圈	3.75 万人 /km²	1.73 万人 /km²
洪山广场次区域生活圈	2.93 万人 /km²	1.72 万人 /km²
光谷次区域生活圈	1.49 万人 /km²	1.63 万人 /km²
既有次区域生活圈数据区间分布	1.5 ~ 3.8 万人 /km²	0.7 ~ 2.0 万人 /km²

资料来源：作者自绘

　　对于"核心圈居住用地面积占比""通勤走廊居住用地面积占比""核心圈
1000m 外居住用地面积占比""通勤走廊轨交站点 800m 内居住用地面积占比"指标
参考值，一则是新版《城市用地分类与规划建设用地标准》（GB 50137—2011）中规
定"居住用地占城市建设用地比例平均在 25% ~ 40%"；《城市居住区规划设计规范》
（GB 50180—93）中居住区住宅用地的平衡控制指标为 50% ~ 60%。二来是第五章
"次区域生活圈"形成影响因素中对居住用地面积的建议值为 28%；《重庆市城乡规
划居住用地规划导则（试行）》（渝规发〔2008〕15 号）中规定：编制和修订城乡总
体规划或分区规划时，居住用地占城市建设用地的比例应控制在 20% ~ 35%。三是
武汉市既有的 14 个较完善次区域生活圈核心圈 1000m 外居住用地面积占比区间为
30% ~ 52%，通勤走廊轨交站点 800m 内居住用地面积占比区间为 36% ~ 48%，通
勤走廊（包括飞地）居住用地面积总体占比区间为 29% ~ 42%（表 4-8）。世界典型
的公交型都市和花园城市新加坡一半以上的居民居住在地铁站周边 1km 范围内。综
合上述研究成果综合确定次区域生活圈较为合理的居住用地占比参考值区间为：①核
心圈居住用地面积占比区间为 28% ~ 40%；②核心圈 1000m 外居住用地面积占比区

间为 30% ~ 50%；③通勤走廊（包括飞地）居住用地面积占比区间为 30% ~ 40%；
④通勤走廊轨交站点 800m 居住用地面积占比区间为 35% ~ 40%。

武汉都市发展区 14 个较完善次区域生活圈现状居住用地面积占比　　表 4-8

次区域生活圈名称	核心圈 1000m 外居住用地面积占比	通勤走廊和飞地居住用地面积占比	通勤走廊轨交站点 800m 居住用地面积占比
街道口—广埠屯次区域生活圈	29.57%	35.50%	6.18/14.52=42.56%
首义次区域生活圈	37.90%	38.33%	13.63/33.62=40.54%
汉街—中央文化区次区域生活圈	33.93%	38.86%	8.77/22.37=39.20%
汉西一路—宗关次区域生活圈	33.41%	34.15%	7.03/19.04=36.92%
建设大道—西北湖次区域生活圈	35.95%	39.75%	5.81/13.04=44.55%
建设大道—解放公园次区域生活圈	47.35%	38.08%	0.56/1.25=44.80%
江汉路—友谊大道次区域生活圈	40.09%	32.42%	18.48/43.97=42.02%
王家湾次区域生活圈	39.35%	30.64%	5.61/15.16=37.00%
钟家村次区域生活圈	40.81%	35.67%	7.81/20.14=38.78%
徐东次区域生活圈	39.50%	42.37%	1.43/3.02=47.35%
王家墩—汉口火车站次区域生活圈	36.11%	38.76%	3.65/7.75=47.10%
武广次区域生活圈	52.36%	37.83%	14.00/34.00=41.18%
洪山广场次区域生活圈	48.05%	33.84%	10.01/27.59=36.28%
光谷次区域生活圈	29.33%	28.95%	1.98/6.65=29.78%
既有次区域生活圈数据区间分布	30% ~ 52%	29% ~ 42%	36% ~ 48%

资料来源：作者自绘

对于"核心圈就业用地面积占比""通勤走廊就业用地面积占比""核心圈 500m 就业用地面积占比""通勤走廊轨交站点周边 1000m 就业用地面积占比"指标参考值：由于既有的行业规范中缺乏明确的标准导则，各大城市在规划中对就业用地的标准也较少做出统一规定，因而此处对就业用地面积占比的设定主要参考第五章核心圈形成影响因素参考值（≥ 25%）及 14 个较完善次区域生活圈现状就业用地面积占比分布（表 4-9）。综合确定次区域生活圈就业用地占比参考值区间为：①核心圈就业用地面积占比区间 25% ~ 45%；②核心圈 500m 就业用地面积占比区间 25% ~ 55%；③通勤走廊就业用地面积占比区间 20% ~ 35%；④通勤走廊轨交站点 1000m 就业用地面积占比 25% ~ 40%。

武汉都市发展区 14 个较完善次区域生活圈现状就业用地面积占比　　表 4-9

次区域生活圈名称	核心圈 500m 就业用地面积占比	通勤走廊与飞地就业用地面积占比	通勤走廊轨交站点 1000m 就业用地面积占比
街道口—广埠屯次区域生活圈	48.10%	7.61/23.35=32.59%	6.21/17.26=35.98%
首义次区域生活圈	49.37%	11.83/42.21=28.03%	10.80/38.62=27.96%
汉街—中央文化区次区域生活圈	31.65%	7.68/31.68=24.24%	7.17/25.33=28.31%
汉西一路—宗关次区域生活圈	51.90%	11.35/32.15=35.30%	9.64/25.52=37.78%
建设大道—西北湖次区域生活圈	26.58%	6.15/24.98=24.62%	4.21/16.56=25.42%
建设大道—解放公园次区域生活圈	37.97%	2.27/7.09=32.02%	0.68/1.95=34.87%
江汉路—友谊大道次区域生活圈	36.71%	13.81/50.49=27.35%	13.96/49.71=28.08%
王家湾次区域生活圈	37.97%	10.15/48.26=21.03%	4.83/19.53=25.04%
钟家村次区域生活圈	25.32%	11.21/42.03=26.67%	8.44/28.10=30.04%
徐东次区域生活圈	35.44%	2.19/7.91=27.69%	0.79/3.23=24.46%
王家墩—汉口火车站次区域生活圈	32.91%	7.21/29.44=24.49%	2.38/9.83=24.21%
武广次区域生活圈	37.97%	13.92/44.86=31.03%	5.98/38.42=15.56%
洪山广场次区域生活圈	34.18%	11.93/34.16=34.92%	7.79/27.59=28.23%
光谷次区域生活圈	55.70%	11.53/22.97=50.20%	3.39/8.23=41.19%
既有次区域生活圈数据区间分布	25% ~ 56%	21% ~ 35%	25% ~ 41%

资料来源：作者自绘

对于"核心圈生活服务用地面积占比""核心圈 500m 内生活服务用地面积占比"指标参考值，本书主要参考《城市公共设施规划规范》（GB 50442—2008）、《城市用地分类与规划建设用地标准》（GB 50137—2011）、部分学者对国内城市公共服务用地优化的建议、武汉市 14 个较完善次区域生活圈现状生活服务用地面积占比分布（表 4-10），以及第五章日常生活圈形成影响因子的阈值分布等（≥5%）。本书界定的生活服务用地主要包括 A21、A41、B11、B13、B14、B29、B31。其中，《城市公共设施规划规范》（GB 50442—2008）指出：大城市公共设施规划用地占中心城区规划用地比例宜在 10.% ~ 17.5% 之间，其中商业金融设施规划用地占比 3.5% ~ 5.9%、文化娱乐设施规划用地占比 0.9% ~ 1.5%、体育设施规划用地占比 0.5% ~ 0.9%；《城市用地分类与规划建设用地标准》（GB 50137—2011）中规定：绿地与广场用地占城市建设用地的比例宜在 10% ~ 15% 之间，公共管理与公共服务设施用地比例宜在 5% ~ 8% 之间。此外，有学者建立建设用地最优供应模型对城市现状用地结构进行优化探索，认为公共管理与公共服务用地面积占比可优化至 18.9%[①]。本节综合确定次区域生活圈生活服务用地面积占比参考值区间如下:①核心圈生活服务用地面积占比区间 5% ~ 20%;②核心圈 500m 生活服务用地面积占比 15% ~ 40%。

武汉都市发展区 14 个较完善次区域生活圈核心圈现状生活服务用地面积占比　　表 4-10

次区域生活圈名称	核心圈 500m 内生活服务用地面积占比	核心圈生活服务用地面积占比(总用地面积)
街道口—广埠屯次区域生活圈	13.92%	5.33%
首义次区域生活圈	40.51%	19.82%
汉街—中央文化区次区域生活圈	18.99%	14.10%
汉西一路—宗关次区域生活圈	29.11%	7.30%
建设大道—西北湖次区域生活圈	27.85%	16.18%
建设大道—解放公园次区域生活圈	20.25%	9.81%
江汉路—友谊大道次区域生活圈	27.85%	14.17%
王家湾次区域生活圈	32.91%	8.14%
钟家村次区域生活圈	13.92%	15.68%
徐东次区域生活圈	30.38%	8.29%
王家墩—汉口火车站次区域生活圈	21.52%	14.47%
武广次区域生活圈	40.51%	14.08%
洪山广场次区域生活圈	30.38%	9.39%
光谷次区域生活圈	32.91%	8.60%
既有次区域生活圈数据区间分布	14% ~ 40%	5% ~ 20%

资料来源:作者自绘

对于"核心圈 500m 内城市道路用地面积占比""核心圈 500 ~ 1000m 内城市道路用地面积占比"指标参考值,本书主要参考《城市道路交通规划设计规范》(GB 50220—95)、《城市用地分类与规划建设用地标准》(GB 50137—2011)、国内外典型大城市现阶段道路用地面积占比;以及武汉市 14 个次区域生活圈现状城市道路用地面积占比。其中,《城市用地分类与规划建设用地标准》(GB 50137—2011)中规定:道路与交通设施用地占城市建设用地比例宜在 10% ~ 30% 之间;《城市道路交通规划设计规范》(GB 50220—95)规定:200 万人以上的大城市,城市道路用地

---

① 洪增林,翟国涛,张步.西部城市土地利用结构优化研究:以西安为例 [J].地球科学与环境学报,2014,36(2):121-126.

面积应占城市建设用地的 15% ～ 20%;作为对比参照的是《城市居住区规划设计规范》
（GB 50180—93）规定:居住区道路用地面积占比宜为 10% ～ 18%;有学者研究认为,
国内外典型大城市现阶段城市道路用地面积占比区间为 9% ～ 22%[1];武汉市 14 个次
区域生活圈核心圈 500m 城市道路用地面积占比区间为 15% ～ 25%,500 ～ 1000m
内城市道路用地占比略下降至 10% ～ 20%（表 4-11）。由此,本节综合确定次区域
生活圈城市道路用地面积占比参考值区间如下：①核心圈 500m 内城市道路用地面积
占比区间宜为 15% ～ 25%；②核心圈 500-1000m 内城市道路用地面积占比区间宜为
10% ～ 20%。

武汉都市发展区 14 个较完善次区域生活圈核心圈现状城市道路用地面积占比　　表 4-11

次区域生活圈名称	核心圈 500m 内城市道路用地面积占比	核心圈 500 ～ 1000m 内城市道路用地面积占比
街道口—广埠屯次区域生活圈	16.46%	10.64%
首义次区域生活圈	6.33%	3.83%
汉街—中央文化区次区域生活圈	22.78%	12.34%
汉西一路—宗关次区域生活圈	18.99%	13.19%
建设大道—西北湖次区域生活圈	18.99%	16.17%
建设大道—解放公园次区域生活圈	15.19%	11.91%
江汉路—友谊大道次区域生活圈	15.19%	17.45%
王家湾次区域生活圈	16.46%	8.94%
钟家村次区域生活圈	16.46%	9.88%
徐东次区域生活圈	20.25%	12.77%
王家墩—汉口火车站次区域生活圈	24.05%	17.45%
武广次区域生活圈	20.25%	17.45%
洪山广场次区域生活圈	21.52%	20.85%
光谷次区域生活圈	16.46%	14.04%
既有次区域生活圈数据区间分布	15% ～ 25%	10% ～ 20%

资料来源：作者自绘

　　由此,本节汇总形成次区域生活圈空间集聚化原则的衡量标准及其参考值区间建
议（此处已略去前文已论述过的指标）,结果如表 4-12 所示。

---

[1]　林小如. 反脆性大城市地域结构的目标、准则和理论模式 [D]. 武汉：华中科技大学,2015.

次区域生活圈空间集聚化原则的衡量标准及其参考值区间建议　　　表 4-12

衡量指标（略去前文已论述指标）	参考值区间建议
扩展通勤圈形态曲线边界任意点距离中心的时间距离	≤ 40 分钟
核心圈 500m 内就业岗位密度	1.5 ~ 5 万个 /km²
核心圈就业岗位密度	0.5 ~ 1.5 万个 /km²
通勤走廊轨交站点周边 500m 内就业岗位密度	0.5 ~ 1.5 万个 /km²
通勤走廊内就业岗位密度	0.5 ~ 1.0 万个 /km²
核心圈内常住人口密度	1.5 ~ 3.0 万人 /km²
通勤走廊内常住人口密度	1.0 ~ 2.0 万人 /km²
核心圈居住用地面积占比	28% ~ 40%
通勤走廊居住用地面积占比	30% ~ 40%
核心圈生活服务用地面积占比	5% ~ 20%
核心圈就业用地面积占比	25% ~ 45%
通勤走廊就业用地面积占比	20% ~ 35%
核心圈 1000m 外居住用地面积占比	30% ~ 50%
通勤走廊轨交站点 800m 内居住用地面积占比	35% ~ 40%
核心圈 500m 内就业用地面积占比	25% ~ 55%
核心圈 500 ~ 1000m 内就业用地面积占比	20% ~ 35%
通勤走廊轨交站点周边 1000m 内就业用地面积占比	25% ~ 40%
核心圈 500m 内生活服务用地面积占比	15% ~ 40%
核心圈 500m 内城市道路用地面积占比	15% ~ 25%
核心圈 500 ~ 1000m 内城市道路用地面积占比	10% ~ 20%

资料来源：作者自绘

4.2 大城市"次区域生活圈"空间组织模型

4.2.1 静态模型及数字表征

对于城乡规划学这一实践性较强的学科而言，仅仅提出理论或文字层面的原则和标准表述是不够的，其虽然具有较强的思想凝练性，但难以直观地指导具体空间规划实践。只有对上述思想进行"空间抽象化""图式语言化"，才能更加直观地、深刻地理解"职住平衡化、公共服务本地化、空间集聚化"原则的空间内涵，以及反映上述原则的若干指标参考值区间。

考虑到"次区域生活圈"作为组织都市区整体空间发展的次结构，应具有较合适的中观次结构尺度,应具有较强的结构清晰度、形态边界可识别性、规划布局易操作性,本书建构并描绘出理想化的"次区域生活圈"空间组织的静态模型图式(图 4-2)。

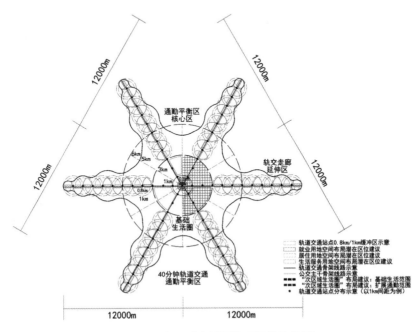

图 4-2　次区域生活圈的理想结构模型

资料来源:作者自绘

理想化的"次区域生活圈"空间组织的静态模型蕴含了若干数字化特征:

①理想化的次区域生活圈必须具备一个完善的日常生活圈公共中心(区),此公共中心(区)应具有同时作为城市的主要就业中心和服务周边的生活服务中心的双重职能。因此,一个次区域生活圈的结构形态同时由两部分构成:一是服务周边的生活服务中心衍生的"基础生活圈";二是城市主要就业中心衍生的"40 分钟通勤平衡区",两者缺一不可。必须辨析的是:如果一个公共中心仅仅具备服务周边的生活服务中心职能,但达不到城市主要就业中心能级,那么其将难以衍生形成完善的次区域生活圈,而只能衍生形成一个依托"生活服务中心"的基础生活圈。

②本书主观建构位于中央的基础生活圈为一个半径约 3km,面积近 30km² (28.26km²)的圆形区域,是次区域生活圈公共中心(区)的"生活服务中心"的辐射影响范围,体现出公共服务本地化的原则。

③本书主观建构 40 分钟轨道交通通勤平衡区为一个具有多方向通勤走廊的紧凑舒展区域,是次区域生活圈公共中心(区)的城市主要就业中心衍生形成的影响范围。

上述模型中的通勤平衡区总面积为 170.25km²，任意两点之间时间距离的平均值约为 40 分钟，总体职住比率（JR 比）约为 0.40 ~ 0.84，体现出对职住平衡化的考量。考虑到次区域生活圈作为组织都市区内部空间次结构的清晰度、可识别性和易操作性，将通勤平衡区进行圆形拟合（基于 ArcGIS10.2 平台），界定出"通勤平衡区核心区"，"通勤平衡区核心区"可抽象为一个半径约 6km，面积约 113.04km² 的圆形区域，该区域占到整个通勤平衡区总面积的 66.40%。

上述模型中的 40 分钟通勤平衡区内各通勤走廊的最大距离为 12km，该距离基于 40 分钟的最大通勤时间，是居民乘坐轨道交通在 40 分钟时间内可以到达的最远距离。界定、测算该距离考虑了以下因素：一是平均候车时间——我国大多数城市的地铁发车时间为 5 ~ 8 分钟，意味着乘客在任意时间进入站台的平均候车时间约为 4 分钟。二是到站及出站步行时间——从出发地步行至地铁站台的时间以及从地铁站台步行至终点目的地的时间各 8 分钟（通常地铁站点比公交站点更远、需考虑额外的安检、上下扶梯等环节）。三是地铁运行过程的平均时速——纳入停站上下乘客、加减速后，城市地铁普遍的通勤时段的平均运行速度约为 30 ~ 40km/h。由此估算居民在 40 分钟理想通勤时间内实际花费的地铁运行时间约为 20 分钟。在地铁线路直线运行的理想状态下，进而测算得到走廊最大距离约为 12km。

④上述模型中由 6 个方向轨道交通引导形成的 40 分钟通勤平衡区内的常住人口总量可达约 175 ~ 350 万人，平均常住人口密度约 1.03 ~ 2.06 万人 /km²。其中，6km 半径的通勤平衡区核心区内的常住人口总量可达约 127.17 ~ 254.34 万人。

⑤上述模型中由 6 个方向轨道交通引导形成的 40 分钟通勤平衡区内的就业岗位总量可达 85 ~ 175 万个，平均就业岗位密度约 0.5 ~ 1.0 万个 /km²。其中，6km 半径的通勤平衡区核心区内的就业岗位总量可达 56.52 ~ 127.17 万个。

⑥依托公共中心（区）辐射形成的 3km 半径基础生活圈的常住人口总量可达 42 万 ~ 85 万人，就业岗位总量可达 14.13 万 ~ 42.39 万个。

⑦ 3km 基础生活圈内的就业用地面积可达 7.07 ~ 12.71km²。生活服务用地面积可达 1.42 ~ 5.63km²。公交站点数量应不少于 56 个。

⑧上述模型中依托轨道交通形成的 6 个方向通勤走廊分别容纳的常住人口总量可达 26 ~ 52 万人，就业岗位总量可达 13 ~ 26 万个。各方向通勤走廊内的居住用地集中分布于轨道交通站点周边 800m 圆形区域内，该区域内居住用地总面积约为 3.5 ~ 4.0km²。就业用地集中分布在轨道交通站点周边 1000m 圆形区域内，该区域内就业用地总面积约为 4.0 ~ 6.3km²。

⑨ 3km 基础生活圈可进一步细分为 3 个圈层。内圈层为 500m 半径圆形区域，是整个日常生活圈的公共中心（区），面积为 0.79km²。就业岗位总量可达 1.2 ～ 4.0 万个，就业用地面积约 0.20 ～ 0.43km²，是单个次区域生活圈内就业密度最高的区域，可认为是次区域生活圈内的就业中心（注意：是密度最高，但不一定总量最高）。该圈层生活服务用地面积约 0.12 ～ 0.32km²。城市道路用地面积约 0.12 ～ 0.20km²，形态为方格网或放射式。中圈层为 500 ～ 1000m 圆环区域，面积为 2.35km²，该圈层城市道路用地面积约 0.24 ～ 0.47km²，形态延续方格网或放射式。外圈层为 1000 ～ 3000m 圆环区域，面积为 25.12km²，是居住用地主要集聚地，居住用地面积约 7.56 ～ 12.58km²。

⑩上述模型中由轨道交通引导的 40 分钟通勤平衡区内包含了 6 个方向的轨道交通线路，总计约 67 个轨道交通站点，站点平均间距应设定为 1 ～ 1.5km。6 个方向轨交线路在次区域生活圈公共中心（区）汇集交叉，形成一个显著的轨道交通枢纽。

总体上，从次区域生活圈静态模型的空间形态来看，其非常类似于早期城市结构形态研究中对城市空间受控增长、城市形态历史演变、不同交通方式引导下的城市形态的特征描述[1]（图 4-3、图 4-4、图 4-5），某种程度上说明"次区域生活圈"理想空间模型具有形态渊源，也表明这种都市区内部的"次区域"结构具有与城市整体结构类似的形态特征，体现了当代都市区发展中蕴含的"城市中的城市（Cities in City）"理念[2]。次区域生活圈理想空间模型揭示出当代都市区内部空间形态演化的典型阶段特征。

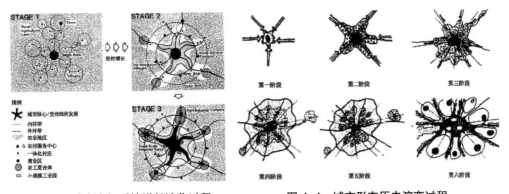

图 4-3　城市空间受控增长演化过程　　　　图 4-4　城市形态历史演变过程

---

① 黄亚平. 城市空间理论与空间分析 [M]. 南京：东南大学出版社，2002.

② 孙施文：上海城市未来发展，我们要关注什么？ [EB/OL][2016-05-05]. http://www.planning.org.cn/report/view?id=60.

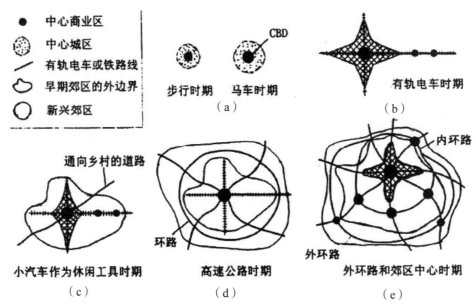

图 4-5 不同交通方式引导下的城市形态演化

资料来源：截取自《城市空间理论与空间分析》，黄亚平，2002

4.2.2 模型形态的阶段演化

事实上，上述次区域生活圈理想的空间组织模型非各大城市普遍具备，其形成也不是一蹴而就。对很多大城市而言，其在特定的发展阶段未必能形成理想的次区域生活圈结构，大城市内部不同地域也并非能够同步布局组织相同的理想结构。大多数情况下，城市内部不同区位的次区域生活圈发展往往处于理想模型的不同演化阶段。此处对理想模型空间态的演化过程进行模拟和推演，有助于将其与现阶段大城市内部不同区位功能空间发展联系起来，也能够为理想模型的实现提供较为清晰的发展路径。

从理想化的空间组织图式形态来看，轨道交通引导下的多方向通勤走廊对整体形态特征的影响非常显著。本书在假设次区域生活圈公共中心（区）已然存在的情况下，根据通勤走廊引导方式及其数量的变化将次区域生活圈理想空间组织形态的演化过程分为 5 个阶段，分别为：

①公交组织阶段（图 4-6）；

②轨道交通起终点单向单线引导阶段（图 4-7）；

③轨道交通起终点双向双线或单线贯穿引导阶段（图 4-8）；

④轨道交通双线交汇或起终点多向多线引导阶段（图 4-9）；

⑤完善轨道交通组织下的理想结构形态阶段。

其中，公交导向阶段是大城市内部尚未通达任何地铁线路地区所处的客观情况，

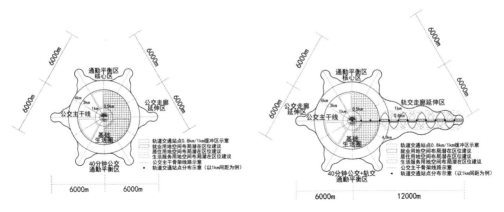

图 4-6　公交组织阶段
资料来源: 作者自绘

图 4-7　轨道交通起终点单向单线引导阶段
资料来源: 作者自绘

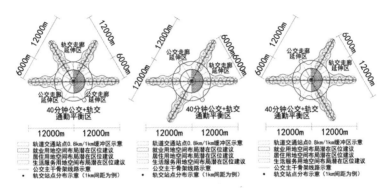

图 4-8　轨道交通起终点双向双线或单线贯穿引导阶段（若干子类型）
资料来源: 作者自绘

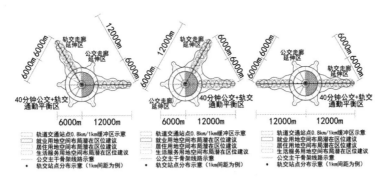

图 4-9　轨道交通双线交汇或起终点多向多线引导阶段（若干子类型）
资料来源: 作者自绘

本书将其作为理想模型演化的初级阶段，这一阶段在当代都市区内部最为常见。本书认为，在没有特殊地形环境阻隔或限制的情况下，初级阶段具有形成多方向均衡公交引导的可能性（组织公交系统实现这一目标并不困难）。初级阶段中，关于公交引导下的通勤走廊最大路径距离，仍然基于前述 40 分钟通勤时间的计算方法。不同于轨道交通之处在于平均候车时间、到站及出站步行时间、交通运行平均速度、地面红绿灯及高峰地面交通对运行速度的影响差异。对于城市地面公共交通而言，本书经过比较分析考量：一是平均候车时间——我国大多数城市的早晚高峰公交车发车间隔为 5 ~ 10 分钟，意味着乘客在任意时间到达公交站点的平均候车时间约为 5 分钟。二是到站及出站步行时间——该项比轨道交通短，本书将从出发地步行至公交站台的时间，以及从公交站台步行至终点目的地的时间各设置为 5 分钟。三是公交运行过程的平均时速——该项由于存在地面红绿灯管制以及早晚高峰地面交通（尤其是私家车）对公交运行时速的影响，时速相较轨道交通大幅降低。本书认为较理想且客观的通勤时段城市公交平均运行速度约为 15km/h（事实上虽然很多城市提出建设"公交都市"，但实际通勤高峰运行的时速往往非常低，如上海市 2012 年公交高峰时速仅为 10 ~ 12km/h，济南市 2012 年公交高峰时速甚至仅为 8km/h，2014 年深圳十大拥挤路段早高峰公交车时速仅为 7.1km/h 等）。由此估算居民在 40 分钟理想通勤时间内实际花费的公交运行时间约为 25 分钟。理论上，在公交线路直线运行的理想状态下，可测算得到走廊最大距离约为 6km。但是，都市区内部多数公交线路并非直线运行，且居民出行可能出现公交换乘情况。本书进一步根据这一客观事实测算非直线及换乘情况下的最大距离，认为该情况会新增平均候车和站点换乘时间约 5 ~ 10 分钟，进而使得 40 分钟内的有效公交运送最大距离缩减至约 4km。最终，本书将两种情况下的通勤走廊形态组合起来，形成第一阶段的结构模型。

根据前述对理想模型数字化的分析，可以判断：随着次区域生活圈空间组织形态从初级向高级阶段的不断演化，每增加一个方向的轨道交通通勤走廊，相当于将公交引导的通勤走廊长度扩大两倍，相应地将 40 分钟通勤平衡区面积扩大 26.28km²，将通勤平衡区常住人口规模提高约 26 万 ~ 52 万人，就业岗位总量新增约 13 万 ~ 26 万个。从某种程度上看，次区域生活圈空间组织形态的演化过程即是依托轨道交通建设扩大次区域生活圈服务范围和服务人口的过程。同时，必须注意的是，基础生活圈对轨道交通的灵敏度较低，依托轨道交通演进的不同阶段的次区域生活圈并没有出现基础生活圈范围的变化，都市区内需要的基础生活圈数量可能要多于 40 分钟通勤平衡区核心区。

此外，本书还提出一种由轨道交通引导的次区域生活圈的超理想组织结构（图 4-10）。认为该组织结构是多数都市区内部的次区域生活圈空间组织的极限形态。影响形成这种扩展结构的主要因素是次区域生活圈内新增了一条轨道交通环线。这条环线大约分布在距离次区域生活圈公共中心（区）6km 左右的地方，环绕公共中心（区）将多个方向的轨道交通线路串联起来形成网络状结构。需要注意的是，都市区内部轨道交通建设过程中经常会产生中转换乘点、局部环线，但从不同阶段的次区域生活圈空间组织形态来看，局部环线距离公共中心（区）过近或过远均难以拓展出新的通勤平衡区域。这条环线的价值正在于其促进了距离公共中心（区）6km 外通过地铁换乘实现 40 分钟通勤平衡的可能。

不过，由于都市区内并非所有区位均具有建成类似轨道交通环线的可能性，因此超理想组织结构通常少量地存在于都市区中央地带。而对于都市区内部的大量一般地区而言，本书认为该阶段可能难以实现，故而仍将第五阶段——完善轨道交通引导下的理想结构形态作为次区域生活圈空间组织的普适目标。

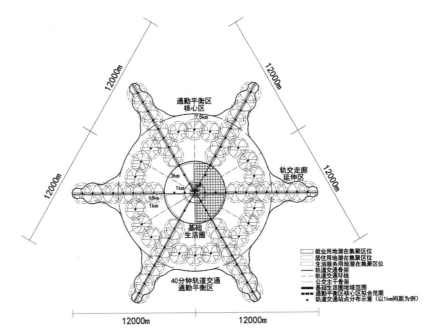

图 4-10 次区域生活圈空间组织超理想结构模型
资料来源：作者自绘

4.2.3 地理环境格局对模型的再塑造

本书提出的次区域生活圈内部空间组织的理想空间结构模型，是建立在地理环境格局少约束、少阻隔、少限制的前提假设下，也可以近似认为接近平原型城市的地形地貌特征。但是事实上，我国幅员辽阔、山水资源丰富、地形地貌多变复杂，平原型城市不能代表全部城市的地理环境格局特征，这就使得实际的部分都市区内次区域生活圈理想结构模型可能受到地理环境格局的再塑造，如武汉、南京、长沙等山水复合型城市，或是重庆、兰州、贵阳等山地型城市均可能面临此类情况。

不同地理环境格局是通过自然约束、空间分隔等形式限定理想结构模式的空间形态，如兰州东西狭长、南北高山的地形地貌可能导致都市区内部分区位的次区域生活圈难以在南北方向上形成 12km 长的轨道交通通勤走廊，甚至无法在某个方向上建设轨道交通线路。又如武汉江湖山丘遍布的地形地貌可能导致都市区内部分区位的日常生活圈被大面积水体或山体分隔，阻碍部分方向的轨道交通建设及通勤走廊形成、降低理想的公交运行时速从而压缩公交通勤走廊最大长度、大幅降低基础生活圈或扩展通勤圈在部分方向和区域上的覆盖地域面积和人口规模。

4.3 大城市"次区域生活圈"功能与空间组织理想指标体系

本书从都市区内部次结构空间组织的角度出发，针对"次区域生活圈"的 3km 基础生活圈和 6km 通勤平衡区核心区原型结构，基于图 4-2 的理想空间组织模型，描绘出完善轨道交通组织下的次区域生活圈内部空间组织的理想指标体系（表 4-13）。

"次区域生活圈"空间组织的理想指标体系　　　　　　　　　　表 4-13

基础生活圈空间组织的理想指标体系			
形态、半径及地域面积	形态抽象：圆形区域	半径：3.0km	面积：28.26km²
常住人口密度及总量	总量：42.39 ~ 84.78 万人	密度：1.5 ~ 3.0 万人/km²	
就业岗位密度及总量	总量：14.13 ~ 42.39 万个	密度：0.5 ~ 1.5 万个/km²	
大型连锁超市个数及密度	个数：5 ~ 20 个	地均：0.21 ~ 0.74 个/km²	人均：0.07 ~ 0.27 个/万人
商场百货个数及密度	个数：7 ~ 69 个	地均：0.25 ~ 2.55 个/km²	人均：0.17 ~ 0.81 个/万人
购物中心个数及密度	个数：1 ~ 9 个	地均：0.04 ~ 0.33 个/km²	人均：0.03 ~ 0.11 个/万人
家电商城或连锁专卖店个数及密度	个数：4 ~ 27 个	地均：0.16 ~ 0.99 个/km²	人均：0.07 ~ 0.40 个/万人
家具商城或家居广场个数及密度	个数：1 ~ 14 个	地均：0.04 ~ 0.52 个/km²	人均：0.03 ~ 0.18 个/万人
体育运动场馆个数及密度	个数：22 ~ 76 个 ≥ 1 个中型全民健身中心	地均：0.78 ~ 2.71 个/km²	人均：0.35 ~ 1.27 个/万人
公园绿地个数及面积占比	面积：0.57 ~ 2.83km² 个数：1 ~ 4 个	面积占比：2% ~ 10%	人均：0.02 ~ 0.05 个/万人
健身房或健身中心个数及密度	个数：17 ~ 69 个	地均：0.32 ~ 2.46 个/km²	人均：0.42 ~ 1.22 个/万人
广场空地个数及面积占比	面积：0.06 ~ 0.23km² 个数：1 ~ 3 个	面积占比：0.2% ~ 0.8%	人均：0.01 ~ 0.04 个/万人
公共图书馆或大型书城个数及密度	个数：2 ~ 9 个 ≥ 1 个中型公共图书馆	地均：0.08 ~ 0.32 个/km²	人均：0.03 ~ 0.15 个/万人

续表

基础生活圈空间组织的理想指标体系		
电影院个数及密度	个数：3 ~ 13 个	地均：0.13 ~ 0.49 个 /km^2	人均：0.06 ~ 0.18 个 / 万人
KTV 个数及密度	个数：25 ~ 97 个	地均：0.91 ~ 3.45 个 /km^2	人均：0.51 ~ 1.48 个 / 万人
土地利用混合度	≥ 0.63		
拥有公共中心（区）个数及位置	个数：1 个	区位：500m 内圈层	
居住用地面积及占比	面积：7.91 ~ 11.30km^2	占比：28% ~ 40%	
就业用地面积及占比	面积：7.07 ~ 12.72km^2	占比：25% ~ 45%	
生活服务用地面积及占比	面积：1.41 ~ 5.65km^2	占比：5% ~ 20%	
公交站点总量及密度	总量：≥ 56 个	密度：≥ 2 个 /km^2	
500m 内圈层形态及面积	形态抽象：圆形区域	面积：0.79km^2	
500 ~ 1000m 中圈层形态及面积	形态抽象：圆环区域	面积：2.35km^2	
1000 ~ 2000m 外圈层形态及面积	形态抽象：圆环区域	面积：25.12km^2	
500m 内圈层就业岗位总量及密度	总量：1.2 ~ 4.0 万个	密度：1.5 ~ 5 万个 /km^2	
500m 内圈层就业用地面积及占比	面积：0.20 ~ 0.43km^2	占比：25% ~ 55%	
500m 内圈层生活用地面积及占比	面积：0.12 ~ 0.32km^2	占比：15% ~ 40%	
500m 内圈层道路用地形态、面积及占比	形态：放射式或方格网	面积：0.12 ~ 0.20km^2	占比：15% ~ 25%
500 ~ 1000m 中圈层道路用地形态、面积	形态：放射式或方格网	面积：0.24 ~ 0.47km^2	占比：10% ~ 20%
1000 ~ 3000m 外圈层居住用地面积及占比	面积：7.54 ~ 12.56km^2	占比：30% ~ 50%	
轨道交通站点间距	间距：1 ~ 1.5km		
40 分钟通勤平衡区核心区空间组织的理想指标体系		
形态	拟合为圆形区域		
地域面积	面积：113.04km^2	半径：6km	
通勤平衡区核心区常住人口规模及密度	总量：127.17 ~ 254.34 万人	密度：1.13 ~ 2.25 万人 /km^2	
通勤平衡区核心区就业岗位规模及密度	总量：56.52 ~ 127.17 万个	密度：0.5 ~ 1.13 万个 /km^2	
通勤平衡区轨道交通站点间距	间距：1 ~ 1.5km		

资料来源：作者自绘

第5章

大城市"次区域生活圈"空间组织优化策略

5.1 职住适配策略

平衡适配是"次区域生活圈"内部空间组织的重要优化目标,回应职住平衡化原则,指促进常住人口数量与就业岗位数量的匹配,目的是使得"次区域生活圈"通勤平衡区的总体职住比率(JR比)回归至0.40～0.84之间。从城乡规划学土地利用与空间资源配置的角度来看,为实现这一目标,需要做出的努力应聚焦于3个行动领域。

5.1.1 混合用地类型

这种优化路径手段是指:增加特定潜在次区域生活圈内的用地类型,促进土地混合开发,避免产生大面积的单一性质用地,如大面积居住区、大面积工业园区。因为任何仅具有单一性质用地的地区决无可能实现本地的职住平衡。

对已有建成区,特别是城市中心或近郊的潜在次区域生活圈地区而言,往往已存在数量众多的大面积居住区或大面积工业园区,有效的优化做法可通过用地功能置换、局部挖潜、城市更新等方式不断地植入多种用地类型,尤其是居民日常职住所需的居住用地、就业用地、道路交通用地等。对于尚未建成的新城潜在次区域生活圈地区而言,规划之初就应明确综合性新城理念,通过调整控规地块出让的用地性质、协调各类专项规划等方式为特定地区形成合理的次区域生活圈提供职—住双重用地支撑,规避"卧城""夜间空城"等问题。

5.1.2 增减居住与就业用地规模

这种优化路径手段是指:调节特定潜在基础生活圈、潜在通勤平衡区核心区内的居住用地规模(与占比)、就业用地规模(与占比)。这一路径手段建立在用地类型混合的基础上,但仅仅通过增加用地类型并不一定能实现平衡适配目标。根据"次区域生活圈"建构原则及标准，过少的居住用地和过多的就业用地将导致人口少、岗位多的"供大于求"的状态。过多的居住用地和过少的就业用地将导致人口多、岗位少的"供不应求"的状态。只有当居住用地和就业用地规模与占比均在一定区间内时，才能实现供求数量的相对平衡。

对主城建成区内，特别是包含旧城地带和集中成片的保障性住房地区的潜在次区域生活圈地区而言，往往呈现居住用地规模及占比过高的情况，有效的优化做法应首先严控旧城改造中的高强度、高层数的房地产开发建设，其次应渐进式地开展居住功能置换和人口疏解，再者借助"退二进三"和居住功能置换为植入就业用地"腾笼"，特别是三产服务业用地，使潜在基础生活圈、潜在通勤平衡区核心区内的居住用地规模及占比回归合理区间。

对近郊建成区，特别是包含传统工业的大型厂区或 20 世纪 90 年代陆续建设的工业园区、经济技术开发区的潜在次区域生活圈而言，其现阶段往往存在板块化工业用地规模占比过高的情况，有效的优化做法首先应严控粗放式工业项目的进一步入驻集中，其次应渐进式地拆分板块为模块，再者将布局相对灵活、对区位要求不高的后台服务模块进行空间转移和用地置换，见缝插针地植入居住用地，特别是相对高密度的、承载较大人口规模的房地产开发，以提高常住人口规模，使得潜在基础生活圈、潜在通勤平衡区核心区内的就业用地规模及占比回归合理区间。对尚未建设的新城潜在次区域生活圈地区而言，规划之初就应在潜在基础生活圈、潜在通勤平衡区核心区内分别测算应配置的居住用地及就业用地规模，通过局部用地规模调整、部分用地选址移动等促进各个区位的用地规模达标。

5.1.3　聚合重塑就业中心区

这种优化路径手段是指：以"次区域生活圈"为基本单元塑造建设 1 个完善的就业中心（区）。一个"次区域生活圈"近似一个 40 分钟通勤平衡区，而一个 40 分钟通勤平衡区内应具有 1 个完善的就业中心（区）。本书中所指的完善的就业中心区所在区位是中央基础生活圈内的 500m 内圈层。

实证分析已揭示：就业中心（区）是次区域生活圈内单位用地就业岗位数量最多的区域。塑造完善的就业中心（区）是促进"平衡适配"的必要手段，因为假若"次区域生活圈"内不存在就业中心，那么其整体就业岗位密度将大幅下降，外围就业密度下的就业岗位总量将难以支撑常住人口的就业上岗数量需求。但这也并不意味着就业中心（区）是"次区域生活圈"内的就业岗位及就业用地的唯一集聚地。事实上，除了就业中心（区）外，"次区域生活圈"内还散布着一些就业用地和就业岗位。就业中心区的存在突出了"次区域生活圈"内就业岗位密度在基础生活圈 500m 内圈层的单心极化格局。

在已建成区的潜在"次区域生活圈"地区内重塑就业中心（区）的关键是调整功能用地区位、重组聚合设施。因为主城区很多情况下并不是缺乏就业岗位，而是设施用地的零散化和遍地开花导致了功能离散、缺乏整合。最典型的特征就是当代很多大城市内均布局有匀质分散的商务办公楼群，其与城市中既有的公共中心体系分离错配，惯于另起炉灶地试图建设理想化的新中心，但很少能真正到就业中心（区）能级。这种问题与行政区经济体制自然密不可分，但缺乏明确的规划引导也是导致这一问题的重要因素。因此，应对潜在的次区域生活圈区域进行土地利用与功能设施布局的更新置换，在对其总量就业用地规模进行调控的同时，将商业、商务等高端高密度的就业功能设施与用地向基础生活圈 500m 内圈层聚合，重塑日常生活圈就业中心（区）。

而对于尚未形成或停留在规划阶段的新城潜在次区域生活圈地区而言，重塑"次区域生活圈"就业中心的关键是引导划定、吸纳培育与公服带动。一方面，应在土地利用层面重划或明确拟定就业中心（区）的地域范围，设定中心区内的功能用地类型及规模（有关这种"就业中心区"应如何选址，本书暂不讨论）。另一方面，应主动地引导、吸纳、承载主城疏解出来的功能用地或后台服务设施，将它们集中、凝聚于划定的就业中心（区）范围内；同时大力培育新兴的就业功能，如：新兴产业模块、尖端信息科技等；此外，还应通过在潜在就业中心（区）内建设公共服务设施的分支机构（如医疗卫生、体育文化等）带动就业市场兴起。

5.2 公服内聚策略

内聚自足是"次区域生活圈"内部空间组织的重要优化目标，回应公共服务本地化原则，指的是促进基础生活圈内各类居民日常活动场所设施的完善配置。从城乡规划学土地利用与空间资源配置的角度来看，为实现这一目标，需要做出的努力应聚焦于 3 个行动领域。

5.2.1 增补大概率、经常性活动场所设施类型

这种优化路径手段是指：对潜在的基础生活圈范围内的场所类型进行增补，使之满足居民日常生活对商业购物、康体运动、娱乐休闲等设施的需求，为创造良好的自

足环境奠定基础。这种场所的增补既可以直接通过设施植入的方式，如增补配置公共图书馆、体育馆、广场和公园等（这些均可在控制性详细规划中进行实体或点位控制）；也可以通过在土地出让中增设规划用地条件进行引导，如要求必须配置建设电影院或购物中心；还可以通过布局相应的用地类型来促进相关场所的衍生，如依托零售商业用地的规划来培育大型连锁超市与商场百货等商业消费场所。

对已建成区的潜在"次区域生活圈"地区进行旧城改造时，增补场所类型往往建立在用地挖潜、功能置换、还建配套等行动的基础上，总体上属于渐进式改善。而对尚未建成的新区新城潜在次区域生活圈地区进行优化时，增补场所类型则可以通过调整土地利用方式、规定设施配置类型、新增特定用地类型等方式予以实现，场所类型没有标准上限与下限之分，具备全部类型是形成完善基础生活圈的基本条件。

5.2.2　调控场所设施数量及其用地规模

这种优化路径手段是指：对潜在的基础生活圈范围内的设施数量与用地规模进行调控。这一方面呼应前述对场所类型的增补，另一方面是按照理想指标体系中日常活动场所设施数量的区间，对既有的设施与用地进行加减。所谓"增"，就是潜在基础生活圈内虽然可能已有相关场所类型，但数量不足，难以满足大量常住人口对公共服务本地化的需求，需要进行功能培育内聚。所谓"减"，就是潜在基础生活圈内可能已扎堆过多的某种场所类型，超出了本地区常住人口的需求，需要进行功能疏解。

对于已建成区的潜在"次区域生活圈"地区而言，两个问题最为紧迫：一是建成区场所设施数量分布不均衡问题。二是局地场所设施过剩问题。共同需要的是场所设施的区位迁移，建成区功能设施配置上应转变极化引导为均衡引导，尤其应注意近年来 KTV、大型连锁超市的扎堆建设已造成局地业态饱和，但实际上很多地区尚处于服务缺乏状态。而对于尚未建成的新城新区潜在次区域生活圈地区而言，场所设施的数量过少、集聚动力不足是最大阻碍。规划一方面应利用部分公益性服务设施的超前配置来诱导营利性服务设施集聚，另一方面应通过土地利用的区位格局调整来保证生活服务用地面积的足量程度，且促进用地空间集聚。其设施数量与用地规模可按理想区间的下限参订。

5.2.3　重组建设生活服务中心区

这种优化路径手段是指：对于潜在的基础生活圈区域而言，促进公共服务内聚自足的最好方法就是进行生活服务设施与用地的极化布局，以 1 个基础生活圈为单元重组形成 1 个完善的生活服务中心（区），其区位是基础生活圈 500m 内圈层。

对于已建成区，特别是包含旧城区的潜在次区域生活圈地区而言，重组生活服务中心（区）的难度在于既有功能设施分散和有限建设空间限制。对于未建成区的新城潜在次区域生活圈地区而言，建设生活服务中心（区）的难度在于功能培育不足。因此，对于前者，其空间结构优化策略应充分利用城中村改造、危旧房屋拆迁、退二进三等契机，实施功能转移、置换与空间挖潜和集并。对于后者，其空间结构优化策略应倾向于主动地功能构建，并充分配合常住人口与就业岗位的吸纳过程。

5.3　圈域重构策略

理想圈域是"次区域生活圈"内部空间组织的重要优化目标，回应空间集聚化原则，指的就是按照一定的规模和密度要求促进圈域形态不断迈向理想结构，以及促进各类用地和交通设施的集中配置。从城乡规划学土地利用与空间资源配置的角度来看，为实现这一目标，需要做出的努力应聚焦于 3 个行动领域。

5.3.1　重构划定圈域范围

这种优化路径手段是指：按照理想的"次区域生活圈"空间结构模型，突破传统的行政区边界和自然要素框定边界，按照理想的基础生活圈和通勤平衡区核心区形态和范围对主城与新城进行圈域重构。重构划分边界范围应充分考虑前述各类就业中心（区）和生活服务中心（区）的区位布局可能。塑造通勤平衡区核心区的形态和范围应充分考虑城市未来轨道交通建设的可能情景。

对于主城已建成区的潜在次区域生活圈地区而言，边界范围的重构应尽可能依托已然形成的、较为明确且成熟的若干中心（区）。对于新城潜在次区域生活圈地区而言，应树立"1 个新城就是 1 个次区域生活圈"的概念，可参考情景规划的方法给出若干种公共中心（区）及次区域生活圈边界范围的方案，再根据实际情况进行优选。规划过大的新城应予以用地拆分或空间剥离。

此外，在重构划分边界范围时还必须考虑地形地貌对次区域生活圈圈域形态的影响，这一点在山水复合型大城市和山地型大城市中尤为重要。大型开敞空间的存在将可能降低潜在圈域内特定方向的道路交通线网密度和通行能力、增加交通分流和网络化组织的难度、增加居民出行过程的拥堵时间，导致居民出行可达性和设施服务可达性的双重下降，从而导致潜在次区域生活圈的时空服务地域范围出现"萎缩"或"扭曲变形";另一方面是大型山水生态环境的分隔在某种程度上直接决定了居民日常活动的区位分布可能、范围大小与边界形态特征，使得"次区域生活圈"基本功能发展所需的地理空间要素（一定规模的地域范围面积、相对均衡的连片建设用地）难以满足。以武汉为例，那些被大江（如长江、汉江）、较大规模湖泊（如东湖、汤逊湖），或较大规模山体所分隔的特定地域范围，均较难形成理想的形态结构。正如武汉自古以来被长江和汉江分隔而三镇自成一体；即便在已有多座长江大桥、过江地铁和隧道的今天，很多武昌人仍表示"一年只去过汉口几次"，住在汉口的人表示"一年里难得去一次武昌"，住在汉口和武昌的人均表示"一年里几乎从来没去过汉阳"；很多的士司机表示"我是汉口的车，不去武昌"；甚至有报道打趣道"在武汉工作但并不同居的男女朋友属于异地恋"[①]；更有众多本地居民认为武汉"很大"，而此种潜意识的"认知距离扩大化"在很大程度上归因于大江大湖对建成区空间的分隔，这些都说明武汉都市发展区内很难形成跨越大江的"次区域生活圈"。

5.3.2　推动功能用地向特定区位汇聚

这种优化路径手段是指：按照理想的"次区域生活圈"空间结构模型，引导潜在次区域生活圈地区内的各类功能用地向特定的区位集中，且调控特定区位内用地的面积与占比。具体内容包括：引导生活服务用地向基础生活圈 500m 内圈层集中；引导就业用地向次区域生活圈 500m 内圈层和轨交站点 1000m 内集中；引导居住用地向基础生活圈 1000 ~ 2000m 外圈层和轨交站点 800m 内集中；引导城市道路用地向次区域生活圈 500m 内圈层和 500 ~ 1000m 中圈层集中。规划应通过土地利用的用地面积及占比调配，来优化形成上述用地在潜在"次区域生活圈"地区内的分布格局。

对于尚未建成的新城潜在"次区域生活圈"地区而言，这一目标并不困难，通过局部调整规划用地布局、控制用地规模即有机会实现，考虑到我国多数新城的用地汇聚能力尚显薄弱，相关数值参考指标区间下限即可。而对主城已建成区的潜在次区域生活圈地区而言，这一目标意味着渐进式地系统性布局调整，任何一项城市更新或建设活动均应遵循上述原则，以积极地推动用地空间区位转换。

5.3.3　定点定向地增设轨交—公交线路、调控公（交）轨（道）站点规模

这种优化路径手段是指：按照理想的"次区域生活圈"空间结构模型，在已重塑

---

① 揭秘武汉到底有多大：北上广沉默了 [EB/OL][2015-09-25]. http://i.ifeng.com/finance/sharenews.f?aid=98378029&vt=5.

划分出的潜在次区域生活圈边界范围内的不同方向上增设公交和轨道交通线路，同时调配公交站点规模和轨道交通站点规模。这项工作应在土地利用布局，尤其是交通专项规划中反映，其意味着对已有道路交通规划的调整。其中，轨道交通线路的调整相较于公交线路更加困难复杂，尤其是在很多大城市已相继确定了未来远期甚至远景轨道交通线网格局的情况下，因此这一调整必须提早、及时。对于尚在编制远期轨交线网规划的大城市而言，应基于次区域生活圈内部空间组织需求进行线网布局的调整。公交线路的增设目标是建立较为清晰的多方向快速公交骨架系统。公交站点规模的调控针对的是基础生活圈，建立在前述研究对"过低的公交密度难以支撑基础生活圈形成"的结论之上。

对主城已建成区的潜在次区域生活圈地区而言，增设的公轨线路的走向难以过于理想化，应考虑既有的功能空间分布格局，站点的调控应考虑周边已经形成的用地组织结构，重点放在功能植入与空间挖潜上。对于新城潜在次区域生活圈地区而言，反而适合参考理想结构模型均衡地预留出相应的公轨线路空间，并在布局用地时充分考虑轨道交通站点的区位分布特征。

5.3.4 案例应用：武昌南地区"次区域生活圈"空间组织优化

以"武昌南地区"为例，运用上述理论化的优化策略框架，演绎其现阶段功能空间优化应采取的主要措施。"武昌南地区"几乎是武汉主城范围内发展最为滞后的区域（图5-1），被当地居民戏称为"乡下"，以其潜在的次区域生活圈地域空间范围为基础，通过测算其现状功能空间发展的一系列相关指标，对照理想结构模型的结构形态及指标参考区间，研判其现阶段存在的主要问题。从整体的指标数据测算结果来看，武昌南地区几乎全部呈现"不达标"状态（表5-1），主要表现为：

①形成理想次区域生活圈所需配置的居住用地总量规模及占比均严重不足，数据显示仅达到理想指标下限的近1/2。同时，无论是潜在的基础

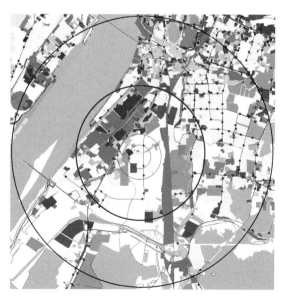

图5-1　武昌南潜在次区域生活圈现状土地利用特征
资料来源：作者自绘

生活圈范围，还是通勤平衡区核心区范围内的常住人口规模也仅达到理想指标下限的1/2。反映出"武昌南地区"的一个突出问题是居住用地配置及人口集聚能力不足。

②形成理想次区域生活圈所需配置的生活服务用地总量规模及占比均极度不足，现阶段几乎没有形成完善公共中心（区）的基础和态势。武昌南地区内，居民日常生活所需的各项场所设施类型严重短缺、数量严重不足，如尚无购物中心和大型商场百货，尚无公共图书馆或大型书城（连锁书店），尚无电影院。大型连锁超市、家电商城、体育运动场馆、健身房或健身中心、KTV数量均离理想指标的下限有差距。反映出"武昌南地区"的另一个突出问题是生活服务配套严重滞后。

③具有地区岗位供给和就业机会集聚效应的就业中心（区）没有形成，突出表现为基础生活圈500m内圈层就业岗位总量和就业用地面积的不足。整个通勤平衡区（核心区）范围内的就业岗位总量距离理想指标下限尚存在近"25万个"的缺口，反映出武昌南地区在就业服务供给上的突出问题是就业岗位总量规模不足、就业用地空间布局不甚合理、单位用地的就业岗位密度较低、产业用地利用粗放、低效。

④数据显示武昌南地区公交站点的配置个数尚不达标，这意味着该地区居民为完成日常活动而进行的交通出行可能非常困难或是高度依赖机动车，这使得该地区很难形成次区域生活圈。同时，尚未通达任何地铁线路使得武昌南地区在支撑理想次区域生活圈空间结构形态上没有"底气"。反映出武昌南地区在交通组织上的突出问题是公交和轨道交通线网及站点配置严重滞后。

武昌南潜在次区域生活圈主要指标测算结果及其与理想结构数值区间的对照　　　　表5-1

武昌南潜在次区域生活圈主要测算指标	指标测算结果	理想结构数值区间参照
基础生活圈居住用地面积	3.92km²	7.91 ~ 11.30km²
基础生活圈就业用地面积	8.90km²	7.07 ~ 12.72km²
基础生活圈生活服务用地面积	0.12km²	1.41 ~ 5.65km²
基础生活圈配置生活服务用地面积占比	0.42%	≥ 5%
基础生活圈配置就业用地面积占比	31.49%	≥ 25%
基础生活圈配置居住用地面积占比	13.87%	≥ 28%
基础生活圈配置公交站点个数	33个	≥ 56个
基础生活圈就业岗位密度及总量	9.96万个	14.13 ~ 42.39万个
基础生活圈大型连锁超市个数	2个	5 ~ 20个
基础生活圈商场百货个数	0个	7 ~ 69个
基础生活圈购物中心个数	0个	1 ~ 9个

续表

武昌南潜在次区域生活圈主要测算指标	指标测算结果	理想结构数值区间参照
基础生活圈家电商城或连锁专卖店个数	2 个	4 ~ 27 个
基础生活圈家具商城或家居广场个数	2 个	1 ~ 14 个
基础生活圈体育运动场馆个数	7 个	22 ~ 76 个
基础生活圈公园绿地面积	1.05km²	0.57 ~ 2.83km²
基础生活圈健身房或健身中心个数	3 个	17 ~ 69 个
基础生活圈广场空地面积	0km²	0.06 ~ 0.23km²
基础生活圈公共图书馆或大型书城个数	0 个	2 ~ 9 个
基础生活圈电影院个数	0 个	3 ~ 13 个
基础生活圈 KTV 个数	4 个	25 ~ 97 个
基础生活圈土地利用混合度	0.73	≥ 0.63
基础生活圈已形成的公共中心（区）个数	0 个	1 个
基础生活圈 500m 内圈层就业岗位总量	0.1 万个	1.2 ~ 4.0 万个
基础生活圈 500m 内圈层就业用地面积	0.14km²	0.20 ~ 0.43km²
基础生活圈 500m 内圈层生活用地面积	0km²	0.12 ~ 0.32km²
基础生活圈 1000 ~ 3000m 外圈层居住用地面积	4.08km²	7.54 ~ 12.56km²
基础生活圈常住人口总量	10.45 万人	42.39 ~ 84.78 万人
通勤平衡区核心区常住人口总量	59.21 万人	127.17 ~ 254.34 万人
通勤平衡区核心区就业岗位总量	31.86 万个	56.52 ~ 127.17 万个
轨道交通站点间距	∞（无轨交达）	1 ~ 1.5km

资料来源：作者自绘

由此，若希望在武昌南地区打造形成较为完善的次区域生活圈，从城乡规划土地利用与空间资源配置的角度，对应本章节前述的优化策略框架，武昌南地区现阶段应着重采取以下功能空间优化措施：

①较大规模地从城市中心疏解具有较高就业岗位密度的产业用地（如 B 类、A 类就业用地），或积极引导集约化、高效化、模块化聚合的新兴高端产业在武昌南地区选址兴建。退二进三，着力调整、分解、重组现有工业用地布局，在白沙洲大道高架和杨泗港大桥交汇处东侧重构形成武昌南潜在次区域生活圈的就业服务中心（区），促进就业岗位向公共中心（区）500m 范围内集聚，打造较为明确且功能完善的就业中心。

②大幅增加武昌南地区的公服配套的倾斜力度，补齐目前尚缺乏的日常活动场所设施类型，引导增加各类场所设施数量，在白沙洲大道高架和杨泗港大桥交汇处东侧重构形成武昌南潜在次区域生活圈的生活服务中心（区），促进就业岗位向公共中心

（区）500m 范围内集聚，打造较为明确且功能完善的生活服务中心。

　　③积极利用该地区工业用地改造、退二进三和滨江（长江）滨湖（黄家湖、青菱湖）的环境优势，主动增强武昌南地区居住用地开发量，促进常住人口规模增长。其中，基础生活圈中的居住用地开发若保持与现状人口密度相同的情况下，则至少需要增加 3 倍以上。整个通勤平衡区内的居住用地开发若保持与现状人口密度相同的情况下，则至少需要增加 1 倍。

　　④大幅增加武昌南地区的公交线网配置，尤其提高公交站点密度，力争尽快改善该地区居民日常活动出行条件，可以采用的方法除了线路增设和整合外，还可以考虑引入新型公交运行技术——比如 BRT 快速公交专用线、电轨公交系统等。优化该地区轨道交通线网布局，优先耦合上述公共中心（区）规划、建设和开通连接四新地区（跨江）、武昌老城地区、洪山广场地区、江夏纸坊老城、金口地区的轨道交通线网，建设依托公共中心的大型轨道交通换乘中转枢纽，尽快建构起支撑武昌南地区"次区域生活圈"空间结构形态的交通骨架。

第6章

结　语

6.1　本书的基本观点

本书从物质功能导向转变为人类活动和需求导向，以满足城市居民大概率、经常性日常活动需求为中心，以居民绿色低碳与公交出行为导向，回应当代大城市内部中观次结构合理组织的新诉求，顺应当代都市区存量再开发和城市区域化演进的双重趋势，系统研究大城市"次区域生活圈"内部空间组织问题，得到以下结论。

（1）都市区"次区域生活圈"在功能发展、空间发展、功能用地分布、总体格局上具有共性特征

①共性功能发展特征表现为："次区域生活圈"同时存在相似的基础服务职能及差异化的高级服务职能；具有类型较齐全、总量规模较大、地均和人均密度较高的日常活动场所设施；常住人口承载与岗位供给能力较强。

②共性空间发展特征表现为："次区域生活圈"空间结构形态呈现显著的基于核心圈及触角走廊的紧凑型次区域；"次区域生活圈"中的功能空间格局呈现内聚非均衡、圈层分异、轴向节点集中态势。

③共性功能用地分布特征表现为：居住用地呈现中央分布零散、疏密圈层递增、站点缓冲区聚合的特征；就业用地呈现中央连片集中、疏密圈层递减、站点缓冲区聚合的特征；生活服务用地呈现向心集中、内核极化、边缘延伸扩散的特征；城市道路用地呈现高密内聚、形态复合、主轴骨架显著的特征。

④都市区"次区域生活圈"总体格局特征表现为：用地组织形态以"次区域"为基本单元，"次区域"分布缺乏均衡性、基础职能地域覆盖失衡，不同"次区域"存在空间交互、但疏密程度圈层分异。

（2）都市区"次区域生活圈"形成过程遵循三大机制，受四个维度共七大核心因子影响

"次区域生活圈"形成过程遵循供需关系平衡机制、时间门槛约束机制、移动速度

依赖机制。从土地利用角度来看，"次区域生活圈"形成过程受到四个影响维度、七大核心因子影响。四个影响维度为：土地开发混合度、用地规模足量度、中心建设完善度、路网站点密集度；七大核心影响因子是：土地开发混合度、实际形成片区或组团级以上公共中心、配置生活服务用地面积占比、配置就业用地面积占比、配置居住用地面积占比、配置轨道交通站点密度、配置公交站点密度。

（3）建构"次区域生活圈"应坚持职住平衡化、公共服务本地化、空间集聚化三项基本原则，其内部空间组织应遵循理想化的空间组织模型及衡量指标。"次区域生活圈"内部空间组织优化应采取三方面策略行动

建构"次区域生活圈"应传承"次区域就地平衡自足"思想，奉行职住平衡化、公共服务本地化、空间集聚化三项基本原则。"次区域生活圈"具有理想化的空间组织模型，并具有一套较为完整的衡量指标体系。

"次区域生活圈"内部空间组织优化应采取三方面策略行动：①混合用地、增减规模、重塑就业中心的平衡适配策略；②增补场所、调控规模、重组服务中心的内聚自足策略；③重构范围、汇聚用地、优化站点线路的圈域集聚策略。

6.2 本书的理论创新

6.2.1 大城市空间布局思维创新

当代大城市已普遍在更大地域范围内实现空间延展，且城市空间发展愈发倡导以人为本理念。然而，传统城市空间布局大多按照工业城市建设及《雅典宪章》功能分区思路，习惯用宏大叙事型的蓝图式静态手段组织城市空间结构，更多地以城市生产功能为导向，这一思路已不太适用于当代大城市空间组织新要求。本书从物质功能导向转变为人类活动和需求导向，倡导并提出了一种以满足城市居民大概率、经常性日常活动需求为中心，以绿色低碳和公共交通出行为导向，按照活动所在的"次区域生活圈"范围为基本单元，来重组重构城市地域功能空间的布局新思维。

6.2.2 大城市"次区域生活圈"建构原则及标准创新

本书汲取经典理论思想、回应当代大城市内部中观次结构合理组织的新诉求，以合理组织居民日常活动和绿色出行为指向，从职住平衡化、公共服务本地化和空间集聚化三个维度提出了一套当代大城市"次区域生活圈"建构的普适性原则、标准，并描绘了都市区"次区域生活圈"的理想结构模型及相应参考指标。

6.2.3 大城市空间组织模式创新

传统工业城市及其功能分区思想在空间组织上总体表现为同心圆式的单中心圈层结构模式，或低密度延展的松散结构模式。这种传统的城市空间组织模式已不太适配当代城市居民日常活动需求及其行为方式规律，也较难回应当代大城市"都市区化"下的功能空间发展新要求。本书顺应当代都市区存量改造和城市区域化演进的双重趋势，按照当代城市居民日常活动需求及时空规律，提出了一种基于"次区域生活圈"的都市区新型空间组织优化策略。

表格索引

图片索引

参考文献

[1]   Agular A., Mignot D. Urban Sprawl, Polycentrism and Commuting a Comparison of Seven French Urban Area[J]. Urban Public Economics Review, 2004（1）: 93-113.

[2]   Amedeo D, Golledge R. An introduction to scientific reasoning in geography [J]. Melbourne, FL: Krieger Publishing, 1986.

[3]   Annema, J.A., E. Bakker, R. Haaijer, et al. Rouwendal, 2001: Stimuleren van verkoop van zuinige auto's; De effecten van drie prijsmaatregelen op de CO2-uitstoot van personenauto's（summary in English）. RIVM, Bilthoven, The Netherlands, 49.

[4]   Batten D F. Network cities: creative urban agglomerations for the 21st century [J]. Urban Studies, 1995, 32（2）: 313-327.

[5]   Bertolini L, Dijst M. Mobility environments and network cities [J]. Journal of Urban Design, 2003, 8（1）: 27-43.

[6]   Birrell B., Connor K O., Rapson V., et al. Melbourne 2030: Planning Rhetoric versus Urban Reality [M]. Melbourne: Monash University ePress, 2005.

[7]   Boschmann E E., Kwan MP. Metropolitan Area Job Accessibility and the Working Poor: Exploring Local Spatial Variations of Geographic Context [J].Urban Geography, 2010, 31（4）: 498-522.

[8]   Bourne L S. Internal Structure of the City: Readings on Urban Form, Growth and Policy [M]. 2nd ed.Oxford University Press, 1971.

[9]   Brog W., Erl E. Application of a Model of Individual Behavior（Situational Approach）to Explain Household Activity Patterns in an Urban Area to Forecast Behavioral Changes [M] //The International Conference on Travel Demand Analysis: Activity Based and Other New Approaches, Oxford, July, 1981.

[10] Bruneau M, Stephanie E C, Ronald T E, et al. A framework to quantitatively assess and enhance the seismic resilience of communities [J]. Earthquake Spectra, 2003, 19（4）: 733-752.

[11] Burnett P. Behavioral geography and the philosophy of mind [M]. Spatial Choice and Spatial Behavior, Colubus, OH: Ohio State University Press, 1976: 23-50.

[12] Burnett P. The Dimensions of Alternatives in Spatial Choice Processes [J]. Geographical Analysis, 1973（5）: 181-204.

[13] Calthorpe P., Fulton W. The Regional City: Planning for the End of Sprawl [M]. Washington, DC.: Island Press, 2001.

[14] Calthorpe P.The Next American Metropolis: Ecology, Community, and the American Dream [M].Princeton: Princeton Architectural Press, 1993.

[15] Castells M. Grassrooting the space of flows [J]. Urban Geography, 1999, 20（4）: 294-302.

[16] Castells M. The informational city: information technology, economic restructuring and the urban-regional progress [M].Oxford U K &Cambridge USA: Blackwell, 1989: 146.

[17] Cervero R, Duncan M. Which reduces vehicle travel more: jobs-housing balance or retail-housing mixing[J].Journal of the American Planning Association,2006,72（4）: 475-491.

[18] Cervero R. Jobs-Housing Balance Revisited [J].Journal of the American Planning Association, 1996（62）: 492-511.

[19] Cervero R. The Transit Metropolis-A Global Inquiry [M]. Washington, D C.: Island Press, 1998.

[20] Cervero R., Kockelman K. Travel Demand and the 3Ds: Density, Diversity and Design [J]. Transportation Research Part D: Transport and Environment, 1997, 2(3): 199-219.

[21] Cervero, R Jobs. Housing balance as public policy [J].Urban Land, 1991（10）: 4-10.

[22] Cevero R. America's Suburban Centers: The Land-use Transportation Link [M]. Boston: Unwin Hyman Inc., 1989.

[23] Chicago Metropolitan Agency for Planning. Go to 2040—Comprehensive Regional Plan [R]. Chicago: CMAP, 2005.

[24] City of New York. PlaNYC 2030: A Greener, Greater New York [R/OL]. [2015-08-25]. http://www.nyc.gov/html/planyc/downloads/pdf/publications/full_report_2007.pdf.

[25] City of Portland. The Portland Plan: Prosperous, Educated, Healthy, Equitable[R]. Portland: Metro Council, 2012. http://www.portlandonline.com/portlandplan/.

[26] City of Sydney. Sustainable Sydney 2030: City of Sydney Strategic Plan [R]. Sydney: SGS Economics & Planning, 2008.

[27] Crawford D W., Godbey G. Reconceptualizing Barriers to Family Leisure [J].Leisure

Sciences, 1987, 9（1）: 119-127.

[28] Da Griffith. Dw Wong. Modeling Population Density across Major US Cities: a Polycentric Spatial Regression Approach [J]. Journal of Geographical Systems, 2007, 9（1）: 53-75.

[29] Department for Culture, Media and Sport. Comprehensive, Efficient and Modern Public Libraries-Standards and Assessment [EB/OL] .2007-04. [2008-01-02] .http: // www.culture.gov.uk/images/publications/libraries archives for all assessment.pdf.

[30] Donald Watson. Time-Saver Standards for Urban Design [M].New York: The McGraw-Hill Companies, Inc., 2003.

[31] Duany A., Zyberk E P., Krieger A., et al.Towns and Town making Principles [M]. Rizzoli: Random House Inc, 1991.

[32] Eliel Saarinen. The City—Its Growth, Its Decay, Its Future [M]. New York: Reinhold Publishing Corporation, 1943.

[33] Fulong Wu. Planning for Growth: Urban and Regional Planning in China [M]. London: Routledge, 2015.

[34] Ginsburg N. Extended Metropolitan Region in Asia: A New Spatial Paradigm [A]. The Extended Metropolis: Settlement Transition in Asia, Honolulu: University of Hawaii, 1991.

[35] Giuliano G. Is jobs housing balance a transportation issue ? [J].Transportation Research Record, 1991（1305）: 305-312.

[36] Golob T F, McNally M G. A Model of Activity Participation and Travel Interactions between Household Heads [J]. Transportation Research B: Methodological, 1997, 31（3）: 177-194.

[37] Goody Clancy, KKO Associates, Byrne McKinney. Boston's Newest Smart Growth Corridor: A Collaborative Vision for the Fairmount/Indigo Line [R]. Boston: CDC Collaborative, 2005.

[38] Gordon H., Richardson P. Are Compact Cities a Desirable Planning Goal ? [J]. Journal of the American Planning Association, 1997, 63（1）: 95-106.

[39] Gordon P., Kumar A., Richardson H W. The Influence of Metropolitan Spatial Structure on Commuting Time [J]. Journal of Urban Economics, 1989, 26（2）: 138-151.

[40] Gordon P., Richardson H. Defending Suburban Sprawl [J]. Public Interest, 2000（3）:

65-73.

[41] Gottman J. Megalopolis: The Urbanized Northeastern Seaboard of the United [M]. New York: Twentieth Century Fund, 1961.

[42] Greater London Authority. The London Plan—Spatial Development Strategy for Greater London[R].London: GLA, 2011.

[43] Greater London Authority. East London Green Grid Framework[R].London: GLA, 2007.

[44] Greater Vancouver Regional District Board. Metro Vancouver 2040—Regional Growth Strategy[R]. Metro Vancouver: Greater Vancouver Regional District Board, 2011.

[45] Hall P, Pain K. The polycentric Metropolis: Learning from Mega-city regions in Europe [M]. London: Earthscan, 2006: 3-4.

[46] Healey P. The treatment of space and place in the new strategic spatial planning in Europe [J]. International Journal of Urban and Regional Research, 2004, 28 (1): 45-67.

[47] Holling C S. Engineering Resilience versus Ecological Resilience: Engineering Within Ecological Constraints [M].Washington , D C: National Academy Press, 1996: 31-44.

[48] Horton F E, Reynolds D R. An investigation of individual action spaces: a process report [C] Proceedings of the Association of American Geographers, 1969 (1): 70-75.

[49] Huff D L. Determination of intra-urban retail trade areas [R]. Real Estate Research Program, University of California, Los Angeles, 1962.

[50] Hultsman W Z. The influence of others as a barrier to recreation participation among early adolescents [J].Journal of Leisure Research, 1993, 25 (1): 150-164.

[51] Jackle J A., Brunn S., Roseman C C. Human Spatial Behavior [M]. North Scituate, MA: Duxbury Press, 1976.

[52] Janelle D. Measuring human extensibility in a shrinking world[J].Journal of Geography, 1973, 72 (5): 8-15.

[53] Joel Garreau. Edge City: Life on the New Frontier [M]. New York: Doubleday, 1991.

[54] Kim H M., Kwan M P. Space-Time Accessibility Measures: A Geocomputational Algorithm with a Focus on the Feasible Opportunity Set and Possible Activity Duration [J]. Journal of Geographical Systems, 2003, 5 (1): 71-91.

[55] Kitchin R M. Towards geographies of Cyberspace [J].Progress in Human Geography, 1998, 22 (3): 385-406.

[56] Leungchi K. The Urban Model of China[J]. 中大地理学刊（香港）, 1981（2）.

[57] Levinson D. Accessibility and the Journey to Work [J].Journal of Transport Geography, 1992, 6（1）: 11-21.

[58] Logan J R. 中国城市的未来——源自社会主义的艰难道路 [EB/OL].[2015-06-20]. http: //www.planning.org.cn/solicity/view_news？ id=535.

[59] Lynch K. The image of the city [M]. Cambridge: The MIT Press, 1960.

[60] Mattew C.Edge Cites Revisited: The Restless Suburban Landscape [D]. College of Arts & Sciences: Geography, the University of North Carolina, 2012.

[61] McGee T G.The Emergence of Desakota Regions in Asia: Expanding a Hypothes [M]. Honolulu: University of Hawaii Press, 1991.

[62] McMillen D P, McDonald J F. Population density in suburban Chicago: a bid-rent approach [J].Urban Studies, 1998, 55（7）: 1119-1130.

[63] Meijers E.Synergy in Polycentric Urban Regions: Complementarity, Organizing Capacity and Critical Mass [M]. Thesis Delft University of Technology, Delft, the Netherlands, 2007.

[64] Michael F Goodchild, Luc Anselin, U Deichmann. A Framework for the Areal Interpolation of Socioeconomic Data [J].Environment and Planning A, 1993, 25: 393-97.

[65] Michael N. The compact city fallacy [J].Journal of Planning Education and Research, 2005（25）: 11-26.

[66] Miller D.Principles of Social Justice [M].Cambridge, MA: Harvard University Press, 1999.

[67] Mountain D., Raper J. Modelling Human Spatio-Temporal Behavior: a Challenge for Location-Based Services[R].Proceedings of the Sixth International Conference on GeoComputation, 2001.

[68] Muller P O. Contemporary Suburban America Englewood Cliffs[M].N J: Prentice Hall, Inc., 1981.

[69] Northeastern Illinois Planning Commission.2040 Regional Framework Plan[R].2005.

[70] OHNO H. Tokyo 2050: Fiber City [J].The Japan Architect, 2006（3）.

[71] Oakland, City of CA. Pedestrian Master Plan: The city of Oakland, Part of the Land Use and Transportation Element of the City of Oakland's General Plan, 2002-11.

[72] Perry，C A. The Neighborhood Unit（1929）[M]. London：Reprinted Routledge/Thoemmes，1998：25-44.

[73] Pred A. Behavioral Problems in Geography Revisited [M].New York：Methuen，1981.

[74] Rose A，Lim D. Business interruption losses from natural hazards：Conceptual and methodology issues in the case of the Northridge Earthquake [J]. Environmental Hazards：Human and Social Dimensions，2002，4（1）：1-14.

[75] Ruben M，Antonio P. Determinants of distance traveled with a focus on the elderly：A multilevel analysis in the Hamilton CMA，Canada [J]. Journal of Transport Geography，2009，17（1）：65-76.

[76] Russwurm L. Urban Fringe and Urban Shadow [M] .Toronto：Holt，Rinehart and Winston，1975.

[77] Scornik C O，Schneider V. Planning with Community Vision of Fontana（Argentina）[J/OL]. 43rd International Planning Congress 2007，2007：1-12[2014-08-28]. http：//www.isocarp. net/Data/ case_studies/984.pdf.

[78] Sheppard E. The Spaces and Times of Globalization Place，Scale，Networks，and Positionality [J].Economic Geography，2002（7）：307-330.

[79] Smith D.C. Symbiosis Research at the end of the Millennium [J]. Hydrobiologia，2001，461：49-54.

[80] Soja E W. Post metropolis，Critical Studies of Cities and Regions [M].Malden：Blackwell Publishing，2000.

[81] Soja E W. 后大都市：城市和区域的批判性研究 [M]. 李钧，译 . 上海：上海教育出版社，2006.

[82] Stein C S. Toward New Towns for America [M].Boston：MIT Press，1951.

[83] Szalai A.，Converse P E.，Feldheim P.，et al. The Use of Time：Daily Activities of Urban and Suburban Populations in Twelve Countries [M].The Hague：Mouton，1972.

[84] T.R. 威利姆斯，张文合 . 中心地理论 [J]. 地理译报，1988（3）：1-5.

[85] Taaffe E J.，Morrill R L.，Gould P R. Transport Expansion in Underdeveloped Countries：A Comparative Analysis [J]. Geographical Review，1963，53（4）：503-529.

[86] Taylor G R. Satellite Cities：A Study of Industrial Suburbs [M]. New York：Appleton，1915.

[87] The national capital greenbelt for Ottawa of Canada [R]. City of Ottawa Official Plan,

1996.

[88] Thomas R. London's New Towns：A Study of self-contained and Balanced Communities [M].London：PEP，1969.

[89] Timmermans H.，Arentze T.，John C H. Analyzing Space-Time Behavior：New Approaches to Old Problems [J]. Process in Human Geography，2002，26（2）：175-190.

[90] Unwin R.，Waterhouse P. Old Towns and New Needs；Also，the Town Extension Plan：Being the Warburton Lectures for 1912[M]. Charleston：Nabu Press，2013.

[91] Urban Redevelopment Authority. The Planning Act Master Plan Written Statement 2014[R].Singapore Government，2015. https：//www.ura.gov.sg/uol/master-plan.aspx？ p1= View-Master-Plan&p2=master-plan-2014.

[92] Urban Redevelopment Authority. The Planning Act Master Plan Written Statement 2008[R].Singapore Government，2008. https：//www.ura.gov.sg/uol/master-plan.aspx？ p1 =view- master-plan&p2=master-plan-2008.

[93] Victorian Government. Melbourne 2030：Planning for Sustainable Growth[DB/OL]. www.dpcd.vic. gov.au/melbourne2030.

[94] Wildavsky A. Searching for Safety [M]. New Brunswich N.J：Transaction Books，1988：253.

[95] Winter P L.，Jeong W C.，Godbey G. Outdoor Recreation among Asian Americans：A Case Study of San Francisco Bay Area Residents [J]. Journal of Park and Recreation Administration，2004，22（3）：114-136.

[96] Zheng Hao.Reform of urban spatial pattern in the age of network communication[J]. Journal of Landscape Research，2009，1（7）：85-88.

[97] ЭРНСТ Мавлютов Обращениекчитателям of Большая Москва/ greatermoscow[J]. ПРОЕКТ РОССИЯ，2013（2）：61-65.

[98] 北京市城市总体规划（2004年-2020年）[Z].北京市人民政府，2005.

[99] 党云晓，董冠鹏，余建辉，等.北京土地利用混合度对居民职住分离的影响 [J]. 地理学报，2015，70（6）：919-930.

[100] 彼得·霍尔.城市和区域规划 [M].邹德慈，陈熳莎，李浩，译.北京：中国建筑工业出版社，2002.

[101] 彼得·卡尔索普，威廉·富尔顿.区域城市：终结蔓延的规划 [M].叶齐茂，等译.北京：中国建筑工业出版社，2007.

[102] 蔡婵静,周志翔,陈芳,等.武汉市绿色廊道景观格局 [J].生态学报,2006,26（9）:2996-3004

[103] 蔡建明,郭华,汪德根.国外弹性城市研究述评 [J].地理科学进展,2012,31（10）:1245-1255.

[104] 蔡鹏鸿.亚太次区域经济合作及上海参与的若干问题探讨 [J].社会科学,2003（1）:31-36.

[105] 蔡玉梅,顾林生,李景玉,等.日本六次国土综合开发规划的演变及启示 [J].中国土地科学,2008,22（6）:76-80.

[106] 蔡玉梅,李景玉.韩国首都圈综合计划转变及启示 [J].国土资源,2008（3）:48-50.

[107] 曾海宏,孟晓晨,李贵才.深圳市就业空间结构及其演变（2001—2004）[J].人文地理,2010（3）:34-40.

[108] 曾忠平,卢新海.武汉城市用地结构演变模式研究 [J].中国土地科学,2009,23（3）:44-48.

[109] 柴锡贤.田园城市理论的创新 [J].城市规划汇刊,1998（6）:8-11.

[110] 柴彦威,刘志林,李峥嵘.中国城市的时空间结构 [M].北京:北京大学出版社,2002.

[111] 柴彦威,沈洁,翁桂兰.上海居民购物行为的时空间特征及其影响因素 [J].经济地理,2008,28（2）:221-227.

[112] 柴彦威,张雪,孙道胜.基于时空间行为的城市生活圈规划研究 [J].城市规划学刊,2015（3）:61-69.

[113] 柴彦威.城市空间 [M].北京:科学出版社,2000.

[114] 柴彦威.空间行为与行为空间 [M].南京:东南大学出版社,2014.

[115] 柴彦威,等.时空间行为研究前沿 [M].南京:东南大学出版社,2014.

[116] 柴彦威,等.城市空间与消费者行为 [M].南京:东南大学出版社,2010.

[117] 陈家祥.开发区产业转型及其规划对策研究——以南京高新区为例 [J].江苏城市规划,2014（8）:13-18.

[118] 陈凌芳.当代武汉城市居民生活方式的主体特征:实证解析 [D].武汉:华中科技大学,2006.

[119] 陈青慧,徐培玮.城市生活居住环境质量评价方法初探 [J].城市规划,1987,11（5）:52-58,29.

[120] 陈伟东，舒晓虎.社区空间再造：政府、市场、社会的三维推力——以武汉市 J 社区和 D 社区的空间再造过程为分析对象 [J].江汉论坛，2010（10）：130-134.

[121] 陈玮.杭州滨江科技新城的产业发展与空间规划研究 [D].杭州：浙江大学，2003.

[122] 陈雯.武汉城市居民消费结构的实证分析 [J].现代商贸工业，2008，20（1）：125-126.

[123] 陈显友.大城市第三产业发展空间布局的实证研究 [J].统计与决策，2014（11）：116-119.

[124] 陈梓锋，柴彦威，周素红.不同模式下城市郊区居民工作日出行行为的比较研究——基于北京与广州的案例分析 [J].人文地理，2015（2）：23-30.

[125] 谌丽，张文忠，杨翌朝.北京城市居民服务设施可达性偏好与现实错位 [J].地理学报，2013，68（8）：1071-1081.

[126] 成都市城市总体发展战略规划咨询 [Z].广州市城市规划勘测设计研究院，成都市规划管理局，2003.

[127] 程慧，刘玉亭，何深静.开发区导向的中国特色"边缘城市"的发展 [J].城市规划学刊，2012（6）：50-57.

[128] 程林，王法辉，修春亮.基于 GIS 的长春市中心城区大型超市服务区分析 [J].经济地理，2014，34（4）：54-58.

[129] 崔功豪，张京祥，罗震东，等.南京城市发展战略研究 [Z].南京大学城市与区域规划系，2008.

[130] 张杰.大都市区条件下的城市地域功能重构——以成都市为例 [D].成都：西南交通大学，2012.

[131] 戴晓晖.新城市主义的区域发展模式——Peter Calthorpe 的《下一代美国大都市地区：生态、社区和美国之梦》读后感 [J].城市规划汇刊，2000（5）：77-80.

[132] 单霞，唐二春，姚红，等.城镇居住体系的构建初探——以昆山市为例 [J].城市环境与城市生态，2004，17（6）：33-36.

[133] 单玉红，朱欣焰.城市居住空间扩张的多主体模拟模型研究 [J].地理科学进展，2011，30（8）：956-966.

[134] 单卓然，黄亚平，张衔春.中部典型特大城市人口密度空间分布格局——以武汉为例 [J].经济地理，2015，35（9）：33-39.

[135] 单卓然，张衔春，黄亚平.1990 年后发达国家都市区空间发展趋势、对策及启

示 [J]. 国际城市规划，2015，30（4）：59-65.

[136] 单卓然 . 1990 年以来发达国家大城市空间发展特征、趋势与对策研究 [D]. 武汉：
华中科技大学，2014.

[137] 丁成日 . 中国城市的人口密度高吗？ [J]. 城市规划，2004，28（8）：43-48.

[138] 丁一文 . 国外首都发展规律及其对我国"首都经济圈"建设的启示 [J]. 河南大
学学报（社会科学版），2013，53（4）：63-73.

[139] 董超，李正风 . 信息时代的空间观念——对流空间概念的反思与拓展 [J]. 自然
辩证法研究，2014，30（2）：59-63.

[140] 董彦景 . 西安城市大型超市与人口空间分布关联分析 [D]. 西安：西北大学，
2012.

[141] 窦树超 . 长春市居民休闲行为与休闲空间研究 [D]. 长春：东北师范大学，2012.

[142] 段德忠，刘承良，陈欣怡 . 基于分型理论的公交网络空间结构复杂性研究——
以武汉市中心城区为例 [J]. 地理与地理信息科学，2013，29（2）：66-71.

[143] 范科红，李阳兵，冯永丽 . 基于 GIS 的重庆市道路密度的空间分异 [J]. 地理科学，
2011，31（3）：365-371.

[144] 范钟铭，罗彦，何波 . 国家中心城市定位下的广州发展战略思考 [Z]. 规划创新：
2010 年中国城市规划年会论文集 . 重庆：重庆出版社，2010.

[145] 方创琳，祁巍锋 . 紧凑城市理念与测度研究进展及思考 [J]. 城市规划学刊，
2007（4）：65-73.

[146] 费移山，王建国 . 明日的田园城市——一个世纪的追求 [J]. 规划师，2002，18（2）：
88-90.

[147] 冯健，吴静云，谢秀珍，等 . 从"人口空间"解读城市：武汉的实例 [J]. 城市发
展研究，2011，18（2）：25-36.

[148] 冯艳，黄亚平 . 大城市簇群式空间发展及结构模式 [M]. 北京：中国建筑工业出
版社，2013.

[149] 冯艳，叶建伟，黄亚平 . 权力关系变迁中武汉都市区簇群式空间的形成机理 [J].
城市规划，2013，37（1）：24-30.

[150] 干迪，王德，朱玮 . 上海市近郊大型社区居民的通勤特征——以宝山区顾村为
例 [J]. 地理研究，2015，34（8）：1481-1491.

[151] 高阪宏行 . 消费者买物行动からみた商圈内部构造：日买物财の买シティ - レベ
ル物行动商圈 [J] . 地理学评论，1976，49（6）：595-615.

[152]　高丰，宁越敏.中国大都市区界定探讨——基于"五普"分县数据的分析 [J].
世界地理研究，2007，16（1）：58-64.

[153]　高鑫,修春亮,魏冶.城市地理学的"流空间"视角及其中国化研究 [J].人文地理，
2012（4）：32-36.

[154]　葛岩.上海市中心城现状发展评价及规划策略探讨 [J].上海城市规划，2014（3）：
118-122.

[155]　龚咏喜，李贵才，林姚宇，等.土地利用对城市居民出行碳排放的影响研究 [J].
城市发展研究，2013，20（9）：112-118.

[156]　顾朝林，袁晓辉.建设背景世界城市的思考 [J].城市与区域规划研究，2012（1）：
1-28.

[157]　官丽达.解读《大巴黎计划》的十个关键词 [J].国际城市规划，2010，25（4）：
72-78.

[158]　广州 2020：城市总体发展战略规划咨询 [Z].中国城市规划设计研究院，2007.

[159]　广州市城市功能布局规划（市人大审议通过版）[Z].广州市人民政府，2012.

[160]　郭爱军,王贻志,王汉栋,等.2030 年的城市发展：全球趋势与战略规划 [M].上海：
格致出版社，2012.

[161]　郭佳星.不同街区形态居民生活能耗、排放特征与出行行为模型 [D].北京：清
华大学，2013.

[162]　郭嵘，吴阅辛.莫斯科的空间结构规划 [J].城市规划，2003，27（9）：67-68.

[163]　韩堤铉.首尔 2030 城市总体规划 [J].上海城市规划，2013（6）：5.

[164]　韩峰，柯善咨.城市就业密度、市场规模与劳动生产率——对中国地级及以上
城市面板数据的实证分析 [J].城市与环境研究，2015（1）：51-70.

[165]　郝志伟，郝牡清.在休闲化背景下对城市居民健身方式的研究 [J].体育科技文
献通报，2012，20（8）：84-85.

[166]　何梅，汪云.武汉城市生态空间体系构建与保护对策研究 [J].规划师，2009，
25（9）：30-34.

[167]　何明卫，赵胜川，何民.基于出行者认知的理想通勤时间研究 [J].交通运输系
统工程与信息，2015，15（4）：161-165.

[168]　何舒文.分散主义：城市蔓延的原罪？——论分散主义思想史 [J].规划师，
2008，24（11）：97-100.

[169]　洪增林，翟国涛，张步.西部城市土地利用结构优化研究：以西安为例 [J].地球

科学与环境学报，2014，36（2）：121-126.

[170] 侯丽.理想社会与理想空间——探寻近代中国空想社会主义思想中的空间概念[J].城市规划学刊，2010（4）：104-110.

[171] 胡杰，黄经南，黄瑾，等.多中心城市空间结构与家庭碳排放关系研究[J].规划师，2014，20（11）：87-92.

[172] 胡娟，胡忆东，朱丽霞.基于"职住平衡"理念的武汉市空间发展探索[J].城市规划，2013，37（8）：25-32.

[173] 胡娟，朱丽霞，罗静.武汉市职住空间特征及评价[J].人文地理，2014（3）：76-82.

[174] 胡塞尔.欧洲科学危机和超验现象学[M].张庆熊，译.上海：上海译文出版社，1988.

[175] 胡序威，周一星，顾朝林，等.中国沿海城镇密集地区空间聚集与扩散研究[M].北京：科学出版社，2000.

[176] 胡序威.对城市化研究中某些城市与区域概念的探讨[J].城市规划，2003，27（4）：28-32.

[177] 花多长时间通勤影响幸福[EB/OL].[2016-04-19].http：//news.xkb.com.cn/guangzhou/ 2014/1202/363175.html.

[178] 华中科技大学建筑与城市规划学院，武汉市规划编制研究和展示中心.武汉市远期—远景空间结构框架研究[Z].2014.

[179] 黄光宇.田园城市、绿心城市、生态城市[J].重庆建筑工程学院学报，1992，14（3）：63-71.

[180] 黄玮.中心·走廊·绿色空间——大芝加哥都市区2040区域框架规划[J].国际城市规划，2006，21（4）：46-52.

[181] 黄文镝，廖小梅，刘磊.论区域图书馆区位设置与规划[J].图书与情报，2009（6）：8-13.

[182] 黄亚平，冯艳，张毅，等.武汉都市发展区簇群式空间成长过程、机理及规律研究[J].城市规划学刊，2011（5）：1-10.

[183] 黄亚平，王智勇.簇群式城市工业聚集区特征及布局优化研究[J].城市规划，2013，37（12）：43-50.

[184] 黄亚平.城市空间理论与空间分析[M].南京：东南大学出版社，2002.

[185] 黄怡.从田园城市到可持续的明日社会城市——读霍尔(Peter Hall)与沃德(Colin

Ward）的《社会城市》[J]. 城市规划学刊，2009（4）：113-116.

[186] 黄泽民 . 我国多中心城市空间自组织过程分析——克鲁格曼模型借鉴与泉州地区城市演进例证 [J]. 经济研究，2005（1）：85-94.

[187] 霍军亮 . 武汉市市民休闲行为研究 [D]. 武汉：武汉大学，2008.

[188] 基于轨道交通的城市中心体系规划研究 [Z]. 东南大学，武汉市土地利用和城市空间规划研究中心，2014.

[189] 嵇昊威，赵媛 . 南京市城市大型超级市场空间分布研究 [J]. 经济地理，2010，30（5）：756 – 760.

[190] 季悦 . 基于中国五大城市的服装消费文化差异性研究——以服装消费行为方式为切入点 [D]. 上海：东华大学，2013.

[191] 贾晓朋，孟斌，张媛媛 . 北京市不同社区居民通勤行为分析 [J]. 地域研究与开发，2015，34（1）：55-70.

[192] 姜文婷 . 北京亦庄新城：面向职住平衡的开发区转型发展规划研究 [D]. 北京：清华大学，2014.

[193] 姜振寰 . 交叉科学学科辞典 [Z]. 北京：人民出版社，1990.

[194] 蒋丽，吴缚龙 . 广州市就业次中心和多中心城市研究 [J]. 城市规划学刊，2009（3）：75-81.

[195] 揭秘武汉到底有多大：北上广沉默了 [EB/OL].[2015-09-25].http：//i.ifeng.com/finance/ sharenews.f？ aid=98378029&vt=5.

[196] 金经元 . 我们如何理解"田园城市"[J]. 北京城市学院学报，2007（4）：1-12.

[197] 金经元 . 再谈霍华德的明日的田园城市 [J]. 国外城市规划，1996（4）：31-36.

[198] 金倩，楼嘉军 . 武汉市居民休闲方式选择倾向及特征研究 [J]. 旅游学刊，2006，21（1）：40-43.

[199] 考蒂·佩因 . 全球化巨型城市区域中功能性多中心的政策挑战：以英格兰东南部为例 [J]. 董轶群，译 . 国际城市规划，2008，23（1）：58-64.

[200] 雷金纳德·戈列奇，罗伯特·斯廷森 . 空间行为的地理学 [M]. 柴彦威，黄小曙，龙韬，等译 . 北京：商务印书馆，2013.

[201] 冷志明，易夫 . 基于共生理论的城市圈经济一体化机理 [J]. 经济地理，2008，28（3）：433-436.

[202] 李国平，孙铁山 . 网络化大都市：城市空间发展新战略 [J]. 中国区域经济，2009（1）：36-43.

[203] 李华．上海城市生态游憩空间格局及其优化研究 [J].经济地理，2014，34（1）：174-180.

[204] 李江．武汉市外部空间形态分形特征演变规律研究 [J].长江流域资源与环境，2004，13（3）：208-211.

[205] 李伟，胡静，周蕊蕊，等．武汉市旅游空间系统结构分析 [J].人文地理，2014（1）：141-145.

[206] 李炜，吴缚龙，尼克·费尔普斯．中国特色的"边缘城市"发展：解析上海与北京城市区域向多中心结构的转型 [J].国际城市规划，2008，23（4）：2-6.

[207] 李咏华，王纪武，王竹．北美线性开放空间规划与管理经验探讨 [J].国际城市规划，2011，26（4）：85-90.

[208] 林小如．反脆性大城市地域结构的目标、准则和理论模式 [D].武汉：华中科技大学，2015.

[209] 刘碧寒，沈凡卜．北京都市区就业—居住空间结构及特征研究 [J].人文地理，2011（4）：40-47.

[210] 刘大均，胡静，陈君子．武汉市休闲旅游地空间结构及差异研究 [J].经济地理，2014，34（3）：176-181.

[211] 刘和涛，田玲玲，田野，等．武汉市城市蔓延的空间特征与管治 [J].经济地理，2015，35（4）：47-53.

[212] 刘建堤．大型购物中心区位选择的量化分析——基于武汉主城区代表性购物中心的实证研究 [J].学习与实践，2012（12）：133-140.

[213] 刘剑锋．从开发区向综合新城转型的职住平衡瓶颈——广州开发区案例的反思与启示 [J].北京规划建设，2007（1）：85-88.

[214] 刘孟阳，林爱文．基于空间分析方法的武汉市创意产业空间集聚演化研究 [J].人文地理，2015（6）：113-120.

[215] 刘淼，徐猛．国匠学社 03：互联网地图数据的创新应用 [EB/OL]. [2016/3/7]. http：//mp.weixin.qq.com/s?__biz=MjM5NjU3NDg2MQ==&mid=401548593&id-x=1&sn=194e092b6ecf84635621518c49b7f749&scene=1&srcid=0306kAMBLh7aX-8L0FIOk6f2H#wechat_redirect.

[216] 刘融融，陈怀录，陈龙．西咸新区失地农民就业路径探析 [J].干旱区资源与环境，2014，28（12）：26-31.

[217] 刘苏衡，张力民，李娟文．武汉市 RBD 形成及其对城市发展的影响 [J].现代城

市研究，2005（11）：62-65.

[218]　刘志林，秦波．城市形态与低碳城市：研究进展与规划策略 [J]．国际城市规划，2013（2）：4-11.

[219]　龙瀛，茅明睿，毛其智，等．大数据时代的精细化城市模拟：方法、数据和案例 [J]．人文地理，2014（3）：7-13.

[220]　楼嘉军．休闲初探 [J]．桂林旅游高等专科学校学报，2000，（2）：5-9.

[221]　卢明华，孙铁山，李国平．网络城市研究回顾：概念、特征与发展经验 [J]．世界地理研究，2010，19（4）：113-120.

[222]　卢宁，李俊英，闫红伟，等．城市公园绿地可达性分析——以沈阳市铁西区为例 [J]．应用生态学报，2014，25（10）：2951-2958.

[223]　卢有朋，陈锦富，朱小玉．基于出行需求的大城市中观尺度空间布局优化策略——以武汉市关山口街区为研究案例 [J]．城市发展研究，2015，22（9）：96-101.

[224]　陆书至．日本全国综合开发的产生和效果 [J]．地理学与国土研究，1992，8（1）：50-54.

[225]　路易斯·托马斯．紧缩城市：一种成功、宜人并可行的城市形态？ [M]// 迈克·詹克斯，等．紧缩城市——一种可持续发展的城市形态 [M]．北京：中国建筑工业出版社，2004.

[226]　栾志理，朴锺澈．从日、韩低碳型生态城市探讨相关生态城规划实践 [J]．城市规划学刊，2013，（2）：46-56.

[227]　罗蕾，田玲玲，罗静．武汉市中心城区创意产业企业空间分布特征 [J]．经济地理，2015，35（2）：114-119.

[228]　罗名海．利用 CA 模型进行城市空间增长动力的研究——以武汉市主城空间增长过程分析为例 [J]．武汉大学学报·信息科学版，2005，30（1）：51-55.

[229]　罗思东，陈惠云．全球城市及其在全球治理中的主体功能 [J]．上海行政学院学报，2013，14（3）：86-95.

[230]　马琳，陆玉麟．基于路网结构的城市绿地景观可达性研究——以南京市主城区公园绿地为例 [J]．中国园林，2011（7）：92-96.

[231]　马伟霞．武汉市外来人口就业—居住关系及影响因素研究 [D]．武汉：华中师范大学，2013.

[232]　迈克尔·波兰尼，冯银江．自由的逻辑 [M]．李雪茹，译．长春：吉林人民出版社，

2002.

[233] 迈克尔·布鲁顿，希拉·布鲁顿，于立.英国新城发展与建设 [J].城市规划，2003（12）：78-81.

[234] 曼纽尔·卡斯泰尔.信息化城市 [M].崔保国，等译.南京：江苏人民出版社，2001.

[235] 孟斌.北京城市居民职住分离的空间组织特征 [J].地理学报，2009，64（12）：1457-1466.

[236] 孟晓晨，马亮."都市区"概念辨析 [J].城市发展研究，2010，17（9）：36-40.

[237] 孟晓晨，吴静，沈凡卜.职住平衡的研究回顾及观点综述 [J].城市发展研究，2009（6）：23-28.

[238] 南京市城市总体规划（2011-2020）[Z].南京市人民政府，2012.

[239] 牛文元，等.2010 中国新型城市化报告 [R].中国科学院，北京：科学出版社，2010.

[240] 纽斯泰德.未来信息城市——日本的设想 [J].徐鸣，夏定，译.现代外国哲学社会科学文摘，1991（2）：1-5.

[241] 欧阳志云，王如松，李伟峰，等.北京市环城绿化隔离带生态规划 [J].生态学报，2005，25（5）：965-971.

[242] 彭克宏.社会科学大词典 [Z].北京：中国国际广播出版社，1989.

[243] 彭薇.广州现代化大都市空间结构优化研究 [D].广州：暨南大学，2005.

[244] 钱林波.城市土地利用混合程度与居民出行空间分布——以南京主城为例 [J].现代城市研究，2000（3）：7-10，63.

[245] 秦红岭.理想主义与人本主义：近现代西方城市规划理论的价值诉求 [J].现代城市研究，2009（11）：36-41.

[246] 秦华，高骆秋.基于 GIS—网络分析的山地城市公园空间可达性研究 [J].中国园林，2012（5）：47-50.

[247] 青平.武汉市水果消费行为的实证研究 [J].果树学报，2008，25（1）：83-88.

[248] 全国上班族通勤调查：武汉人上班平均花 39 分钟 [EB/OL].[2015-07-08]. http：//news.cjn.cn/sywh/201502/t2606517.htm.

[249] 任春洋.美国公共交通导向模式在（TOD）的理论发展脉络分析 [J].国际城市规划，2010，25（4）：92-99.

[250] 任敏.城市居民消费分层研究 [D].武汉：武汉大学，2004.

[251] 任赵旦，王登嵘．新加坡城市商业中心的规划布局与启示 [J]. 现代城市研究，2014（9）：39-47.

[252] 日本国土厅大都市圈整备局．第5次首都圈基本计划 [M]. 日本：大藏省印刷局，1999.

[253] 日本上班族理想的通勤时间是"30分钟以内" [EB/OL]. [2016-04-19]. http：//culture. japan-i.jp/chs/ article/mynavi_news/2013/0403_commutetime.html.

[254] 日野正辉，刘云刚 .1990年代以来日本大都市圈的结构变化 [J]. 地理科学，2011（3）：302-308.

[255] 上海大都市区空间发展战略研究 [R]. 同济城市规划设计研究院，2015.

[256] 上海大都市区空间发展战略研究 [R]. 中国城市规划设计研究院上海分院，2015.

[257] 上海全球城市建设的目标内涵、战略框架与发展策略研究 [R] 上海市发展改革研究院，2015.

[258] 上海市规划和国土资源管理局．转型上海规划战略 [M]. 上海：同济大学出版社，2012.

[259] 上海市基本生态网络规划 [Z]. 上海市城市规划设计研究院，2009.

[260] 丁亮，钮心毅，宋小东．上海中心城就业中心体系测度——基于手机信令数据的研究 [J]. 地理学报，2016，71（3）：484-499.

[261] 申润秀，金锡载．首尔首都圈重组规划解析 [J]. 城市与区域规划研究，2012（1）：147-164.

[262] 深圳市城市总体规划（2010-2020）[Z]. 深圳市人民政府，2010.

[263] 深圳市卫星新城发展规划 [Z]. 深圳市人民政府，2002.

[264] 沈山，曹远琳，孙一飞．人本主义理念下的智慧城市空间组织研究 [J]. 开发研究，2015（5）：119-124.

[265] 石民丰，黄玮，郭巧梅，等．基于GIS的武汉市道路密度空间分异特征 [J]. 地理空间信息，2013，11（3）：103-105.

[266] 石楠．规划靠大家，高手在民间 [EB/OL].[2015-07-22].http：//www.planning.org.-cn/news/ view？ id=2857.

[267] 石崧．香港的城市规划与发展 [J]. 上海城市规划，2012（4）：113-121.

[268] 市南文一，星申一．消费者の社会経済的属性と买物行动の关系：茨城县圣崎村を事例として [J]. 人文地理，1983，35（3）：1～17.

[269] 宋思曼．国家中心城市功能理论与重庆构建国家中心城市研究 [D]. 重庆：重庆

大学，2013.

[270] 宋伟轩，朱喜钢.大湄公河次区域城市空间结构特征与成因 [J].经济地理，
2010，30（1）：53-58.

[271] 苏红键，魏后凯.密度效应、最优城市人口密度与集约型城镇化 [J].中国工业
经济，2013（10）：5-17.

[272] 孙斌栋，李南菲，宋杰洁，等.职住平衡对通勤交通的影响分析——对一个传
统城市规划理念的实证检验 [J].城市规划学刊，2010（6）：55-60.

[273] 孙斌栋，涂婷，石巍，等.特大城市多中心空间结构的交通绩效检验——上海
案例研究 [J].城市规划学刊，2013（2）：63-69.

[274] 孙斌栋，魏旭红.多中心能够缓解城市拥挤吗？——关于上海人口疏解与空间
结构优化的若干认识 [J].上海城市规划，2015（2）：56-59.

[275] 孙滨，韩建超，何孝齐.武汉居民出行调查显示——44.5% 居民出行靠步行 [N].
湖北日报，2009-02-13（06）.

[276] 孙根彦.面向紧凑城市的交通规划理论与方法研究 [D].西安：长安大学，2012.

[277] 孙娟，郑德高，马璇.特大城市近域空间发展特征与模式研究——基于上海、
武汉的探讨 [J].城市规划学刊，2014（6）：68-76.

[278] 孙群郎.当代美国大都市区的空间结构特征与交通困境 [J].世界历史，2009（5）：
15-29.

[279] 孙施文.田园城市思想及其传承 [J].时代建筑，2011（5）：18-23.

[280] 孙施文.上海城市未来发展，我们要关注什么？[EB/OL].[2016-05-05].http：//
www.planning.org.cn/report/view？id=60.

[281] 孙一飞，马润潮.边缘城市：美国城市发展的新趋势 [J].国际城市规划，1997，
12（4）：28-35.

[282] 汤敏.成长三角区在亚太地区的发展及对我国的启示 [J].太平洋学报，1995（2）：
118-125.

[283] 陶伟，林敏慧，刘开萌.城市大型连锁超市的空间布局模式探析——以广州"好
又多"连锁超市为例 [J].中山大学学报（自然科学版），2006，45（2）：97-100.

[284] 藤井正.大都市圈构造变化研究的动向和课题—以地理学中多核化和郊外自立
化的议论为中心 [J].日本都市社会学会年报，2007（25）：37-50.

[285] 万励，金鹰.国外应用城市模型发展回顾与新型空间政策模型综述 [J].城市规
划学刊，2014（1）：81-91.

[286] 万艳华.城市防灾学 [M].北京：中国建筑工业出版社，2003.

[287] 万终盛.重庆都市区公共服务设施指标体系研究 [D].重庆：重庆大学，2008.

[288] 汪淳，陈璐.基于网络城市理念的城市群布局——以苏锡常城市群为例 [J].长江流域资源与环境，2006，15（6）：797-801.

[289] 王波，蔡瑞卿.居住新城交通规划策略——以广州市白云湖为例 [J].城市交通，2011，9（5）：52-59.

[290] 王德，王灿，谢东灿，等.基于手机信令数据的上海市不同等级商业中心商圈的比较——以南京东路、五角场、鞍山路为例 [J].城市规划学刊，2015（3）：50-60.

[291] 王静文，雷芸，梁钊.基于空间句法的多尺度城市公园可达性之探讨 [J].华中建筑，2013（12）：74-77.

[292] 王兰，刘刚，邱松，等.纽约的全球城市发展战略与规划 [J].国际城市规划，2015，30（4）：18-23.

[293] 王兰，叶启明，蒋希冀.迈向全球城市区域发展的芝加哥战略规划 [J].国际城市规划，2015，30（4）：34-40.

[294] 王孟永.重回"三磁体"——百年田园城市的可持续发展之路 [J].城市发展研究，2015，22（8）：1-6.

[295] 王鹏.大连新城公共设施规划研究 [D].大连：大连理工大学，2011.

[296] 王士君，冯章献，张石磊.经济地理系统理论视角下的中心地及其扩散域 [J].2010，30（6）：803-809.

[297] 王伟强，姜骏骅.轴、网、水、门——原型重构与次区域概念模型 [J].北京规划建设，2003（1）：30-33.

[298] 王鑫.武汉市城市公共交通发展模式研究 [D].武汉：武汉工程大学，2014.

[299] 王兴昌，骆卫，周玉琴.武汉市消费需求状况与启动城市内需的对策 [J].武汉经济，2001（4）：33-36.

[300] 王旭东，陈莹.带形城市理论对郑汴产业带开发建设的启示 [J].现代城市研究，2011（8）：63-66.

[301] 王学斌.关于城市次区域规划的理论研究与实践——以天津市城市次区域规划为例 [C]// 规划 50 年——2006 中国城市规划年会论文集：城市总体规划，2006：364-366.

[302] 王雅琳.城市休闲——上海、天津、哈尔滨城市居民时间分配的考察 [M].北京：

社会科学文献出版社，2003.

[303]　王寅生.产业新城空间生长机理及优化策略研究——以无锡新区为例 [D].苏州：苏州科技学院，2014.

[304]　王周杨."2030 首尔规划"概要与特点解读 [J].上海经济，2015（8）：46-51.

[305]　韦亚平，赵民.都市区空间结构与绩效——多中心网络结构的解释与应用分析 [J].城市规划，2006，30（4）：9-16.

[306]　吴传清，李浩.西方城市区域集合体理论及其启示——以 Megalopolis、Desakota Region、Citistate 理论为例 [J].经济评论，2005（1）：84-89.

[307]　吴昊天，杨郑鑫.从国家级新区战略看国家战略空间演进 [J].城市发展研究，2015，22（3）：1-10.

[308]　吴江.信息城市的若干特征和趋向 [J].城市研究，1998（5）：17-20.

[309]　吴良镛，吴明佳，等."北京 2049"空间发展战略研究 [M].北京:清华大学出版社，2012.

[310]　吴文龙，李欣悦，张洋洋，等.基于 GIS 的城市公共体育设施可达性研究 [J].体育研究与教育，2014，29（4）：39-43.

[311]　吴志明.通往社会城市支路——霍华德的构想与中国城市的未来 [J].城市发展研究，2010，17（3）：11-16.

[312]　仵宗卿，柴彦威，张志斌.天津市民购物行为特征研究 [J].地理科学，2000，20（6）：534-539.

[313]　武汉 2049 远景发展战略 [R].中国城市规划设计研究院，2013.

[314]　武汉都市发展区"1+6"空间发展战略实施规划 [Z].武汉市国土资源和规划局，2014.

[315]　武汉建设国家中心城市重点功能区体系规划 [Z].武汉市规划研究院，2013.

[316]　武汉市城市总体规划（2010—2020 年）[Z].武汉市人民政府，2010.

[317]　武汉市大车都板块综合规划 [Z].武汉市规划研究院，2014.

[318]　武汉市大光谷板块综合规划 [Z].武汉市规划研究院，2014.

[319]　武汉市大临港板块综合规划 [Z].武汉市规划研究院，2014.

[320]　武汉市大临空板块综合规划 [Z].武汉市规划研究院，2014.

[321]　武汉市新型工业化空间发展规划 [Z].武汉市规划设计研究院，2011.

[322]　武汉市职住平衡研究及规划对策 [Z].华中师范大学城市与环境科学学院，武汉市土地利用和城市空间规划研究中心，2011.

[323]　武进．中国城市形态：结构、特征及其演变 [M]．南京：江苏科学技术出版社，1990．

[324]　武廷海，方可．万变不离其宗——"有机疏散"论和"功能混合"论之共性分析 [J]．新建筑，1998（1）：70．

[325]　肖亦卓．规划与现实：国外新城运动经验研究 [J]．北京规划建设，2005（2）：135-138．

[326]　肖作鹏，柴彦威，张艳．国内外生活圈规划研究与规划实践进展述评 [J]．规划师，2014，30（10）：89-95．

[327]　谢守红，宁越敏．中国大城市发展和都市区的形成 [J]．城市问题，2005（1）：11-15．

[328]　谢守红，汪明峰．信息时代的城市空间组织演变 [J]．山西师大学报（社会科学版），2005，32（1）：16-20．

[329]　谢守红．大都市区的空间组织 [M]．北京：科学出版社，2004．

[330]　谢守红．大都市区空间组织的形成演变研究 [D]．武汉：华东师范大学，2003．

[331]　熊薇，徐逸伦．基于公共设施角度的城市人居环境研究——以南京市为例 [J]．现代城市研究，2010（12）：35-42．

[332]　熊向宁，徐剑，孙萍．博弈论视角下的武汉市城市空间形态引导策略研究 [J]．规划师，2010，26（10）：62-66．

[333]　徐毅松．迈向全球城市的规划思考 [D]．上海：同济大学，2006．

[334]　徐颖．北京建设世界城市战略定位与发展模式研究 [J]．城市发展研究，2011，18（3）：72-77．

[335]　闫小培．信息产业与世界城市体系 [J]．经济地理，1995（3）：18-34．

[336]　扬·盖尔．交往与空间 [M]．北京：中国建筑工业出版社，2003．

[337]　杨保军，赵群毅，查克，等．海南发展的战略转型与空间应对：写在"国际旅游岛"建设之初 [J]．城市规划学刊，2011（2）：8-15．

[338]　杨辰，周俭，弗朗索瓦兹·兰德．巴黎全球城市战略中的文化维度 [J]．国际城市规划，2015，30（4）：24-28．

[339]　杨德进．大都市新产业空间发展及其城市空间结构响应 [D]．天津：天津大学，2012．

[340]　杨卡．新城与多中心城市区域的理论、辩证与实践 [J]．现代城市研究，2015（8）：42-47．

[341] 杨吾扬,蔡渝平.中地论及其在城市和区域规划中的应用 [J].城市规划,1985(5):7-12.

[342] 杨莹.武汉市中心商业区的功能与空间结构调整 [J].科技进步与对策,2003(增刊):31-32.

[343] 杨云彦,田艳平,易成栋,等.大城市的内部迁移与城市空间动态分析——以武汉市为例 [J].2004,28(2):47-51.

[344] 姚士谋,陈爽,吴建楠,等.中国大城市用地空间扩展若干规律的探索——以苏州市为例 [J].地理科学,2009,29(1):15-21.

[345] 叶彭姚,陈小鸿.基于交通效率的城市最佳路网密度研究 [J].中国公路学报,2008(4):94-98.

[346] 叶齐茂.新城市主义对解决中国城市发展问题的启迪——对新城市主义创始人 Peter Calthorpe 的电话采访 [J].国际城市规划,2004,19(2):37-40.

[347] 叶玉瑶,张虹鸥,许学强,等.面向低碳交通的城市空间结构:理论、模式与案例 [J].城市规划学刊,2012(5):37-43.

[348] 叶育成.全球城市区域视角下的次区域协调规划探索——以珠三角之次区域为例 [J].中国名城,2012(7):9-16.

[349] 易晓峰,刘云亚,罗小龙,等.中外次区域层次规划比较研究及其启示 [J].规划师,2004,20(12):41-45.

[350] 余瑞林,王新生,刘承良.武汉市道路交通网络发展历程与演化模式分析 [J].现代城市研究,2007,(10):70-76.

[351] 俞稚玉.修订中国购物中心的定义与分类的建议 [J].上海商业,2007(7):30-35.

[352] 虞震.日本东京"多中心"城市发展模式的形成、特点与趋势 [J].地域研究与开发,2007(5):75-78.

[353] 袁玉坤.武汉市居民生鲜农产品渠道终端选择研究 [D].武汉:华中农业大学,2007.

[354] 苑剑英.信息城市的物质形态 [J].城市规划汇刊,1997(3):40-42.

[355] 张大卫.克里斯塔勒与中心地理论 [J].人文地理,1989(4):68-72.

[356] 张捷,赵民.新城运动的演进及现实意义——重读 Peter Hall 的《新城——英国的经验》[J].国外城市规划,2002(5):46-49.

[357] 张京祥,吴缚龙,马润潮.体制转型与中国城市空间重构——建立一种空间演化的制度分析框架 [J].城市规划,2008,32(6):55-60.

[358] 张丽梅，洪再生，师武军，等．天津参与北京世界城市建设的战略建议 [J]. 城市规划，2014，38（8）：9-14.

[359] 张莉．关于武汉超市服装消费的调查研究 [J]. 武汉科技学院学报，2007，20（10）：18-20.

[360] 张楠，郑伯红．现代网络型城市的区域规划理论思辨——长株潭地区的案例 [J]. 城市发展研究，2003，10（6）：41-45.

[361] 张楠楠，顾朝林．从地理空间到复合式空间——信息网络影响下的城市空间 [J]. 人文地理，2002，17（4）：20-24.

[362] 张沛，张中华，孙海军．城乡一体化研究的国际进展及典型国家发展经验 [J]. 国际城市规划，2014，29（1）：42-49.

[363] 张庆，罗鹏飞．杭州市生产性服务业集聚区的产业特征与规划应对 [J]. 规划师，2015，31（5）：18-24.

[364] 张婷麟，孙斌栋．全球城市的制造业企业部门布局及其启示——纽约、伦敦、东京和上海 [J]. 城市发展研究，2014，21（4）：17-22.

[365] 张维，马春波．武汉市居住空间分异特征初探 [J]. 华中建筑，2004，22（3）：69-71.

[366] 张衔春，单卓然，贺欢欢，等．英国"绿带"政策对城乡边缘带的影响机制研究 [J]. 国际城市规划，2014，29（5）：42-50.

[367] 张晓媚．卫星城还是社会城市？——对霍华德田园城市思想的误读 [J]. 城市，2016（2）：36-41.

[368] 章光日．从大城市到都市区——全球化时代中国城市规划的挑战与机遇 [J]. 城市规划，2003，27（5）：33-37，92.

[369] 长沙市城市总体规划（2003—2020）（2014年修订）[Z]. 长沙市城乡规划局，2014.

[370] 赵晖，杨军，刘常平，等．职住分离的度量方法与空间组织特征——以北京市轨道交通对职住分离的影响为例 [J]. 地理科学进展，2011，30（2）：198-204.

[371] 赵晖，杨开忠，魏海涛，等．北京城市职住空间重构及其通勤模式演化研究 [J]. 城市规划，2013，37（8）：33-39.

[372] 赵渺希，王世福，李璇颖．信息社会的城市空间策略——智慧城市热潮的冷思考 [J]. 城市规划，2014，38（1）：91-96.

[373] 赵仙鹤．武汉市公共游憩空间格局及游憩者行为研究 [D]. 武汉：华中师范大学，2013.

[374] 郑德高，葛春晖．对新一轮大城市总体规划编制的若干思考 [J]．城市规划，2014，38（增刊 2）：90-104．

[375] 郑德高，孙娟．新时期上海新城发展与市域空间结构体系研究 [J]．城市与区域规划研究，2011（2）：119-128．

[376] 郑思齐，徐杨菲，张晓楠，等．"职住平衡指数"的构建与空间差异性研究：以北京市为例 [J]．清华大学学报（自然科学版），2015，55（4）：475-483．

[377] 郑文升，蒋华雄，曾菊新，等．城市工业的结构调整与空间分布变化耦合度评价——武汉市为例 [J]．地域研究与开发，2015，34（2）：69-74．

[378] 中国城市中心："公交优先"怎么了 [EB/OL]．[2016/4/11]．http：//mp.weixin.-qq.com/s？__biz=MzA4MTA1MjkzNg==&mid=406357097&idx=2&sn=cf7e1eb-496d150dc72 caa1 18218 47e4d&scene= 0&from=groupmessage&isappinstalled=0#-wechat_redirect．

[379] 重庆市城乡总体规划（2007—2020）（2014 年深化版）[Z]．重庆市人民政府，2014．

[380] 周潮，刘科伟，陈宗兴．低碳城市空间结构发展模式研究 [J]．科技进步与对策，2010，27（22）：56-59．

[381] 周春山．城市空间结构与形态 [M]．北京：科学出版社，2007．

[382] 朱俊成．都市区多中心共生结构与模式研究 [J]．江淮论坛，2010（4）：26-32，103．

[383] 朱丽霞，杨婷，郑文升，等．武汉市生产性服务业空间特征及其发展演变 [J]．地域研究与开发，2014，33（2）：73-76．

[384] 朱锡金．城市结构的活性 [J]．城市规划汇刊，1987（5）：7-13．

[385] 朱喜钢．城市空间有机集中规律探索 [J]．城市规划汇刊，2000（3）：47-51，80．

[386] 朱一荣．韩国住区规划的发展及其启示 [J]．国际城市规划，2009，24（5）：106-110．

[387] 专家：工作通勤时间长致工作压力骤增 [EB/OL].[2016-04-19].http：//jiangsu.sina.com.cn/ news/s/2015-05-29/detail-icpkqeaz5970201.shtml.

[388] 邹葆焕．城市新区产业功能的选择与空间布局研究——以重庆市两江新区为例 [D]．重庆：重庆大学，2014．

后 记

当代大城市普遍具有近地区域化、服务功能多中心的表征，居民经常性行为活动因此呈现局域化、有界性特点。次区域生活圈正是城市功能空间及居民行为模式相互作用结果的一类地表投影。本书从土地利用和空间形态等维度考察了该类地表投影在武汉市现阶段的表现，并对影响该投影二维形态的关键因素展开剖析，为该尺度的生活圈研究积累了一套基础认知。即便完成这一工作的程序和操作看起来已相当复杂，但更为精确的研究结论仍受到若干技术瓶颈、理论解释的限制，有待进一步探究。

首先，更加科学地考察次区域生活圈，建立在对居民经常性空间行为规律的精准把握上。对这一事实的孜孜不倦地揭示，行为与时间地理学、社会学、人类学、经济学、生命科学几乎从未停止。但科学研究的结论也都暗示着回答这一问题的难度正变得越来越大。社会调查、仿真模型和基于各类传感器的大数据采样方法均存在不同程度的技术缺陷；影响我国现阶段居民行为活动的要素太多且多处于快速变化之中，此外社会属性差异影响单体居民的行为个性化；这些都导致所选样本的事实还原能力受到限制。在各类尺度的生活圈研究课题中，具有标准示范性的居民经常性空间行为规律考察技术还未定型，意味着已有研究结论存在被技术修正的可能。

其次，更加全面地探索次区域生活圈，尤其是处于快速发展期的中国大城市次区域生活圈，无法回避其时间维度。中国大城市功能及空间发展的不确定性、大城市居民经常性空间行为模式的不断演进更新，引发了"次区域生活圈的已有研究结论在四维时间轴上是否具备稳定可靠性"的问题，回答该问题尚需要开展历时态跟踪检验。

再者，更加精细地描述次区域生活圈，需要开展更为详细的次区域生活圈类别细分。该类别细分的理论解释来源于城市功能空间及居民经常性空间行为的多层次互动关系。包括对城市功能供给和居民经常性空间行为活动的类型学研究，以及针对不同类型下两者互动关系的数据采集、可视化以及空间分析工作。前述工作成果将有助于丰富和补充本书给出的一般性解释。

此外，更加整体地把握次区域生活圈，尤其是人口规模和地域面积较大城市的次区域生活圈，需要建构一种基于单个次区域生活圈的城市次区域生活圈系统思维。尚未能解释的是：大城市中地处不同区位的次区域生活圈之间依靠何种力量协同共存？不同区位的次区域生活圈之间是如何展开能量的争夺与交换的？城市次区域生活圈系统的结构稳定性如何保障，何种因素对整体起到关键性的弹性调节作用？当系统新增或消减一个次区域生活圈时，系统内部的其他次区域生活圈经历了怎样一个起伏过程，以实现整体新的平衡状态？回答这些问题，亟待深根于较成熟的某领域理论解释之上，还必须突破定量化瓶颈。

最后，更加深刻地理解次区域生活圈，需要引入政治、经济等多元学科的思维逻辑。如按照城市治理的理论解释，次区域生活圈可被认为是一个典型的由市场的经济生产行为、政府的政策调控行为、民众的生活组织行为等多元主体协同治理的城市局部地域。当前及今后一段时期内，我国社会主义市场经济将在"新时代"中运行、国家治理体系将逐步迈向"现代化"、公众对"美好生活"的需要日益增长，这必将重塑上述治理过程。伴随次区域生活圈变化的，极有可能是其内部空间、场所、设施的性质、规模、形态、布局等维度的新表征。故而，自上而下地调控或自下而上地更新次区域生活圈的各类属性，将不再单纯理解为某种针对次区域生活圈的专项整治、服务演替或设计优化工作，而是在一个有界的城市局域地区中发生的协同治理过程。

我们呼吁更多的学者关注上述方向，在本书已有的分析框架和研究结论的基础上，拓展出该领域更加丰硕的思想成果。

单卓然

于华中科技大学

2019 年 1 月